园林植物栽培养护

李俊玲 汪利章 崔雯雯 主编

东北林业大学出版社
Northeast Forestry University Press
·哈尔滨·

版权专有　侵权必究

举报电话:0451-82113295

图书在版编目（CIP）数据

园林植物栽培养护/李俊玲,汪利章,崔雯雯主编
——哈尔滨:东北林业大学出版社,2024.5
　ISBN 978-7-5674-3567-4

　I.①园... Ⅱ.①李...②汪...③崔... Ⅲ.①园林植物-观赏园艺Ⅳ.①S688

中国国家版本馆CIP数据核字(2024)第110301号

责任编辑：姚大彬
封面设计：郭　婷
出版发行：东北林业大学出版社
　　　　　　（哈尔滨市香坊区哈平六道街6号　邮编：150040）
印　　装：北京四海锦诚印刷技术有限公司
开　　本：787 mm×1092 mm　1/16
印　　张：12.25
字　　数：290千字
版　　次：2025年1月第1版
印　　次：2025年1月第1次印刷
书　　号：ISBN 978-7-5674-3567-4
定　　价：46.00元

如发现印装质量问题，请与出版社联系调换。（电话：0451-82113296　82191620）

前　　言

　　园林植物的栽培养护是园林绿化工作中至关重要的一环。通过科学合理的栽培养护措施，可以保证园林植物的生长健康，提升园林景观的美观程度，营造出宜人的生态环境。园林植物的栽培养护需要根据不同植物的生长习性和环境要求制定相应的养护计划。在植物的栽培过程中，要根据植物的喜光、喜温、喜湿等特点，科学施肥、浇水、修剪等，保证植物生长所需的养分和环境条件。园林植物的栽培养护还需要注重对病虫害的防治。及时发现并采取有效措施处理病虫害，可以避免其对植物造成严重危害，保证植物的正常生长。园林植物的栽培养护还需要注重对植物的修剪和造型。通过合理的修剪和造型，可以调整植物的形态，使其更加符合景观设计的要求，提升园林景观的美观程度。

　　本教材是一本关于园林植物栽培养护的综合性教材，旨在为园林专业学生和从业人员提供全面而系统的学习资料。园林植物的栽培养护是园林工作者必备的基本技能之一，涉及到植物生态学、园艺学、环境科学等多个学科知识。本教材共分为十章，每章包含四个节，涵盖了园林植物栽培养护的各个方面。第一章为读者介绍了园林植物栽培的基本概念和历史演变，为后续内容的学习奠定了基础；第二章至第九章依次探讨了园林植物的生态学基础、选择与配置、繁殖与育苗、定植与移植、水肥管理、修剪与整形、病虫害防治以及季节性养护等重要内容；第十章则从实践应用的角度出发，将理论知识与实践经验相结合，帮助读者更好地应对园林植物栽培养护工作中的各种挑战。

　　作者在写作本书的过程中，借鉴了许多前辈的研究成果，在此表示衷心的感谢。由于本书需要探究的层面比较深，作者对一些相关问题的研究不透彻，加之写作时间仓促，书中难免存在一定的不妥和疏漏之处，恳请前辈、同行以及广大读者斧正。

目 录

第一章　园林植物栽培概论……………………………………………………（1）
　　第一节　栽培植物的基本概念…………………………………………（1）
　　第二节　园林植物栽培的历史演变……………………………………（6）
　　第三节　栽培环境与条件要求…………………………………………（13）
　　第四节　栽培技术的基本原则…………………………………………（19）
第二章　园林植物的生态学基础………………………………………………（25）
　　第一节　植物生态学概述………………………………………………（25）
　　第二节　生态环境对植物生长的影响…………………………………（31）
　　第三节　植物与土壤的相互关系………………………………………（36）
　　第四节　植物与气候的适应性…………………………………………（39）
第三章　园林植物的选择与配置………………………………………………（45）
　　第一节　园林植物分类及特性…………………………………………（45）
　　第二节　根据环境选择适宜植物………………………………………（56）
　　第二节　植物配置与景观设计…………………………………………（60）
　　第四节　植物用途与功能性选择………………………………………（67）
第四章　园林植物的繁殖与育苗技术…………………………………………（75）
　　第一节　栽培植物的繁殖方式…………………………………………（75）
　　第二节　种子繁殖技术…………………………………………………（79）
　　第三节　有性繁殖技术…………………………………………………（83）
　　第四节　无性繁殖技术…………………………………………………（88）
第五章　园林植物的定植与移植技术…………………………………………（92）
　　第一节　定植前的准备工作……………………………………………（92）
　　第二节　栽植技术及注意事项…………………………………………（99）
　　第三节　移植技术及适应措施…………………………………………（105）
　　第四节　栽植后的管理与护理…………………………………………（110）
第六章　园林植物的水肥管理…………………………………………………（116）
　　第一节　水分管理原则…………………………………………………（116）
　　第二节　肥料种类及施用方法…………………………………………（121）
　　第三节　营养元素的吸收与利用………………………………………（125）

第四节　水肥管理常见问题与解决方法……………………………………（129）
第七章　园林植物的修剪与整形技术……………………………………………（133）
　　第一节　修剪的目的与原则…………………………………………………（133）
　　第二节　常见修剪方法与技巧………………………………………………（136）
　　第三节　形态整形技术及实例分析…………………………………………（140）
　　第四节　修剪后的养护管理要点……………………………………………（144）
第八章　园林植物病虫害防治……………………………………………………（150）
　　第一节　病虫害的种类及识别方法…………………………………………（150）
　　第二节　预防与防治措施……………………………………………………（152）
　　第三节　常见病虫害的防治技术……………………………………………（156）
　　第四节　病虫害应急处理与防控策略………………………………………（159）
第九章　园林植物的季节性养护…………………………………………………（164）
　　第一节　园林植物春季养护…………………………………………………（164）
　　第二节　园林植物夏季养护…………………………………………………（166）
　　第三节　园林植物秋季养护…………………………………………………（168）
　　第四节　园林植物冬季养护…………………………………………………（170）
第十章　园林植物栽培养护的实践应用…………………………………………（174）
　　第一节　园林植物栽培技术的实践应用……………………………………（174）
　　第二节　现代园林植物栽培养护的发展趋势………………………………（177）
　　第三节　社会责任与可持续发展……………………………………………（180）
参考文献……………………………………………………………………………（187）

第一章 园林植物栽培概论

第一节 栽培植物的基本概念

一、园林栽培植物的定义

(一) 栽培植物的定义

园林栽培植物作为一种特殊的植物类型,在园林美化和景观设计中扮演着至关重要的角色。它们不仅仅是一种简单的植物,更是园林艺术的基础和灵感源泉。园林栽培植物具有独特的特征和功能,其定义涵盖了多个方面。

从植物学的角度来看,园林栽培植物是经过人工培育和栽培,被用于园艺美化和观赏目的的植物。这些植物通常具有良好的生长习性和观赏价值,能够适应特定的生长环境和园林设计需求。它们的种类繁多,包括花卉、灌木、乔木、草本植物等,形态各异,色彩丰富。

在园林设计与规划领域,园林栽培植物被视为塑造景观格局和营造氛围的重要元素。它们不仅能够增加园林空间的绿色覆盖率,还能够营造出丰富多彩的景观效果,使人们在园林中享受到自然之美。通过合理选择和布局园林栽培植物,可以实现景观的层次感和整体美感。

园林栽培植物在生态环境中也发挥着重要作用。它们可以改善空气质量、调节气候、净化水源,为人们提供休闲娱乐的场所。园林栽培植物还为各种野生动物提供了栖息地和食物来源,促进了生物多样性的维护和生态平衡的稳定。

在文化和艺术领域,园林栽培植物承载着丰富的历史文化内涵和审美价值。不同的植物在不同的文化背景下被赋予了各种象征意义和寓意,成为园林设计中不可或缺的元素。人们通过园林栽培植物,传承和表达着对自然的敬畏和对生命的赞美,丰富了人类文明的内涵。

(二) 栽培植物的目的与价值

栽培植物作为人类活动的重要组成部分,其目的与价值在于满足人们日常生活的各种需求。栽培植物可以提供丰富的食物资源,满足人类的饮食需求。从谷物、蔬菜到水果,栽培植物为人们提供了多样化的营养来源,是人类生存和发展的基础之一。

栽培植物在生态系统中发挥着重要的生态功能,维护着生态平衡。通过植物的光合作用,二氧化碳可以转化为氧气,为地球大气层的氧气含量提供贡献,减缓了全球变暖的速度,保护了生物多样性。

栽培植物还具有医药和美容价值。许多植物具有药用价值，可以用于治疗各种疾病，为人类健康保驾护航。一些植物被用于制作化妆品和护肤品，满足了人们对美的追求，提升了生活品质。

园林栽培植物作为一种特殊的植物栽培形式，其定义包含了对植物的精心选择和布局，以打造出具有美学价值的景观。园林栽培植物不仅具有观赏价值，还承载着人们对自然的向往和对美的追求。在园林设计中，通过合理搭配各种植物，可以营造出不同风格和主题的园林景观，为人们提供休闲娱乐的场所，丰富了人们的精神文化生活。

与此园林栽培植物还具有调节城市环境的功能。在城市中，园林植物可以吸收空气中的有害气体，净化空气，改善城市的环境质量。园林栽培植物还能够调节城市气候，降低城市的气温，缓解城市热岛效应，提升城市的适宜度和宜居性。

(三) 栽培与野生植物的区别

栽培与野生植物之间存在着明显的区别，这些区别涵盖了生长环境、生物特征以及人类干预程度等方面。栽培植物通常是在人工环境下生长，而野生植物则在自然环境中独立生长。栽培植物在生长过程中经常受到人类的选择、栽培和管理，而野生植物则在自然选择的作用下逐渐适应环境。栽培植物的生长周期和产量通常会受到人类的控制和干预，而野生植物则受到自然因素的影响。

园林栽培植物的定义涵盖了多个方面，其中之一是其观赏性。园林栽培植物往往具有良好的景观效果，能够美化环境、增加人们的生活情趣。园林栽培植物还包括了对植物生长环境的特殊要求，比如土壤、光照、水分等方面的管理。这些要求旨在为植物提供一个适宜的生长条件，从而保证其良好的生长状态。园林栽培植物还应当具备一定的耐久性和适应性，能够在不同的气候和环境条件下生长，以满足园林景观的需要。

园林栽培植物还应当具备一定的文化价值和历史传承。许多园林栽培植物具有悠久的历史和深厚的文化底蕴，是人类文明发展的见证。这些植物往往承载着人们的情感和记忆，成为文化遗产的重要组成部分。园林栽培植物还可以通过繁殖和传播，延续其种群的生存，保护和传承其文化价值。因此，园林栽培植物的定义也包括了对其文化价值和历史传承的关注。

另一个园林栽培植物的重要特征是其多样性和丰富性。园林栽培植物包括了各种不同种类和类型的植物，涵盖了花卉、树木、灌木、草本等多种形态。这些植物在园林景观中相互搭配、交织，形成丰富多彩的景观效果。园林栽培植物的多样性也为人们提供了丰富的观赏体验和选择空间，满足了不同人群的审美需求。

二、园林栽培植物的栽培特点

(一) 种子选择与处理

种子是植物生长发育的起点，选择和处理好种子对于园林栽培植物至关重要。种子的选择与处理直接影响着植物的生长状况和品质。在园林栽培中，种子的选择与处理具有独特的特点，需要我们细心研究和处理。

种子的选择是园林栽培中的重要环节。合适的种子品种是保证植物能够适应栽培环境、抗逆性强的关键。不同植物对环境的适应能力各异，因此，在选择种子时需要根据具体的栽培条件和要求，选择具有良好生长特性的品种。

种子的处理也是影响园林栽培效果的关键因素之一。种子处理的目的是提高种子的发芽率和成活率，从而保证植物的良好生长。处理种子的方法多种多样，可以采用浸种、热水处理、化学处理等方式，以去除种子表面的抑制物质，促进种子的萌发和生长。

园林栽培植物的种子具有一定的保存性要求。由于种子在长时间储存过程中易受到湿度、温度等因素的影响而失去活力，因此，必须采取适当的保存方法，延长种子的有效存活期。常见的保存方法包括干燥保存、低温保存、真空包装等方式，以确保种子的保存质量和活力。

种子的播种时间和方式也是影响园林栽培效果的重要因素。不同植物对播种时间和方式的要求各异，因此，在园林栽培中需要根据具体的植物特性和栽培环境，选择合适的播种时间和方式，以保证植物能够顺利生长。

（二）适宜的生长环境与管理

1. 土壤条件

园林栽培植物的生长环境与土壤条件密不可分，土壤的质地、pH值、养分含量等因素都直接影响着植物的生长状况和观赏效果。因此，了解园林栽培植物的栽培特点与土壤条件之间的关系至关重要。

土壤的质地是影响园林栽培植物生长的重要因素之一。不同质地的土壤对于植物的根系生长和水分透过性有着显著的影响。比如，砂质土壤通透性好，但保水能力较差，适合生长耐旱植物；而粘质土壤保水能力较强，但通透性较差，适合生长喜湿植物。

土壤的pH值也对园林栽培植物的生长起着重要作用。大多数园林栽培植物对土壤pH值有一定的适应范围，过酸或过碱的土壤会影响植物对养分的吸收和利用，导致生长不良。因此，在栽培园林植物时，调整土壤pH值，使之处于适宜的范围，是确保植物健康生长的关键之一。

土壤中养分含量的丰富程度也直接影响着园林栽培植物的生长状况。植物需要从土壤中吸收氮、磷、钾等多种元素来维持其正常生长和发育。因此，土壤中养分含量的合理配置对于植物的生长至关重要。有时候，需要通过施肥来补充土壤中缺乏的养分，以保证植物的生长需求。

土壤的排水性也是影响园林栽培植物生长的重要因素之一。过度积水的土壤会导致植物根系窒息，影响其正常生长；而排水性良好的土壤则能够有效避免这一问题，有利于植物根系的生长和发育。因此，在选择种植位置和设计排水系统时，需要考虑土壤的排水情况。

除了土壤条件外，园林栽培植物的栽培特点还受到气候、光照、空气湿度等因素的影响。这些因素共同作用下，形成了园林植物在特定环境下的生长适应性和观赏特点，为园林景观的设计与营造提供了重要的参考依据。

2. 水分管理

水分管理对园林栽培植物至关重要。在园林环境中，合理的水分管理不仅可以促进植物的健康生长，还可以提高园林景观的美观度和可持续性。水分管理涉及到对植物的灌溉和排水系统的设计和实施。充足的灌溉可以确保植物在干旱季节不缺水，而良好的排水系统则可以防止水分滞留，避免土壤过湿导致植物病害的发生。

在园林栽培植物中，不同植物对水分的需求也各不相同。因此，水分管理需要根据植物的种类和生长环境来制定不同的策略。一些耐旱的植物如仙人掌和多肉植物，需要较少的水分，而一些热带雨林植物则需要更多的水分来维持它们的生长。因此，水分管理需要根据植物的特性和需求来进行调整，以确保每种植物都能够得到适量的水分供应。

园林栽培植物的水分管理还需要考虑到季节性的变化。在夏季，气温升高，蒸发增加，植物的水分蒸发速度也会加快，因此需要增加灌溉的频率和水量。而在冬季，由于气温较低，植物的生长速度减缓，水分蒸发也相对减少，因此可以适当减少灌溉的频率和水量，以避免土壤过湿导致根部腐烂。

除了灌溉管理外，水分管理还包括对土壤水分的监测和调节。通过定期测量土壤的湿度和水分含量，可以及时发现土壤干旱或过湿的情况，并采取相应的措施进行调节。例如，在土壤过湿时，可以通过加大排水量或改良土壤通风性来改善土壤的排水性能，从而减少植物根部受到水分侵害的风险。

水分管理还需要考虑到环境因素对水分的影响。例如，园林中的大型建筑、树木和人工景观等都会对周围植物的水分状况产生影响，因此需要在设计园林布局和选择植物时考虑这些因素，以确保植物能够得到充足的水分供应。

3. 光照

光照是园林栽培植物生长过程中至关重要的因素之一。不同种类的植物对光照的需求有所不同，因此园林栽培植物的栽培特点也在很大程度上受到光照条件的影响。

在园林栽培植物的栽培过程中，合理的光照管理是确保植物生长健康的关键。植物通过光合作用进行能量合成，光照足够充足可以促进植物的生长和发育。因此，园林栽培植物通常会选择光照充足的生长环境，以确保植物能够正常进行光合作用，从而保持良好的生长状态。

不同种类的园林栽培植物对光照的需求有所差异。一些植物对光照的要求较高，需要充足的阳光照射才能健康生长，例如许多花卉植物。而另一些植物则对光照的要求较低，可以在较为阴暗的环境中生长，例如一些阴性植物。因此，在园林栽培中需要根据不同植物的特性和需求来合理安排光照条件，以满足植物的生长需求。

在园林栽培植物的光照管理中，还需要考虑光照的均匀性和稳定性。光照不足或光照不均匀会影响植物的正常生长，导致植物生长不良甚至死亡。因此，在园林栽培中通常会采取措施，如合理植物布局、修剪树木等，来确保植物能够获得充足且均匀的光照。

光照管理还可以通过人工手段来进行调控，以满足植物的生长需求。例如，在园林景观设计中可以设置遮阳网、遮荫棚等设施，调节光照强度和光照时间，为植物提供适宜的生长环境。也可以通过人工照明等方式来补充光照，确保植物在夜间或阴雨天气中仍能正常进行光合作用，保持良好的生长状态。

4. 施肥

施肥是园林栽培植物过程中至关重要的环节，对植物的生长发育和品质形成具有重要影响。园林栽培植物的施肥特点在于其对环境和生长条件的敏感性，以及对肥料选择和施用方法的特殊需求。了解和把握这些特点，对于实现园林栽培植物的优质生长至关重要。

园林栽培植物的施肥需求与其生长环境密切相关。不同植物对土壤肥力和养分含量的需求有所不同，因此，在施肥过程中需要根据具体的栽培环境和植物特性，科学合理地确定施肥方案，以满足植物的生长需求。

园林栽培植物的施肥特点还表现在施肥方式和周期上。一些园林植物对肥料的吸收方式和速度有较高的要求，因此，在施肥时需要选择适当的施肥方式，如叶面喷施、根部灌溉等，以提高肥料利用率和减少浪费。

园林栽培植物的施肥特点还包括对肥料选择的讲究。不同植物对肥料种类和成分的需求各异，因此，在选择肥料时需要考虑到植物的生长阶段、土壤类型以及环境因素等多方面因素，选择合适的肥料种类和比例，以促进植物的健康生长。

园林栽培植物的施肥特点还表现在施肥量和频次上。适量适时的施肥可以有效促进植物的生长，但过量施肥则容易导致土壤污染和植物生长异常。因此，在施肥过程中需要控制好施肥量和频次，避免过度施肥造成的不良后果。

（三）病虫害防治

1. 轮作、间作等减少病虫害的发生

轮作与间作是园林栽培植物中常用的栽培管理技术，它们通过合理安排植物的种植顺序和间隔，有助于减少病虫害的发生，提高园林植物的生长质量和观赏效果。了解这些技术的栽培特点对于园林设计与管理至关重要。

轮作是一种通过改变植物的种植位置和种植时间，使得同一土地上不同植物的种植周期交替进行的栽培管理方式。通过轮作，可以有效减少土壤中的害虫和病菌的滋生和扩散，降低病虫害的发生率。轮作还可以调节土壤中的养分含量，保持土壤的肥力平衡，有利于园林栽培植物的健康生长。

间作是在同一块土地上同时种植两种或多种不同类型的植物，利用它们之间的相互作用来降低病虫害的发生。通过间作，可以有效地打破害虫和病菌的传播途径，减少它们的种群密度，降低病虫害的爆发风险。不同植物之间还可以相互促进生长，提高园林植物的整体生长水平和生态效益。

轮作与间作的栽培特点在园林栽培植物中具有广泛的适用性和实用性。它们可以根据不同植物的生长习性和需求，灵活调整种植计划，最大程度地发挥各种植物的生长优势，同时降低病虫害对园林植物的危害。通过科学合理地运用轮作与间作技术，可以实现园林栽培植物的健康生长和生态平衡，为园林景观的设计与维护提供可靠的保障。

在实际的园林管理中，轮作与间作技术需要结合具体的园艺实践和管理经验，根据园林植物的特性和环境条件进行合理的选择和调整。还需要密切关注植物的生长状况和病虫害的发展趋势，及时采取有效的防治措施，确保园林植物能够健康茁壮地生长，为人们创造出优美宜人的园林景观。

2. 使用生物农药进行病虫害防治

生物农药的运用在病虫害防治领域展现了独特的优势。与化学农药相比，生物农药具有较高的生态友好性和安全性。由于其主要成分是天然产物或微生物制剂，使用生物农药不会对环境造成污染，也不会对人类健康产生危害，有助于保护生态系统的完整性和稳定性。

生物农药在病虫害防治中表现出了良好的针对性和选择性。与广谱化学农药相比，生物农药更多地针对特定的害虫或病原微生物，对非目标生物的影响较小。这意味着在使用生物农药时，可以减少对益生昆虫和其他有益生物的不良影响，维护生态平衡。

生物农药具有较低的残留和抗药性风险。由于其成分大多来自天然物质，生物农药在作物上残留的时间较短，降解速度较快，减少了人们食用农产品时对化学残留物的担忧。由于生物农药的作用机制与化学农药不同，害虫或病原微生物不易产生抗药性，有助于延缓抗药性的形成，保持农药的长期有效性。

园林栽培植物在栽培特点上具有独特的魅力和优势。园林栽培植物的选择和布局注重美学效果和景观设计。不同于农田作物的单一种植形式，园林栽培植物往往通过多样的植物种类和独特的造型组合，营造出丰富多彩、层次分明的园林景观，增添了人们生活中的美好情趣。

园林栽培植物的管理注重长期规划和精细护理。在园林景观设计中，植物的生长状况、形态特点以及季节变化都被充分考虑，以保证园林景观的长期美观和可持续性。园林栽培植物的管理工作包括修剪造型、施肥养护、病虫害防治等方面，需要专业园艺人员进行精细操作，确保园林景观的质量和品位。

园林栽培植物在城市生态系统中具有重要的功能和作用。通过园林栽培植物的种植和管理，可以改善城市环境质量，提升城市生态景观，促进城市生态系统的健康发展。园林栽培植物不仅可以吸收大气中的有害气体，净化空气，还可以调节城市气候，缓解城市热岛效应，改善人们的生活环境和生活品质。

第二节　园林植物栽培的历史演变

一、园林植物栽培的早期历史演变

（一）古代的园林艺术与植物栽培

1. 早期文明中的园林植物栽培

早期文明中的园林植物栽培是人类文明发展历程中重要的一部分，其历史可以追溯到古代文明的起源。在人类早期社会，园林植物的栽培起初是出于生存和利用需求，随着文明的发展逐渐演变为一种艺术与文化的表现。

在古代文明中，园林植物的栽培与城市建设、宫殿修建等密切相关。古埃及文明以尼罗河为中心，沿河两岸修建了众多园林和庄园，种植了大量的棕榈树、法老木等植物，为当时社会的繁荣与发展提供了绿色的庇护。古希腊罗马文明也发展了园林植物的栽培技术，修建了许多宫殿和公园，种植了各种果树、花卉等，营造出了优美的园林景观。

园林植物的栽培在中国古代文明中也有着悠久的历史。早在商周时期，中国人就开始将园林植物引入宫廷和寺庙，修建了许多花园和园林，种植了莲花、梅花、桃花等各种花卉，形成了独具特色的园林文化。随着历代王朝的更迭，园林植物的栽培技术不断发展，园林建筑也日益精致，达到了艺术与技术的高度统一。

在印度古代文明中，园林植物的栽培同样占据着重要地位。古印度的宫殿和寺庙中常常布置有各种花园和庭院，种植了许多花卉和果树，如莲花、玫瑰、芒果等，为人们提供了休闲娱乐的场所，也成为了宗教仪式和庆典活动的重要场所。

在古代文明中，园林植物的栽培不仅仅是为了满足人们的生活和娱乐需求，更是一种文化的传承和表达。许多古代文明将园林植物视为文化的象征和精神的寄托，通过园林建筑和植物栽培来表达对生活的热爱和对美好的追求。园林植物的栽培技术也得到了不断的发展和完善，为后世的园林建设和植物栽培奠定了坚实的基础。

古代文明中园林植物的栽培还在一定程度上促进了植物资源的交流和传播。随着人类社会的发展，各种植物种类在不同地区之间得以传播和交流，丰富了各地的植物资源，也促进了文化的交流与融合。例如，古代丝绸之路的开通，使得东西方文明之间的植物资源得以交流和共享，丰富了古代文明中园林植物的栽培品种，也促进了东西方文明的交流与互鉴。

2. 罗马时期的园林设计与植物选择

罗马时期的园林设计与植物选择承载着当时文化与审美的特点，呈现出独特的风貌。园林植物栽培的早期历史在古代罗马得到了深刻的体现，展现了人类对自然的认知和利用。

在罗马时期，园林设计注重体现权贵阶层的地位和威严。罗马贵族府邸的园林设计通常以几何形状和对称布局为主，反映了当时人们对秩序和对称美的追求。园林中的建筑物和雕塑被巧妙地融入其中，与植物相互映衬，营造出壮观而富丽的景观。

除了对园林整体布局的追求，罗马时期的园林设计也注重植物的选择和利用。当时的园林中常见的植物包括柏树、橄榄树、罗马松等，这些植物不仅具有观赏价值，还具有实用性，如柏树可用于修建篱笆和围栏，橄榄树可提供食用的果实。

罗马时期的园林设计受到古希腊文化的影响，注重将园林与哲学和艺术相结合。在园林中常见的雕塑和浮雕作品反映了当时人们对美的追求和审美观念，为园林增添了艺术气息。植物的选择和搭配也体现了对自然之美的尊重和理解，使园林成为人们休闲娱乐、思考交流的场所。

与此罗马时期的园林设计也受到了地域和气候条件的影响。在地中海气候的影响下，罗马时期的园林植物以耐旱耐热的品种为主，如橄榄树、无花果树等，这些植物适应了当地干燥的气候特点，为园林的生态环境提供了良好的适应性。

3. 东方文化中的园林艺术及其植物栽培技术

东方文化中的园林艺术是一种独具特色的景观设计和建筑艺术形式，其根植于千年文化积淀，融合了哲学、诗词、绘画等多种艺术元素。在这样的文化背景下，园林植物栽培技术也得到了充分的发展与应用。通过探究园林植物栽培的早期历史，我们可以了解东方文化中园林艺术的起源与演变，以及园林植物栽培技术的发展轨迹。

东方文化中的园林艺术源远流长，最早可以追溯到古代中国。在中国古代，园林不仅是皇家宫苑的象征，也是士族文人雅集的场所，承载着深厚的文化内涵。园林艺术强调自然与人文的融合，通过精心布局和植物栽培，营造出如诗如画的园林景观。

园林植物栽培技术在中国古代已经有了较为完善的体系。早在战国时期，就有关于园林植物的栽培和修剪的记载。随着时间的推移，园林植物栽培技术逐渐发展成为一门独立的学科，在宋代达到了巅峰。宋代诗人陆游在其《陶庵梦忆》中详细描述了园林中的植物栽培技术和园艺管理方法，为后世的园林设计与管理提供了宝贵的参考。

在日本，园林艺术也有着悠久的历史。日本的庭园设计注重表现自然之美，强调"枯山水"、"回廊"等造景手法,以及对植物的精心选取和布局。日本园林中的植物栽培技术受到中国的影响,但也有着独特的发展路径,形成了独具特色的日式园林风格。

古代东方文化中的园林植物栽培技术主要包括植物选种、种植方法、修剪技术等方面。古人注重根据园林的整体布局和设计风格选择植物,注重植物的品种搭配和色彩搭配,以营造出和谐统一的园林景观。在种植方法方面,古人善于利用土壤、水源和阳光等自然资源,采取合理的种植方式,保证植物的生长健康。修剪技术也是园林植物栽培中的重要环节,古人善于运用剪枝、修枝等手法,塑造出各种树形和造型,使园林植物更加美观。

园林植物栽培的早期历史反映了东方文化中园林艺术的丰富内涵和精湛技艺。古代东方人民通过对植物的精心栽培和园林的巧妙设计,创造出了许多令人叹为观止的园林景观,留下了宝贵的园林遗产,为后世的园林设计与管理提供了重要的借鉴和启示。

(二) 中世纪到文艺复兴的园林植物栽培

1. 中世纪欧洲的修道院和城堡园林

中世纪欧洲的修道院和城堡园林承载着丰富的历史文化底蕴,其园林景观既反映了宗教信仰和政治权力,又体现了人们对自然的向往和美的追求。在这些园林中,植物栽培起着至关重要的作用,不仅满足了生活需求,还承载着精神文化的寄托。

修道院园林是中世纪欧洲最早的园林形式之一,其起源可追溯至罗马时代。修道院园林的栽培植物以草药和食用植物为主,满足修道院生活的需要,同时也用于制作药品和调味料。修道院园林布局简洁,常见的栽培植物包括罗勒、鼠尾草、薄荷等,这些植物在中世纪被广泛用于疾病治疗和食品调味,为修道院的生活提供了重要支持。

与修道院园林相比,中世纪欧洲的城堡园林更多地体现了封建领主的荣耀和权力。城堡园林的栽培植物不仅包括了草药和食用植物,还增加了花卉和观赏植物,以展示主人的财富和地位。在城堡园林中,常见的栽培植物有玫瑰、百合、鸢尾等,这些花卉被用于装饰园林,营造出富丽堂皇的氛围,体现了封建领主的奢华生活。

中世纪到文艺复兴时期,园林植物栽培经历了一系列变革和发展。在这一时期,人们对园林美学和植物品种的要求逐渐提高,园林栽培植物的种类和数量也随之增加。文艺复兴时期的园林以意大利为中心,以花园为主题,强调对称美和秩序感。园林中的栽培植物不仅包括了草药、食用植物和花卉,还增加了一些新引进的观赏植物,如柏树、月季等,丰富了园林的植物景观。

文艺复兴时期的园林栽培技术也得到了提升。园林设计师和园艺师开始运用几何学原理和水利工程技术,打造出更加精致和复杂的园林景观。栽培植物的选择和布局也更加注重对植物的精心管理和造型修剪,以展现园林主人的品位和文化修养。

2. 文艺复兴时期的园林设计与植物引入

中世纪到文艺复兴时期,园林设计与植物引入经历了重要的转变和发展,这一时期的园林植物栽培也展现出了丰富多彩的特点。

中世纪的园林设计主要以修道院、城堡和贵族庄园为主,其植物栽培注重实用性和功能性。在修道院的园林中,常常种植各种草药和草本植物,用于制作药物和调味料,满足修道院内部的日常需求。而在贵族庄园和城堡的园林中,更注重的是园林的装饰和美化,种植了各种观赏植物和花卉,如月桂、紫罗兰等,营造出优美的园林景观。

文艺复兴时期的到来带来了园林设计与植物引入的新变革。在意大利文艺复兴时期，园林设计开始强调对称、比例和对景观的精心规划。人们开始重新审视古希腊罗马时期的园林遗产，借鉴其设计理念和技术手法，将园林打造成为艺术的表现和人类文明的象征。

文艺复兴时期园林植物栽培也出现了许多新的特点和趋势。人们开始大规模引入新的植物品种，丰富了园林植物的多样性。哥伦布的新大陆发现开启了植物交流的新时代，许多来自美洲和其他地区的植物被引入到欧洲，如玉米、土豆、番茄等，极大地丰富了欧洲的植物资源，也改变了园林植物的栽培格局。

文艺复兴时期的园林设计更加注重对植物的精心布局和配置。人们开始运用几何形状、对称构图等手法，将各种植物有机地融入到园林景观中，形成了独特的造景效果。园林中出现了各种新的景观元素，如喷泉、雕塑等，与植物相互辉映，营造出了富丽堂皇的园林景观。

文艺复兴时期园林植物栽培也受到了科学思想的影响。人们开始对植物的生长规律和品种特性进行系统的观察和研究，推动了园林植物栽培技术的进步和创新。许多园林主人和园林设计师开始尝试新的植物栽培方法，如温室栽培、水培技术等，为园林植物的栽培提供了新的可能性。

3. 亚洲园林的发展与植物栽培技术

亚洲园林的发展与植物栽培技术在中世纪到文艺复兴时期经历了丰富而多样的变革，展现了东方文化的独特魅力和智慧。这一时期的园林植物栽培不仅反映了人们对自然的理解和热爱，也承载了当时社会文化的重要内涵，为园林艺术的发展奠定了坚实基础。

在中世纪，亚洲园林的发展受到宗教和哲学思想的影响。伊斯兰教的传播带来了波斯式花园的兴起，其以水池为中心，绿树成荫，布局对称的特点深受人们喜爱。这些花园常常选择具有浓郁香气和观赏价值的植物，如玫瑰、牡丹等，营造出幽雅宁静的氛围。

与此中国的园林艺术也在中世纪达到了鼎盛时期。中国古代园林注重山水相结合的布局，以山、水、林、石为主要元素，形成了独特的山水园林风格。在植物选择上，中国古代园林偏爱松、竹、梅等具有高雅品质和文人气息的植物，将自然与文化相融合，展现了中国园林的独特魅力。

随着文艺复兴的到来，亚洲园林的发展受到了欧洲文化的影响，呈现出新的特点和风貌。文艺复兴时期的园林植物栽培技术得到了进一步的发展和完善，人们开始重视植物的分类、命名和研究。大量新引进的植物丰富了园林的植物种类，如由东方传入的茶花、丁香等，为园林艺术注入了新的活力。

在这一时期，亚洲园林的发展不仅受到了宫廷贵族的关注，也得到了广大市民的支持和参与。各地建造了许多以园林植物为主题的公园和庄园，为人们提供了休闲娱乐的场所。园林植物栽培技术也逐渐普及，人们开始关注植物的生长环境和管理方法，努力营造出更加优美的园林景观。

二、园林植物栽培的现代演变

（一）19 世纪到 20 世纪初的园林植物栽培

1. 工业革命与园林植物栽培的变革

工业革命是人类社会发展史上的重要转折点，它不仅彻底改变了生产方式和社会结构，也对园林植物栽培产生了深远的影响。19世纪到20世纪初的园林植物栽培正处于这一历史背景下，经历了诸多变革和创新，从而形成了现代园林植物栽培的基础。

工业革命带来的技术进步和生产力的飞速发展，为园林植物栽培提供了更多的可能性。19世纪初，随着温室技术的不断改进和普及，人们开始能够在室内环境中栽培各种热带和亚热带植物，大大丰富了园林植物的品种和多样性。机械化和化学肥料的广泛应用，也使得园林植物的生产效率大幅提升，为园林景观的快速建设提供了技术保障。

19世纪到20世纪初，园林植物栽培经历了从传统到现代的转变。在传统的园林植物栽培中，人们主要依靠手工劳动和自然条件，对植物进行种植和管理。而随着科学技术的进步，园林植物栽培逐渐引入了更多的现代管理手段和技术装备，如灌溉系统、喷灌设备、温室大棚等，提高了植物的生长质量和产量。

在19世纪到20世纪初，园林植物栽培技术也受到了植物学和园艺学的影响，逐渐形成了系统化的栽培理论和方法。随着对植物生理、病虫害防治等方面知识的不断深入研究，人们开始能够更科学地了解植物的生长规律和需求，针对不同植物的特性制定相应的栽培方案，提高了园林植物的生长质量和抗病虫害能力。

园林植物栽培的变革还体现在植物品种的引进和推广上。随着欧洲列强在19世纪的殖民扩张，大量来自世界各地的植物被引入到欧洲，为园林植物的多样化提供了新的可能性。通过植物学家和园艺学家的研究和推广，许多优良的园林植物品种被引入到园林栽培中，丰富了园林景观的色彩和层次。

园林植物栽培的变革还受到城市化进程的影响。随着城市化进程的加速，城市园林的建设成为人们日益关注的焦点。园林植物的栽培和管理不仅需要考虑植物的观赏性和装饰性，还需要考虑城市生态环境的改善和城市居民的休闲需求，因此园林植物栽培技术不断创新，以适应城市园林的需求。

2. 新世界植物在园林中的应用

新世界植物在园林中的应用为19世纪到20世纪初的园林植物栽培带来了革命性的变革。这一时期，欧洲列强开始探索和殖民新大陆，带回了大量的新世界植物，如玉米、土豆、番茄等，这些植物不仅改变了人类的饮食结构，也影响了园林景观的设计和栽培方式。

新世界植物的引入丰富了园林中的植物种类。在19世纪初期，欧洲的园林以传统的欧洲植物为主，如玫瑰、百合、樱桃等。但随着新世界植物的引入，园林中开始出现了玉米、土豆等植物，这些植物不仅为园林增添了新的景观元素，也为人们的饮食提供了新选择。

新世界植物的应用改变了园林的功能和用途。以前，园林主要用于贵族和富人的休闲娱乐，以及展示其财富和地位。但随着新世界植物的引入，园林的功能逐渐扩展到了农业生产和植物科学研究领域。例如，玉米和土豆等作物在园林中的种植不仅可以美化景观，还可以为当地居民提供食物，促进农业的发展。

新世界植物的引入也促进了园林栽培技术的进步。在19世纪到20世纪初期，园林设计师和园艺师开始运用新世界植物的特点和优势，创造出更加多样化和富有创意的园林景观。例如，番茄和辣椒等植物被引入园林中，不仅为园林增添了鲜艳的色彩，还为人们提供了观赏和食用的双重享受。

新世界植物的应用也带动了园林贸易的发展。随着新世界植物的引入和种植技术的进步，园林植物的种类和数量不断增加，园林贸易逐渐兴起。各种新世界植物的种子、苗木和果实开始被广泛交易，为园林产业带来了新的商机和发展机遇。

3. 从自然主义到现代主义的园林设计

19世纪到20世纪初，园林设计经历了从自然主义到现代主义的转变，这一时期的园林植物栽培也呈现出了新的特点和趋势。

自然主义园林设计是19世纪初至中期的主流风格之一，强调对自然景观的模仿和再现。在园林设计中，人们追求模拟自然景观，创造出自然、野趣的园林环境。园林植物的栽培也以自然植物为主，强调与自然环境的融合。各种乔木、灌木、草本植物被广泛引入园林中，营造出山水、湖泊、森林等自然景观，为人们提供了舒适宜人的休闲场所。

自然主义园林设计的典型代表是英国的风景园林，如英国湖区的湖兰德、约克郡的斯坦德洛普和康沃尔郡的特雷里加尔登等。这些园林以其独特的自然风光和浓厚的文化氛围吸引了众多游客和园艺爱好者前来观赏。自然主义园林设计也在欧洲大陆和美国得到了广泛的推广和应用，成为了当时园林设计的主流趋势。

随着工业化和城市化的不断发展，现代主义园林设计逐渐兴起，成为了20世纪初的新兴潮流。现代主义园林设计强调抽象、简约和功能性，摒弃了自然主义园林设计中过于模仿自然的做法，转而追求简洁、明快的设计风格。在园林植物的栽培中，人们开始注重选择适合现代主义风格的植物品种，如针叶树、多肉植物等，强调植物的形态和纹理，营造出简洁、现代的园林景观。

现代主义园林设计的典型代表是美国的公园和城市广场，如纽约中央公园和芝加哥米伦尼厄姆公园等。这些园林以其简洁、明快的设计风格和多功能性的运用受到了世界范围内的关注和推崇。现代主义园林设计还在欧洲和亚洲各国得到了广泛的应用，成为了当时园林设计的新趋势。

在现代主义园林设计中，园林植物的栽培技术也得到了进一步的发展和完善。人们开始注重植物的生长环境和管理，采用先进的栽培技术和设备，如自动灌溉系统、智能监控系统等，提高了植物的生长质量和效率，为现代园林景观的打造提供了有力支持。

(二) 20世纪中叶至今的园林植物栽培

1. 环境保护与可持续园林设计

20世纪中叶至今的园林植物栽培与环境保护、可持续发展息息相关，反映了人们对生态环境的关注和对未来可持续发展的追求。在这一时期，园林设计和植物栽培技术逐渐与环境保护理念相结合，注重生态平衡和资源的可持续利用，为构建更加美丽和健康的城市环境做出了积极贡献。

随着人类活动的不断扩张和城市化进程的加快，自然生态系统受到了越来越严重的破坏和威胁。因此，20世纪中叶以来，园林植物栽培逐渐转向了对环境保护的重视。人们开始选择更加适应当地气候和土壤条件的植物，以减少对外来物种的依赖，降低对生态环境的影响。

除了在植物选择上的改变，园林设计也开始注重生态平衡和资源循环利用。生态园林设计成为了当今的主流趋势，通过合理规划景观、布置植被、设计水系等方式，营造出与自然和谐相融的园林环境。生态园林不仅能够提供良好的休闲娱乐场所，还能够改善城市空气质量、调节城市气候、减少水土流失等，对城市生态环境产生积极影响。

另一方面，园林植物栽培技术也在不断创新和完善，以适应环境保护和可持续发展的需求。有机栽培、生物多样性保护、水资源节约利用等成为了园林植物栽培的重要方向。通过采用有机肥料、生物农药、雨水收集等技术手段，减少化学物质对环境的污染，保护生态系统的完整性和稳定性。

在可持续园林设计的理念指导下，人们还开始注重园林的长期可持续发展。通过开展植物资源的调查与保护，保护珍稀濒危植物的生存环境，促进植物多样性的保护和利用。园林设计也越来越注重社会参与和公众教育，通过开展园艺活动、举办展览、开展科普宣传等方式，提高公众对园林环境保护的认识和重视程度。

2. 技术进步与园林植物栽培的创新

20 世纪中叶至今，园林植物栽培经历了技术进步和创新的持续推动，不断适应社会需求和科技发展的要求，呈现出多样化、高效化和智能化的特点。这一时期的园林植物栽培在技术手段、管理方法和品种选育等方面都取得了重要进展，为现代城市园林建设提供了坚实的支撑。

技术进步是 20 世纪中叶至今园林植物栽培变革的关键驱动力之一。随着科学技术的不断发展，园林植物栽培逐渐引入了更多先进的技术手段，如自动化灌溉系统、智能温室控制系统、遥感监测技术等。这些技术的应用不仅提高了园林植物栽培的生产效率，还减少了人力资源的浪费，为园林植物的管理和维护提供了更为便捷和精准的手段。

20 世纪中叶至今，园林植物栽培的创新不仅体现在技术手段上，还表现在管理方法的改进和优化上。传统的园林植物栽培管理主要依靠经验和手工操作，容易受到人为因素的限制和影响。而现代园林植物栽培管理借助信息化技术和智能化设备，实现了对园林植物生长环境和生长状态的实时监测和调控，提高了园林植物栽培的精准度和效率。

园林植物栽培在 20 世纪中叶至今的变革还体现在对植物品种的选育和推广上。随着遗传学和生物技术的不断发展，人们能够更精准地选育出适应不同环境条件和需求的园林植物品种，如耐旱品种、耐寒品种等。通过植物遗传改良和育种技术，人们还能够改良园林植物的性状和品质，提高其观赏性和经济价值。

在环境保护和可持续发展的理念指导下，20 世纪中叶至今的园林植物栽培也越来越注重生态友好型栽培技术的应用。例如，有机栽培技术的推广和应用，减少了化学农药和化肥对环境的污染，提高了园林植物的生长质量和安全性。生态景观设计和绿色园林建设也成为现代城市园林发展的重要趋势，促进了园林植物栽培与环境保护的有机结合。

3. 当代园林植物栽培的挑战与机遇

当代园林植物栽培面临着一系列挑战与机遇，这些挑战包括环境污染、气候变化、生物多样性丧失等，但同时也伴随着科技进步、生态意识的提升以及新兴技术的应用，为园林植物栽培带来了新的机遇。

环境污染是当代园林植物栽培面临的主要挑战之一。工业化和城市化进程中产生的废气、废水、噪声等污染物对园林植物的生长和健康构成威胁，导致植物抗病力下降、生长速度减缓等问题。解决环境污染对园林植物栽培的影响，需要加强环保意识，采取有效的措施减少污染源的排放，同时通过选择适应性强的植物品种进行栽培。

气候变化也对园林植物栽培构成了挑战。全球气候变暖导致气温、降水等气候要素发生变化，影响了园林植物的生长周期、花期和果实成熟时间等。一些植物可能因为气候适应性差而难以生存，而另一些植物可能因为气候变暖而蓬勃生长。因此，需要通过科学研究和栽培实践，选择适应性强、耐旱耐寒的植物品种，以应对气候变化对园林植物栽培的挑战。

生物多样性丧失也是一个严重的挑战。随着城市化和人类活动的扩张，许多自然生态系统遭受破坏，导致许多植物物种濒临灭绝。生物多样性的丧失不仅影响了自然生态系统的平衡，也影响了园林植物栽培的多样性和稳定性。因此，需要通过保护和恢复生物多样性的措施，加强对濒危植物的保护和培育，以确保园林植物栽培的可持续发展。

然而，当代园林植物栽培也面临着诸多机遇。科技的进步为园林植物栽培提供了新的可能性。例如，基因编辑技术的发展使得人们可以通过调整植物基因来增强其抗逆性和适应性，从而培育出更加适应环境的新品种。现代园林植物栽培还借助于数字化技术、智能设备等，实现了对植物生长环境和生长状态的实时监测和管理，提高了园林植物栽培的效率和质量。

生态意识的提升也为园林植物栽培带来了新的机遇。人们越来越重视园林生态环境的保护和改善，倡导使用低碳、环保的栽培技术和材料，推动园林植物栽培向生态友好型方向发展。这种生态意识的提升不仅有助于减少园林对自然资源的消耗，还促进了园林植物栽培与生态环境的和谐共生。

第三节 栽培环境与条件要求

一、园林植物栽培环境与布局

（一）光照条件

光照条件是园林植物栽培环境中至关重要的因素之一，它直接影响着植物的生长发育和健康状态。园林植物的栽培环境与布局需要充分考虑光照条件，以保证植物能够获得适宜的光照，实现良好的生长效果。

在园林植物的栽培环境中，合理的光照布局至关重要。不同的植物对光照的需求不同，一些植物喜欢阳光充足的环境，而另一些植物更适宜在半阴凉的环境下生长。因此，在园林植物的布局中，需要根据植物的光照需求，合理安排它们的位置，以确保每种植物都能够获得适宜的光照条件。

园林植物栽培环境的光照条件不仅受到自然光照的影响，还受到人工遮荫和调节的影响。在一些园林景观设计中，人们会通过搭建遮阳棚、植物篷等设施，调节植物所接受的光照强度和时间，以满足不同植物的生长需求。这种人工调节光照的方法可以有效地保护植物免受过强的日光照射，防止植物因过度曝晒而受损。

在园林植物的栽培环境中，还可以通过适时修剪树木、移动容器等方式调节光照条件。对于一些生长较为茂密的园林植物，及时进行修剪可以增加植物叶片的曝光面积，提高光照利用率；而对于一些植物容器，适时调整其位置和朝向可以更好地利用光照资源，促进植物的生长发育。

园林植物栽培环境与布局还需要考虑光照的均匀性和稳定性。光照不足或光照不均匀会影响植物的正常生长，导致植物生长不良甚至死亡。因此，在园林植物的布局和设计中，需要考虑光照的均匀分布，避免一些地方过于阴暗或过于阳光暴露，保证植物能够均匀地接受到光照。

光照条件还与园林植物的栽培环境中其他因素相互作用，如土壤、湿度等。合理调节这些因素，可以进一步优化园林植物的生长环境，提高植物的生长质量和产量。因此，在园林植物的栽培环境与布局中，需要综合考虑光照条件以及其他环境因素，为植物提供一个适宜的生长环境，实现园林景观的良好效果。

(二) 土壤类型

园林植物的栽培环境与布局密切关联于土壤类型，不同的土壤类型对于植物的生长有着显著的影响。因此，在园林设计中，对土壤类型的认识和合理利用至关重要。下面将从不同的土壤类型入手，探讨园林植物栽培环境与布局的相关问题。

在园林设计中，砂质土壤常常被用于构建花园和公园。砂质土壤通常排水性良好，透气性强，但缺乏肥力和保水性。因此，在栽培植物时，需要选择适应砂质土壤生长的植物品种，如灌木类和草本植物，同时加入有机肥料和覆盖物，提高土壤的肥力和保水性，保证植物的生长健康。

黏土土壤在园林植物栽培中也有着重要的应用价值。黏土土壤富含养分，保水性较好，但排水性差。因此，在布局园林时，可以选择耐湿的植物种类，如水生植物和湿地植物，利用黏土土壤的保水性，打造出湿地景观和水生花园。可采取改良土壤的措施，如疏松土壤、加入有机质等，改善土壤结构，提高植物生长的适应性。

在园林设计中，壤土是较为理想的土壤类型之一。壤土既具有良好的透气性和排水性，又富含养分，适合大多数植物的生长。在壤土环境中，可以选择各种各样的植物进行栽培，包括乔木、灌木、草本植物等，根据园林设计的需要，灵活搭配植物，打造出多样化的园林景观。

除了以上几种常见的土壤类型外，还有淤泥土壤和沙壤土等土壤类型，它们在园林植物栽培环境与布局中也有着各自的特点和应用价值。淤泥土壤通常富含有机质，适合湿地植物的生长，可用于打造湿地公园和水系景观；沙壤土虽然排水性良好，但缺乏养分，需要加入有机肥料和改良剂，以提高土壤的肥力和保水性，适合栽培耐旱植物和草原植被。

园林植物的栽培环境与布局与土壤类型密切相关，不同的土壤类型对植物的生长有着不同的影响。因此，在园林设计中，需要充分考虑土壤类型的特点，选择适应性强的植物品种，并采取相应的土壤改良措施，以打造出美丽、健康的园林景观。

(三) 湿度与通风

湿度与通风是园林植物栽培环境中至关重要的因素，对植物的生长和健康起着关键作用。园林植物的栽培环境和布局需要合理考虑湿度和通风情况，以确保植物能够在适宜的环境中茁壮生长，同时营造出优美的园林景观。

园林植物的生长需要适宜的湿度条件。不同植物对湿度的需求有所不同，但大多数植物都喜欢湿润的环境。在园林植物的栽培环境中，通过合理的灌溉和湿度调节设施，可以控制园林的湿度，保持植物根系和叶片的适度湿润，提供良好的生长条件。

通风是园林植物栽培环境中的另一个重要因素。良好的通风条件有助于排除废气和病菌，促进植物的呼吸和光合作用，防止霉菌和真菌的滋生，减少病虫害的发生。因此，在园林植物的栽培布局中，需要合理安排通风口和通风设施，保证空气流通畅通，维持园林环境的清新舒适。

园林植物的栽培环境和布局需要根据植物的特性和环境条件进行合理设计。一些喜欢潮湿环境的植物可以布置在水边或喷泉周围，利用水汽和水分的蒸发来增加空气湿度；而一些喜欢干燥环境的植物则可以布置在通风良好的地方，避免潮湿和闷热的环境。

在园林植物的栽培布局中，可以通过设计湿地和湖泊等水体景观来增加湿度，并利用水面反射来调节光线和温度，为植物提供适宜的生长环境。在园林的布局中，还可以设置通风塔、通风隧道等通风设施，增强园林的空气流通性，提高植物的抗病虫害能力。

除了直接的湿度调节和通风设施外，园林植物的栽培环境和布局还可以通过合理植被的选择和植物的布局来改善。选择适合当地气候和土壤条件的植被，如具有良好透气性的草坪、绿化带等，有利于改善园林的通风和湿度条件，营造出舒适宜人的园林环境。

在园林植物的栽培环境和布局中，还需要考虑园林的整体结构和风格，以及植物的生长习性和群体特征。通过合理设计和布局，可以实现园林的功能分区和景观层次，充分利用自然环境和人工设施，打造出既美观又实用的园林景观。

湿度与通风是园林植物栽培环境中至关重要的因素，对园林植物的生长和健康起着关键作用。在园林植物的栽培环境和布局中，需要根据植物的特性和环境条件，合理设计和配置湿度调节和通风设施，为植物提供良好的生长环境，同时营造出优美的园林景观。

二、园林植物栽培条件要求

（一）水分管理

1. 浇水量与频率

园林植物的栽培条件要求中，浇水量与频率是至关重要的因素之一。适当的浇水可以保持植物的生长健康，但过量或不足的浇水都可能对植物造成不利影响。因此，根据不同植物的需水量、生长环境以及季节变化等因素，合理确定浇水量和频率至关重要。

根据植物的生长阶段和种类确定浇水量与频率是至关重要的。在植物生长初期，特别是幼苗阶段，植物对水分的需求较大，因此需要频繁地浇水，保持土壤湿润，促进幼苗的生长。而成熟植物在生长旺盛期，浇水量和频率可以适当减少，以避免根部过湿导致根腐病等问题的发生。

生长环境对浇水量与频率的影响也需要考虑。在气候干燥、温度较高的地区，植物对水分的需求会增加，需要增加浇水量和频率，以保持植物生长所需的水分供应。而在潮湿多雨的环境中，浇水量和频率则可以适当减少，以避免过度灌溉导致土壤过湿，影响植物的生长和发育。

季节变化也会对浇水量与频率产生影响。在夏季高温干燥的时候,植物的蒸腾作用增强,水分蒸发速度加快,因此需要增加浇水量和频率,以保持土壤湿润。而在秋冬季节,植物的生长活动减缓,浇水量和频率可以适当减少,以防止过湿导致根部腐烂或冻害的发生。

土壤类型和质地也是确定浇水量与频率的重要因素之一。不同类型的土壤具有不同的保水性和透水性,对水分的保持和排水能力不同。例如,沙质土壤的透水性较强,保水能力较差,因此需要增加浇水量和频率;而黏土质土壤的保水性较好,但排水能力较差,因此需要控制浇水量和频率,以避免土壤过湿。

植物的生长状态和健康状况也会影响浇水量与频率的确定。例如,如果植物处于生长迅速、花期或果实成熟期,需要增加浇水量和频率,以满足植物生长所需的水分需求。而如果植物处于休眠期或生长缓慢期,可以适当减少浇水量和频率,以避免过度灌溉造成植物根部窒息或生长不良。

浇水量与频率在园林植物栽培条件中起着至关重要的作用。合理确定浇水量与频率,根据植物的需水量、生长环境、季节变化、土壤类型和质地、植物生长状态等因素进行调整,可以保证植物的健康生长,促进园林植物栽培的成功。

2. 排水系统

排水系统是园林植物栽培中至关重要的一环,它直接影响着植物根系的生长和健康。园林植物的栽培条件对排水系统有着严格的要求,以确保植物能够在适宜的水分环境下生长茁壮。

良好的排水系统对园林植物的生长至关重要。过度积水会导致土壤中氧气供应不足,影响植物根系的呼吸和生长,甚至导致植物根部腐烂。因此,排水系统的设计应当能够及时将多余的水分排出,保持土壤适度湿润,避免土壤中水分过量积聚。

园林植物的栽培条件要求排水系统必须具备良好的渗透性和排水能力。土壤中的排水孔隙结构应当合理,以便水分迅速渗透到土壤深层,并顺利排出。排水系统还需要考虑地形和土壤类型等因素,针对不同地区的特点进行合理设计,确保排水效果良好。

在园林植物的栽培条件中,排水系统的设计需要充分考虑降雨量和地下水位等因素。在降雨量较大的地区,排水系统需要具备更强的排水能力,以应对暴雨等极端天气条件下的排水需求;而在地下水位较高的地区,排水系统则需要采取有效措施,避免地下水对土壤和植物根系的不利影响。

排水系统的设计还应考虑到园林植物的根系特点和生长需求。一些植物对排水条件有着较高的要求,如喜欢干燥环境的仙人掌和多肉植物,需要排水系统能够快速将多余的水分排出;而一些湿生植物则需要排水系统能够保持土壤的湿润度,满足其生长需求。

排水系统的建设还需要考虑到园林植物栽培区域的规划和布局。根据不同植物的生长需求和地形条件,合理设置排水系统的布局,确保每个栽培区域都能够得到有效的排水服务。在园林景观设计中,排水系统也需要与其他景观元素相协调,使其既能满足植物的生长需求,又不影响整体景观效果。

排水系统是园林植物栽培中不可或缺的重要组成部分,它直接影响着园林植物的生长和健康。园林植物的栽培条件要求排水系统具备良好的渗透性和排水能力,能够有效地排出多余的水分，保持土壤适度湿润。排水系统的设计应考虑降雨量、地下水位、植物根系特点和生长需求等因素，合理规划布局，确保植物能够在良好的水分环境中生长茁壮。

(二) 施肥与修剪

1. 施肥方法

园林植物的健康生长和良好品质离不开适当的施肥方法，而不同的园林植物栽培条件对施肥有着各自的要求和特点。在园林植物的栽培过程中，施肥方法不仅需要根据具体植物的生长需求和土壤条件进行选择，还需要考虑到环境保护和可持续发展的因素，以实现园林植物的健康生长和生态环境的可持续性。

对于园林植物的施肥方法而言，首先需要考虑的是肥料的选择。不同类型的园林植物对肥料成分和比例有着不同的需求，因此在选择肥料时需要根据植物的种类、生长阶段和土壤条件等因素进行综合考虑。一般来说，有机肥料和无机肥料可以根据具体情况进行混合使用，以满足植物对养分的需求。

在施肥方法上，可以采取多种方式进行肥料的施用。常见的施肥方法包括根部施肥、叶面喷施、基质培肥等。根部施肥适用于根系发达的园林植物，可以直接将肥料埋入土壤中，以供植物吸收利用。叶面喷施则适用于叶片吸收能力较强的植物，可以通过叶片表面喷洒肥料，加快肥料的吸收速度和效率。基质培肥则是将肥料与基质混合施用，利用基质的吸水性和保水性，逐渐释放养分，为植物提供持续的营养。

园林植物的栽培条件要求对施肥方法也有着一定的影响。例如，在盆栽园艺中，由于土壤容积有限，植物对养分的需求相对较高，因此需要采取经常性的小剂量施肥方式，以保证植物的健康生长。而在大型园林景观中，土壤条件和植物种类繁多，施肥方法则需要根据具体情况进行调整，以满足不同植物的生长需求和景观设计的要求。

对于园林植物的健康生长和良好品质而言，除了施肥方法外，还需要考虑到土壤水分管理、病虫害防治等方面的因素。合理管理土壤水分，保持适宜的土壤湿度对于植物的生长至关重要；而定期检查和防治病虫害可以有效保护植物免受病害侵袭，保持植物的健康状态。

园林植物的施肥方法需要根据植物的生长需求、土壤条件和栽培环境的要求进行选择和调整。通过科学合理地施肥，可以为园林植物提供充足的营养，促进植物的健康生长，实现园林景观的美化和生态环境的改善。

2. 修剪与整形

园林植物的修剪与整形是园林景观美化和植物健康的重要环节，对于塑造植物形态、促进生长、控制大小和增加观赏性都具有重要作用。园林植物的栽培条件也直接关系到其修剪与整形效果的好坏，因此，了解园林植物栽培条件的要求是确保修剪与整形工作顺利进行的基础。

园林植物的栽培条件首先需要考虑适宜的生长环境。不同植物对生长环境的要求有所不同，一些喜欢阳光充足的植物适合种植在阳光充足的地方，而一些喜欢半阴湿环境的植物则适合种植在半阴凉的地方。因此，在选择园林植物种植位置时，需要充分考虑其生长环境的特点，以确保其生长状况良好。

园林植物的栽培条件还需要考虑适宜的土壤条件。土壤的质地、肥力和排水性对植物的生长和健康起着重要作用。一般来说，园林植物喜欢疏松肥沃、排水良好的土壤环境，因此在栽培园林植物时，需要选择合适的土壤类型，并注意施肥和改良土壤，以提供良好的生长条件。

园林植物的栽培条件还需要考虑适宜的水分和养分供应。水分是植物生长的重要因素之一，不同植物对水分的需求也有所不同。一般来说，园林植物需要适量的水分供应，但过量的水分会导致根系腐烂和生长不良。因此，在栽培园林植物时，需要合理安排灌溉系统，保持适宜的土壤湿度。还需要注意给植物提供充足的养分，通过施肥和补充营养液等方式，满足植物的生长需求。

园林植物的栽培条件还需要考虑适宜的气候条件。气候因素直接影响着园林植物的生长和健康。一些喜温暖、湿润气候的植物适合种植在南方地区，而一些耐寒、耐旱的植物适合种植在北方地区。因此，在选择园林植物种植地点时，需要充分考虑当地的气候条件，选择适合的植物品种，以确保其生长良好。

园林植物的栽培条件还需要考虑适宜的疾病和害虫防治措施。疾病和害虫是园林植物生长过程中的常见问题，对植物的生长和健康造成不利影响。因此，在栽培园林植物时，需要采取预防和控制措施，定期检查植物的生长状况，及时发现并处理疾病和害虫，保证植物的健康生长。

3. 病虫害防治

园林植物的栽培条件要求中，病虫害防治是至关重要的一环。病虫害的发生不仅会影响植物的健康和生长，还可能导致园林景观的破坏和凋零。因此，有效的病虫害防治措施是园林植物栽培的关键之一。

认真选择适应性强的植物品种是预防病虫害的重要措施之一。不同植物品种对病虫害的抵抗力和耐病性有所差异，因此在进行园林植物的选择时，应优先选择那些抗病虫害能力较强、适应性较好的品种，以降低病虫害发生的可能性。

合理布局和植物间距的设计可以减少病虫害的传播和扩散。过于密集的植物配置容易造成空气不流通，湿度过高，从而增加病虫害的发生风险。因此，在园林植物的布局设计中，应根据植物的生长习性和要求，合理设置植物间距，保持适当的通风和光线照射，减少病虫害的滋生条件。

定期进行植物健康检查和病虫害监测也是预防病虫害的重要措施之一。通过定期巡查和观察，及时发现病虫害的初期迹象，及时采取相应的防治措施，可以有效控制病虫害的发生和扩散，保护园林植物的健康。

保持园林环境的清洁和卫生也是预防病虫害的关键。及时清除园林中的枯枝败叶、落叶积水等枯落物，清理植物周围的杂草和杂物，可以减少病虫害的藏身之地，降低病虫害的发生风险。

除了以上措施，选择合适的病虫害防治方法也是重要的。常见的病虫害防治方法包括生物防治、物理防治和化学防治等。生物防治通过引入天敌、寄生虫等天然生物控制病虫害的繁殖和扩散；物理防治则利用物理手段，如覆盖网、隔离栅栏等，阻断病虫害的传播途径；化学防治则是利用化学药剂对病虫害进行杀灭或防治。在选择防治方法时，应根据病虫害类型、发生程度和园林环境等因素综合考虑，选择最适合的防治措施。

第四节　栽培技术的基本原则

一、园林植物栽培技术的生态平衡与可持续性原则

（一）选择本地适应的植物

在园林植物的栽培中，选择本地适应的植物是生态平衡与可持续性原则的核心之一。这一原则强调了与当地自然环境的协调，旨在保护生态系统的健康和稳定。

园林植物栽培技术的生态平衡与可持续性原则首先要求选择适应当地气候和土壤条件的本地植物。本地植物通常对当地的气候、土壤和生态环境具有更好的适应性，能够在园林环境中更加稳健地生长，减少对外来环境的依赖，降低对水资源、化肥和农药等的使用，有利于生态环境的保护和可持续发展。

生态平衡与可持续性原则还要求园林植物栽培技术尽可能模拟和保护当地的自然生态系统。在园林设计和植物配置中，应该尽量保留和重建当地的生态景观，如湿地、草原、森林等，使园林植物与自然环境融为一体，促进生态系统的复原和稳定。

园林植物栽培技术的生态平衡与可持续性原则还包括合理利用植物的多样性。不同种类的植物具有不同的生长特性和功能，选择适当的植物种类进行栽培可以实现园林生态系统的多样性，提高生态系统的稳定性和抗干扰能力，减少对单一植物种类的过度依赖，从而降低园林植物栽培对外界环境的影响。

生态平衡与可持续性原则还要求在园林植物的栽培过程中采取节水、节肥、节药等措施，减少资源的消耗和污染。例如，采用滴灌、雨水收集等水资源管理技术，合理施肥和植物保健管理措施，减少农药和化肥的使用量，提高资源利用效率，降低园林植物栽培对生态环境的负面影响。

生态平衡与可持续性原则还需要园林植物栽培技术与环境保护、生态修复等领域进行密切合作和交流。通过开展科学研究和技术创新，推动园林植物栽培技术不断提高，促进园林生态系统的稳定和可持续发展。加强社会宣传和教育，提高公众对生态环境保护和可持续发展的意识，推动园林植物栽培技术的生态平衡与可持续性原则的落实和推广。

（二）循环利用与资源节约

循环利用与资源节约是园林植物栽培技术中生态平衡与可持续性原则的重要体现，通过合理利用资源和循环利用废弃物，可以实现园林植物栽培的生态平衡和可持续发展。在园林植物栽培技术中，循环利用与资源节约的理念已经得到了广泛应用，并在实践中取得了显著成效。

在园林植物栽培中，循环利用和资源节约的一个重要方面是土壤养分的循环利用。通过合理施肥、植物残体的还田和有机物质的堆肥处理，可以将植物生长过程中吸收的养分返还到土壤中，实现养分的循环利用和土壤肥力的持续提升。这种方式不仅可以减少化肥的使用量，降低对环境的污染，还可以保持土壤的健康和生态系统的稳定性。

水资源的合理利用也是园林植物栽培中循环利用与资源节约的重要内容。通过建设雨

水收集系统、采用滴灌和微喷灌等节水灌溉技术，可以最大限度地利用雨水和地下水资源，减少对自来水的依赖，实现水资源的有效利用和节约。这种方式不仅可以降低水资源的浪费，还可以减少园林栽培对水资源的竞争，有利于生态环境的保护和水资源的可持续利用。

除了土壤养分和水资源的循环利用外，园林植物栽培技术中还注重废弃物的资源化利用。通过对植物残体和修剪枝叶等废弃物的收集和处理，可以进行堆肥、沤肥等处理，生产有机肥料和土壤改良剂，为园林植物提供养分，同时减少废弃物对环境的污染。这种方式不仅可以降低园林管理的成本，还可以减少对化学肥料和土壤改良剂的需求，促进园林栽培技术的可持续发展。

在园林植物栽培技术中，生态平衡与可持续性原则也体现在植物选择和布局上。选择适应当地气候和土壤条件的植物品种，可以减少对外来物种的依赖，提高植物的适应性和抗逆性，降低对化学药剂和人工维护的需求，实现园林植物的生态平衡和可持续发展。

在园林植物的布局设计中，注重植物的多样性和生态功能，合理配置不同类型的植物，打造生态景观和生态廊道，为园林生态系统的恢复和保护提供良好条件。充分利用自然地形和水体资源，建设湿地、水系和绿地等生态空间，促进植物的生长和自然生态系统的形成，实现园林生态环境的可持续性发展。

（三）生物多样性的保护

生物多样性的保护是当今社会面临的重要挑战之一，而园林植物栽培技术的生态平衡与可持续性原则在这一挑战中发挥着至关重要的作用。园林植物栽培技术的生态平衡与可持续性原则，旨在通过科学的管理和设计，实现园林植物的健康生长、保护生物多样性、减少对自然资源的消耗，从而实现生态环境的持续发展和人与自然的和谐共生。

园林植物栽培技术的生态平衡与可持续性原则首先体现在栽培方法的选择上。传统的园林植物栽培方法往往依赖化学农药和化肥，对环境和生态系统造成负面影响。而现代园林植物栽培技术倡导自然、有机的栽培方法，通过合理利用有机肥料、生物农药等手段，保持土壤生态系统的平衡，减少对生态环境的破坏，实现园林植物的健康生长。

园林植物栽培技术的生态平衡与可持续性原则还体现在植物品种的选择上。在园林植物栽培过程中，应当选择适应当地气候和土壤条件的本土植物品种，减少外来物种对生态系统的影响，保护本地生物多样性。也可以选择具有抗逆性和生长适应性强的植物品种，以适应气候变化和环境压力的影响，保持园林植物生态系统的稳定性。

园林植物栽培技术的生态平衡与可持续性原则还需要注重景观设计的生态性。在园林景观设计中，应当尊重自然、保护生态环境，避免过度开发和人为破坏，保留和重建生态景观，营造出符合自然规律和生态平衡的园林景观。也可以通过合理布局和植被配置，营造出适宜生物栖息和繁衍的生态环境，促进园林植物与其他生物的共生共存。

园林植物栽培技术的生态平衡与可持续性原则还需要注重资源的合理利用和循环利用。在园林植物栽培过程中，应当尽量减少对自然资源的消耗，提倡资源的节约和循环利用，如利用雨水收集系统进行灌溉、采用节水设施和节能技术等措施，降低园林植物栽培的能耗和碳排放，实现园林植物栽培的可持续发展。

园林植物栽培技术的生态平衡与可持续性原则还需要注重社会参与和共享。在园林植物栽培过程中，应当注重与社区居民和相关利益相关者的沟通和合作，充分考虑他们的意见和需求，促进园林植物栽培与社会发展的协调与共赢，实现园林植物栽培与社会可持续发展的良性循环。

二、园林植物栽培的技术专业性与创新性原则

（一）科学栽培方法

园林植物的科学栽培方法是确保园林景观美观和植物健康的关键。在园林植物栽培技术中，技术的专业性和创新性原则至关重要，这不仅可以提高园林植物的生长质量，还能够推动园林植物栽培技术的不断进步和创新。

园林植物栽培技术的专业性体现在对植物生长特性和环境要求的深入了解和熟练掌握上。园林植物的生长受到诸多因素的影响，包括光照、温度、湿度、土壤、营养等，园林植物栽培技术人员需要对这些因素有深入的了解，以制定科学合理的栽培方案，保障园林植物的健康生长。

园林植物栽培技术的专业性体现在对植物病虫害防治和管理的熟练掌握上。病虫害是园林植物生长过程中常见的问题，园林植物栽培技术人员需要具备识别各种病虫害的能力，并采取相应的防治措施，如生物防治、物理防治和化学防治等，以保护园林植物的健康。

园林植物栽培技术的创新性原则在于不断探索和应用新的栽培技术和方法。随着科技的发展和社会的进步，园林植物栽培技术也在不断创新和改进。例如，利用无土栽培技术、水培技术、智能化管理技术等，可以有效提高园林植物的生长效率和品质，降低园林植物栽培的成本和风险。

园林植物栽培技术的创新性原则还体现在品种培育和育种工作上。随着人们对园林植物功能和观赏性的需求不断提高，园林植物品种的培育和育种工作也在不断进行。通过选择和交配优良的植物品种，培育出适应性强、观赏性好、抗病虫害能力强的新品种，可以丰富园林植物的种类和形态，提升园林景观的品质和水平。

1. 适应性栽培

适应性栽培是园林植物栽培技术中的重要原则之一，其涵盖了对植物种类的选择、栽培环境的优化以及栽培管理的创新。园林植物栽培技术的技术专业性与创新性原则体现在对适应性栽培的研究与实践中，旨在提高园林植物栽培的科学性、效率性和可持续性。

适应性栽培的原则要求根据植物的生长特性和生态环境选择适宜的植物种类。园林植物的栽培技术需要根据不同植物的生长需求和环境适应能力，选择适宜的植物种类进行栽培。例如，对于干旱地区，需要选择耐旱性强的植物品种进行栽培；而对于湿润地区，则需要选择耐阴湿的植物品种。这种针对性的种植选择是园林植物栽培技术的技术专业性的体现，能够提高植物的生长质量和产量，减少资源浪费和环境污染。

园林植物栽培技术的技术专业性还表现在对栽培环境的优化和改良上。通过合理设计和建设栽培环境，如土壤改良、水资源管理、温室建设等，可以提高园林植物的生长条件，促进其健康生长。例如，通过改良土壤结构和添加有机肥料，可以改善土壤的通气性和保水性，提高植物的生长速度和抗病能力；而通过合理管理水资源和设置灌溉系统，可

以确保植物获得适量的水分，保证其正常生长和发育。

园林植物栽培技术的创新性原则体现在对栽培管理的创新和提升上。通过引入新的栽培技术和管理方法，如生物技术、信息技术等，可以提高园林植物栽培的效率和质量，降低生产成本，实现可持续发展。例如，利用生物技术手段，可以培育出抗病虫害的新品种，提高植物的抗逆性和生长速度；而通过信息技术的应用，可以实现对园林植物生长环境和生长状态的实时监测和管理，及时调整栽培措施，提高园林植物的栽培效果和产量。

在园林植物栽培技术的研究和实践中，需要不断强调技术专业性与创新性原则，促进园林植物栽培技术的不断进步和提升。通过加强科学研究和技术创新，推动园林植物栽培技术与现代科技的融合，不断提高园林植物栽培的技术水平和生产效率，促进园林植物产业的可持续发展。需要注重对栽培技术的传承与创新，培养园林植物栽培技术人才，推动园林植物栽培技术的传统与现代相结合，实现园林植物栽培的可持续发展。

2. 病虫害防治

病虫害防治是园林植物栽培技术中至关重要的一环，其技术专业性与创新性原则在园林植物健康生长和保护生态环境方面发挥着重要作用。在园林植物栽培技术中，有效的病虫害防治不仅需要具备丰富的专业知识和技能，还需要不断创新和改进防治方法，以适应不同的环境和植物种类，保障园林植物的健康生长和生态平衡。

园林植物病虫害防治的技术专业性体现在病虫害诊断和监测上。园林植物病虫害的防治需要及时准确地识别病害和虫害的类型、严重程度和分布情况，以制定有效的防治措施。因此，园林从业人员需要具备丰富的植物病理学和昆虫学知识，掌握各种病害和虫害的特征和防治方法，并能够通过现代科技手段进行病虫害监测和诊断，保障病虫害防治工作的科学性和专业性。

在园林植物病虫害防治中，技术专业性体现在防治方法的选择和实施上。针对不同的病害和虫害类型，园林从业人员需要根据病害和虫害的生物特性、环境因素和防治要求，选择合适的防治方法和药剂，进行针对性的防治。常见的防治方法包括物理防治、化学防治、生物防治和综合防治等，需要根据实际情况进行选择和组合，以达到最佳的防治效果。

园林植物病虫害防治还需要注重技术创新和方法改进，不断提高防治效果和减少对环境的影响。随着科学技术的不断发展，新型的病虫害防治技术和药剂不断涌现，如生物农药、植物提取物和基因工程技术等，为园林植物病虫害防治提供了新的思路和方法。园林从业人员需要及时了解和掌握这些新技术和新方法，不断开展技术研究和实践探索，提高园林植物病虫害防治的科学性、有效性和可持续性。

除了技术专业性外，园林植物病虫害防治还需要注重合作与共享，形成多方合力，共同应对病虫害威胁。园林管理单位、科研机构、园林从业人员和社会公众等各方应密切合作，加强信息交流和资源共享，共同制定病虫害防治方案，共同推动园林植物病虫害防治工作的开展。通过多方协作，可以充分发挥各方的优势，提高病虫害防治的效率和成效，实现园林植物的健康生长和生态环境的保护。

(二) 创新技术应用

园林植物栽培技术的生态平衡与可持续性原则在创新技术应用方面发挥着重要作用。

通过引入新技术，不断改进和完善园林植物栽培技术，可以更好地实现生态平衡和可持续性发展的目标。

一项重要的创新技术是智能化设备的应用。智能化设备可以通过传感器、监控器等装置实时监测园林植物的生长环境和状态，如土壤湿度、光照强度、温度等参数，从而实现对园林植物生长条件的精准调控。这种智能化管理方式不仅提高了园林植物的生长效率，还能够减少资源的浪费，促进园林植物栽培技术的生态平衡和可持续性发展。

另一项创新技术是生物科技的应用。生物科技可以通过生物工程技术和基因编辑技术改良园林植物的品种，使其具有更强的抗逆性和生长适应性，从而提高园林植物的生存率和生长质量。生物科技还可以开发生物农药和生物肥料，用以替代传统的化学农药和化肥，减少对环境的污染，实现园林植物栽培技术的生态平衡和可持续性发展。

新型材料的应用也是园林植物栽培技术的创新方向之一。例如，利用生物降解材料替代传统的塑料材料，可以减少园林植物栽培过程中的资源消耗和环境污染，实现园林植物栽培技术的可持续性发展。还可以利用新型材料开发更轻便、更耐用的园艺工具和设备，提高园林植物栽培的效率和质量。

除了技术创新，园林植物栽培技术的生态平衡与可持续性原则还需要注重创新管理模式的应用。例如，推广循环农业和生态农业模式，将园林植物栽培与农业生产相结合，实现资源的综合利用和循环利用，促进园林植物栽培技术的可持续发展。还可以利用互联网和大数据技术开发智慧园林管理系统，实现对园林植物栽培过程的精细管理和智能调控，提高园林植物栽培技术的生态平衡和可持续性发展水平。

1. 现代科技应用

现代科技的应用在园林植物栽培技术中扮演着重要角色，它既能够促进园林植物的健康生长，又能够维护生态平衡和可持续性发展的原则。在园林植物栽培过程中，科技的应用不断创新，为实现生态平衡与可持续性提供了丰富的可能性。

现代科技的应用在园林植物栽培技术中体现在数字化管理系统的建设上。通过智能感知技术、互联网技术等，建立起园林植物生长环境的实时监测和管理系统，可以对光照、温度、湿度、土壤水分等关键因素进行精确监测，及时掌握植物生长状态，调整管理措施，从而实现对园林植物生长环境的精准管理和优化。

现代科技的应用在园林植物栽培技术中体现在生物技术的应用上。生物技术为园林植物的育种、繁殖和抗病虫害等方面提供了新的途径和手段。例如，基因编辑技术可以对园林植物的基因进行精准修饰，提高植物的抗逆性、抗病虫害能力和适应性，从而降低园林植物栽培过程中对化学农药的依赖，保障园林生态系统的健康和可持续发展。

现代科技的应用在园林植物栽培技术中体现在智能化设备的应用上。智能温室、自动喷灌系统、智能施肥设备等智能化设备的应用，可以实现园林植物生长环境的自动化管理和优化，减少人力和物力投入，提高生产效率，同时降低园林植物栽培过程中对资源的消耗，实现园林植物栽培的可持续性发展。

现代科技的应用还可以促进园林植物栽培技术与其他行业的融合和创新。例如，利用农业废弃物和城市生活垃圾等资源进行有机肥料的生产，既可以减少园林植物栽培过程中对化学肥料的使用，又可以实现资源的循环利用，降低环境污染，促进园林植物栽培技术的生态平衡和可持续性发展。

2. 设计创新

园林植物栽培技术的生态平衡与可持续性原则要求在设计创新方面发挥重要作用。通过创新设计，可以实现园林植物栽培的生态平衡，促进生态系统的健康和稳定，实现可持续发展的目标。

设计创新是园林植物栽培技术生态平衡与可持续性原则的重要体现。通过设计创新，可以探索新的园林植物栽培模式和技术手段，提高园林植物栽培的效率和质量，降低资源消耗和环境污染。例如，可以引入新的栽培设施和工具，如智能温室、自动灌溉系统等，实现对园林植物生长环境和生长状态的精准监测和管理，提高园林植物的栽培效果和产量。

设计创新还可以推动园林植物栽培技术与现代科技的融合，促进园林植物栽培技术的不断进步和提升。通过引入生物技术、信息技术等先进技术手段，可以培育出抗病虫害、适应性强的新品种，提高园林植物的抗逆性和生长速度。可以利用信息技术实现对园林植物栽培环境和生长状态的远程监测和管理，及时调整栽培措施，提高园林植物的栽培效果和产量。

设计创新还可以促进园林植物栽培技术与生态环境的协调和平衡。通过设计创新，可以实现园林植物栽培与自然环境的良好融合，促进生态系统的健康和稳定。例如，可以设计生态型园林景观，选择适宜的植物种类进行栽培，重建和保护当地的生态景观，实现园林植物栽培与自然生态系统的有机结合。

设计创新还可以推动园林植物栽培技术与社会经济的可持续发展相结合。通过设计创新，可以实现园林植物栽培产业的转型升级，提高园林植物栽培的经济效益和社会效益。例如，可以开发新的园林植物产品和服务，满足不同市场需求，拓展园林植物栽培产业的发展空间，促进经济增长和就业创造。

第二章　园林植物的生态学基础

第一节　植物生态学概述

一、植物生态学的基本定义与研究领域

（一）植物生态学的定义

植物生态学是生态学的一个分支领域，主要研究植物在生态系统中的分布、结构、功能以及与环境之间的相互作用关系。它关注植物与环境之间的相互影响，以及植物对生态系统稳定性和功能的贡献。植物生态学的研究内容涉及到从微观到宏观的各个层面，包括植物个体生长发育、群落结构与动态、生态系统功能和生物多样性维持等。

植物生态学的基本定义是研究植物与环境之间的相互作用关系，并探究这些关系对生态系统结构和功能的影响。植物作为生态系统的重要组成部分，通过其生长、繁殖和代谢活动，影响着土壤、水文、气候等各个环境要素的变化，从而对生态系统的稳定性和功能产生重要影响。植物生态学旨在深入理解这些相互作用关系的机制，为生态系统的保护和管理提供科学依据。

植物生态学的研究领域涵盖了多个层面和方面。首先是植物个体的生长与发育。植物生态学研究植物个体在不同环境条件下的生长过程、生理生态特征以及适应策略。这包括了植物的生长速率、光合作用、水分利用效率、营养吸收等方面的研究，旨在揭示植物在各种生境中的生长规律和适应机制。

其次是植物群落的结构与动态。植物生态学关注不同物种组成的植物群落在时间和空间上的分布格局、种间关系和群落动态变化。通过研究群落的组成、结构和演替过程，可以了解植物种间相互作用、竞争与共生关系，以及外界环境因素对群落结构和动态的影响。

另一个重要的研究领域是生态系统功能与生物多样性维持。植物生态学探讨植物对生态系统功能的贡献，包括土壤保持、水文调节、碳循环、氮素循环等方面的功能。同时也关注植物对生物多样性的维持作用，研究植物物种多样性与生态系统稳定性、抗干扰能力之间的关系，以及人为干扰对生物多样性的影响。

植物生态学还涉及到对环境因素的响应和适应。植物对光、温度、湿度、土壤类型、营养物质和生物因子等环境因素都有不同程度的适应性。通过研究植物对环境因素的适应

机制和响应模式，可以更好地理解植物与环境之间的相互作用关系，为生态系统的管理和保护提供科学依据。

（二）植物生态学的研究领域

1. 种群生态学

种群生态学和植物生态学是生态学领域中的两个重要分支，它们分别关注着不同层面的生物群体和生态系统。种群生态学主要研究生物种群在空间和时间上的分布、数量、结构和动态变化规律，而植物生态学则专注于植物在自然环境中的生存、繁殖、竞争和适应策略，两者共同构成了生态学中的重要内容。

种群生态学的基本定义在于研究种群的生态学特征及其与环境的相互作用。种群是指同一物种在特定地区内共同生活并进行繁殖的个体群体，种群生态学旨在了解种群的数量、密度、分布、结构、动态变化以及其与环境之间的相互作用关系。通过研究种群生态学，可以深入了解种群的形成和发展规律，揭示物种的适应性和生态位，从而为生物保护、生态修复和资源利用提供理论依据和科学支持。

植物生态学作为生态学的重要分支，主要研究植物在不同生态系统中的生存、繁殖、竞争和适应策略。植物是生态系统的重要组成部分，它们通过光合作用和生物化学过程参与能量流动和物质循环，对生态系统的结构和功能具有重要影响。植物生态学关注植物的种群动态、生态位、生态适应性、竞争关系、群落构建等问题，旨在揭示植物与环境之间的相互作用规律，为生态系统的保护、管理和恢复提供理论指导和技术支持。

种群生态学的研究领域涵盖了种群数量动态、种群空间分布、种群结构、种群动态变化等多个方面。种群数量动态研究种群的数量增减规律及其影响因素，如出生率、死亡率、迁移率等；种群空间分布研究种群在空间上的分布格局及其形成机制，如聚集分布、随机分布、均匀分布等；种群结构研究种群内个体的组成和结构特征，如年龄结构、性别比例、大小分布等；种群动态变化研究种群在时间上的演变过程及其规律，如种群的生命周期、季节变化、周期波动等。这些研究内容旨在揭示种群的生态学特征及其与环境之间的相互作用关系，为生物多样性保护和资源管理提供科学依据。

植物生态学的研究领域涵盖了植物的生活史特征、种群动态、生态适应性、竞争关系、群落构建等多个方面。植物的生活史特征研究植物的生命周期、生长发育过程及其对环境的适应策略；种群动态研究植物群体的数量、分布、结构和动态变化规律；生态适应性研究植物在特定环境条件下的生长、繁殖和适应策略，如耐旱性、耐盐性、耐寒性等；竞争关系研究植物与其他生物之间的竞争关系，包括同种植物之间的竞争和异种植物之间的竞争；群落构建研究植物在生态系统中的群落组成、结构和演替过程。这些研究内容旨在揭示植物的生态学特征及其对生态系统结构和功能的影响，为生态系统管理和保护提供理论支持和技术指导。

2. 群落生态学

群落生态学是生态学的一个重要分支，其研究对象是特定地区内相互关联的多种生物种群所构成的群落。植物生态学则是群落生态学中的一个重要领域，主要关注植物在群落中的分布、结构、功能和相互作用等方面。通过对植物生态学的研究，可以深入了解植物与其他生物之间的相互关系，揭示群落内部和群落与环境之间的生态学规律，为保护和管理生态系统提供科学依据。

植物生态学的基本定义是研究植物与环境之间相互作用的科学。这包括了植物的生长、分布、适应性、生活史、竞争、群落构成以及对环境变化的响应等方面。植物是生态系统中的关键组成部分,其生态学特征对整个生态系统的结构和功能具有重要影响,因此植物生态学的研究对于理解生态系统的运作机制和生态过程具有重要意义。

植物生态学的研究领域包括植物的种群生态学、群落生态学和生态系统生态学等方面。种群生态学主要研究植物个体或种群在空间和时间上的分布、数量、生长和死亡等生态学特征,探讨影响种群动态的因素及其对生态系统的影响。群落生态学则关注不同植物种群在特定环境条件下的相互关系和相互作用,研究群落的结构、功能和演替过程等问题。生态系统生态学则从整个生态系统的角度考察植物与其他生物之间的相互作用,探讨生态系统的能量流、物质循环、稳定性和响应等生态过程。

植物生态学的研究方法主要包括野外调查、实验研究和模型模拟等多种手段。野外调查是植物生态学研究的基础,通过野外样地调查和采集数据,可以了解植物的分布、数量、群落结构等信息。实验研究则可以通过控制条件,模拟不同环境因素对植物生长和生态过程的影响,验证假设和推断。模型模拟则是运用数学模型和计算机模拟技术,模拟复杂的生态系统过程,预测未来的生态变化和生态系统响应。

植物生态学的研究内容涵盖了多个层次和方面。从生物学角度看,植物生态学研究植物的适应性、生活史、生长策略、种群动态等生物学特征。从群落学角度看,植物生态学研究植物种间关系、种内和种间竞争、共生关系等群落结构和动态。从生态学角度看,植物生态学研究植物与环境的相互作用,包括光、水、温度、土壤和营养等环境因素对植物生长和生态过程的影响。

植物生态学的研究对于生态系统的保护、恢复和管理具有重要意义。通过深入了解植物的生态学特征和生态过程,可以为生态系统的保护和恢复提供科学依据和技术支持。例如,通过研究植物的适应性和生长策略,可以指导植物的引种和栽培,促进植被恢复和生态修复;通过研究植物与环境的相互作用,可以指导生态系统的管理和保护,减少生态系统的退化和生态环境的恶化。

二、植物生长与发育生态学

(一) 种子萌发与幼苗生长

种子的萌发是植物生命周期中至关重要的一环。在适宜的环境条件下,种子开始吸收水分,启动生长过程。这个过程涉及到多种生物化学反应和生理机制。种子的萌发过程受到光照、温度、水分和土壤条件等多种因素的影响。一旦种子萌发成功,幼苗开始展开它们的生长旅程。

幼苗的生长过程是植物生长与发育生态学中的关键阶段之一。在此阶段,植物通过根系吸收土壤中的水分和营养物质,并通过叶片进行光合作用。这一过程中,植物生长速率受到内部基因表达和外部环境因素的共同调控。幼苗的生长过程也受到竞争植物、害虫和病原微生物等生物因素的影响。

种子萌发和幼苗生长对生态系统的稳定性和功能具有重要意义。它们为植物群落的更新和恢复提供了基础。种子的萌发和幼苗的生长也影响着土壤的结构和养分循环过程。在自然生态系统中,种子的萌发和幼苗的生长与其他生物的相互作用密切相关,构成了复杂的生态网络。

植物种子在生长过程中展现出了惊人的适应性和多样性。一些植物种子具有休眠机制,以应对不利的环境条件。另一些植物种子则能够利用火灾或动物消化道的作用来促进萌发。这种多样性使得植物能够在各种环境中生存和繁衍,为生态系统的稳定性和多样性做出贡献。

种子萌发和幼苗生长的研究不仅对农业生产和森林管理具有重要意义,也为生态系统的保护和恢复提供了理论基础。通过深入了解种子萌发和幼苗生长的生物学机制以及其与环境因素的相互作用,人类可以更好地保护和利用植物资源,促进生态系统的健康发展。

1. 种子萌发的条件和过程

种子萌发是植物生命周期中至关重要的一个阶段,它标志着种子从休眠状态转变为活跃生长状态的开始。种子萌发的过程和条件对植物的生长发育具有重要影响,同时也受到外部环境的影响。植物生长与发育生态学关注植物在不同环境条件下的生长发育过程及其与环境因素的相互作用。在这一领域的研究中,种子萌发作为植物生长发育的起始阶段,具有重要的研究意义。

种子萌发的过程包括水分吸收、胚轴伸长、根和茎的生长等多个步骤。种子吸收水分是种子萌发的关键步骤之一。水分的吸收能够唤醒种子内部的生化反应,触发种子内的激素释放,从而启动种子的生长过程。胚轴的伸长是种子萌发过程中的重要表现之一。胚轴的伸长使得种子内部的胚乳和胚根能够向外生长,开始形成幼苗。胚轴的伸长也需要足够的水分和营养物质的供应。根和茎的生长标志着种子萌发的完成。根的生长有助于种子向下生长,吸收土壤中的水分和养分,而茎的生长则有助于种子向上生长,接受阳光的照射进行光合作用。

种子萌发的过程受到多种因素的影响,包括温度、水分、光照和氧气等。温度是影响种子萌发的重要因素之一。不同植物种类对温度的要求不同,但一般来说,适宜的温度有利于种子吸收水分、胚轴伸长和生根生长。过低或过高的温度都会影响种子萌发的正常进行。水分是种子萌发不可或缺的条件之一。适宜的水分能够唤醒种子的休眠状态,促进种子内部的生化反应和胚轴的伸长。过多或过少的水分都会影响种子萌发的进行。光照和氧气也对种子萌发有一定影响。光照有助于植物进行光合作用,提供能量和养分,促进种子的生长发育。而氧气则是种子萌发过程中所需的气体之一,能够促进氧化还原反应,为种子提供能量。

种子萌发的过程与植物生长发育生态学密切相关。植物在不同环境条件下的种子萌发能力反映了其对环境的适应性。因此,研究种子萌发的条件和过程,有助于了解植物的生长发育策略和对环境的响应机制。种子萌发的成功与否也影响着植物群落的结构和动态。对种子萌发过程的研究有助于揭示植物种群的更新和演替规律,推动植物生长与发育生态学的进一步发展。

在植物生长与发育生态学的研究中,种子萌发作为植物生长发育的起始阶段,具有重要的研究意义。通过研究种子萌发的条件和过程,可以深入了解植物的生长发育规律和与环境的相互作用，为生态系统的保护和管理提供科学依据。未来，随着科学技术的不断进步和研究方法的不断创新，相信种子萌发的研究将会在植物生长与发育生态学领域发挥更加重要的作用。

2. 幼苗生长的影响因素

植物的生长与发育是一个复杂而精密的过程，受到多种因素的影响。其中，环境因素起着至关重要的作用。光照是影响幼苗生长的重要因素之一。光照充足的情况下，植物能够进行光合作用，合成养分，促进生长。然而，过强或过弱的光照都可能对植物的生长造成不利影响。温度也是影响植物生长的重要因素之一。适宜的温度有利于植物体内生物化学反应的进行，促进养分吸收和利用，从而促进幼苗的生长。然而，过高或过低的温度会影响植物的生长代谢，甚至造成幼苗的死亡。

除了环境因素外，土壤质量也是影响幼苗生长的重要因素之一。土壤的pH值、有机质含量、氮磷钾等养分含量都会直接影响到幼苗的生长状况。例如，过酸或过碱的土壤会影响植物对养分的吸收，从而影响生长发育。土壤中的水分含量也是至关重要的。适度的土壤湿度有利于植物根系的生长和吸收水分养分，但是过湿或过干都会对幼苗的生长造成不利影响。

植物生长与发育还受到生物因素的影响。其中，植物自身的遗传特性对生长发育起着重要作用。不同品种的植物对环境的适应能力不同，因此在相同的环境条件下，不同品种的幼苗生长发育情况也会有所不同。植物之间的竞争关系也会影响到幼苗的生长。如果幼苗生长在高密度的植被中，由于资源的竞争，会导致幼苗生长缓慢，甚至生长受限。

除了以上因素外，生长发育还受到生物激素的调控。植物体内的激素水平会影响到植物的生长发育过程。例如，赤霉素能够促进植物的伸长生长，而生长素则能够促进幼苗的分枝和根系生长。因此，植物体内激素的平衡对于幼苗的正常生长发育至关重要。

（二）植物群落结构与物种多样性

植物群落结构与物种多样性是植物生态学领域中的重要研究内容，它们关注着不同植物物种在特定生境中的组成、分布和相互关系，以及这些因素对生态系统稳定性和功能的影响。植物群落结构反映了植物在空间和时间上的分布格局，而物种多样性则是植物群落中物种的丰富度和多样性程度，对维持生态系统的稳定性和功能至关重要。

植物群落结构是指在一定地理范围内，不同植物物种在空间分布上的组合和结构。植物群落结构包括了垂直和水平两个方面的分布格局。垂直结构反映了不同植物物种在垂直空间上的分层和分布规律，如树冠层、灌木层、草本层等。水平结构则描述了不同植物物种在水平方向上的分布格局，如植物种类的丰富度、组成和分布密度。植物群落结构的不同特征反映了植物在生境中的适应能力和竞争关系，对生态系统的稳定性和功能具有重要影响。

物种多样性是植物群落中不同植物物种的丰富度和多样性程度的度量。物种多样性包括物种丰富度、物种均匀度和物种多样性指数等多个方面的指标。物种丰富度反映了植物群落中物种的数量，物种均匀度描述了不同物种丰富度之间的均衡程度，而物种多样性指数则综合考虑了物种丰富度和均匀度等因素，是评价物种多样性的综合指标。物种多样性的高低直接影响着生态系统的稳定性和功能，高物种多样性可以提高生态系统的抗干扰能力和生态系统功能,维持生态系统的稳定性和生态平衡。

植物生长与发育生态学是研究植物在特定生境中生长和发育过程的学科,它关注植物个体在生长过程中的形态、生理和生态学特征,以及这些特征对植物适应环境的能力和生态系统功能的影响。植物生长与发育生态学的研究内容涉及植物生长速率、生物量积累、光合作用速率、水分利用效率、营养元素吸收和利用等方面。

在植物生长与发育生态学中,光合作用是一个重要的研究内容。光合作用是植物利用光能将二氧化碳和水转化为有机物质和氧气的过程,是植物生长发育的基础和动力来源。植物生长发育生态学通过研究植物对光的利用效率、光合作用速率和光补偿点等指标,揭示了植物在不同光环境下的生长适应策略和光合作用对植物生长发育的影响。

水分和营养元素的吸收利用也是植物生长与发育生态学的重要研究内容。植物生长发育需要水分和各种营养元素的供应,而不同植物对水分和营养元素的需求量和吸收利用效率有所差异。植物生长与发育生态学研究植物对水分和营养元素的需求和吸收利用特征,为优化植物栽培管理和提高植物生长效率提供科学依据。

1. 植物群落的组成和结构

植物群落的组成和结构是生态系统中至关重要的组成部分。一个植物群落通常由多种植物物种组成,它们之间存在着复杂的相互作用关系。这些植物物种可能包括树木、灌木、草本植物以及苔藓植物等,它们根据生态位的不同,在群落中扮演着不同的角色和功能。

植物群落的结构取决于多种因素,包括气候条件、土壤特性、地形地貌和生物相互作用等。在干旱地区,植物群落可能以多肉植物和耐旱灌木为主,而在湿润地区,则可能以高大的树木和多年生草本植物为主。这种结构的差异反映了植物对环境的适应和生态位的分化。

植物群落的组成和结构对生态系统的功能和稳定性具有重要影响。不同物种之间的竞争、共生和共存关系决定了群落的动态变化和稳定性。例如,一些植物物种可能通过竞争和互惠共生来优势地占据生境,而其他物种则可能逐渐被排挤或消失。这种动态平衡是维持生态系统健康的关键。

植物群落的结构也受到自然和人为干扰的影响。自然因素如火灾、洪水和飓风等可以破坏植物群落的结构,导致物种组成的改变和生境的恢复过程。人类活动如森林砍伐、土地开垦和城市化等也会对植物群落产生重大影响,导致生态系统的退化和生物多样性的丧失。

保护和恢复植物群落的组成和结构对于维护生态系统的健康和功能至关重要。通过生态恢复和保护措施,可以促进植物群落的多样性和稳定性,提高生态系统的抵抗力和适应力。加强对自然环境的保护和管理,减少人为干扰对植物群落的负面影响,有助于实现可持续发展的目标。

植物群落的组成和结构是生态学研究的重要领域之一,它不仅深刻影响着生态系统的功能和稳定性,也反映了人类与自然环境的关系。通过深入了解植物群落的组成和结构,可以更好地理解生态系统的运行机制,为生物多样性保护和可持续发展提供科学依据。

2. 物种多样性的维持机制

物种多样性的维持机制是植物生长与发育生态学领域中一个备受关注的课题。物种多样性对生态系统的稳定性和功能具有重要影响，因此，研究物种多样性的维持机制对于理解生态系统的结构和功能、保护生物多样性具有重要意义。

生物多样性维持机制的一个重要方面是物种间的相互作用。物种之间的相互作用包括竞争、共生、捕食和群落构建等多种形式。竞争是物种间相互作用的普遍现象，通过竞争，物种可以互相制约，从而维持物种多样性。共生关系也是维持物种多样性的重要机制之一，不同物种之间通过共生关系可以相互促进生长和生存，从而增加生态系统的多样性。捕食关系也是维持物种多样性的重要手段，通过捕食，控制某些物种的数量，从而维持生态系统的稳定性和多样性。群落构建是维持物种多样性的另一重要机制，不同物种之间通过构建群落结构，形成复杂的生态系统，增加生态系统的多样性。

另一个维持物种多样性的机制是环境的多样性和空间异质性。环境的多样性包括地形、土壤、水文条件等多个方面的差异，这些差异会导致不同地区的生态系统具有不同的生态位和生态功能，从而促进物种多样性的维持。空间异质性是指生态系统内部不同空间单元之间的差异，这种差异会导致生物多样性在空间上的分布不均匀，从而增加物种多样性。

生物多样性维持机制的另一个重要方面是物种的生态位分化和生态位重叠。生态位是指一个物种在其生存环境中所占据的功能位置，生态位分化指不同物种在生存环境中分化出不同的生态位，从而避免了过度竞争，维持了物种多样性。而生态位重叠则是指不同物种之间在生存环境中具有部分相似的生态位，通过生态位重叠，不同物种可以共存并分担生态资源，增加了生态系统的稳定性和多样性。

另一个维持物种多样性的机制是物种的遗传多样性和基因流动。遗传多样性是指物种内部个体之间和不同物种之间基因型和表型的差异，通过遗传多样性，物种可以适应不同的环境条件，增加其生存能力和生存空间，从而维持物种多样性。基因流动是指不同地区、不同种群之间基因的交换和流动，通过基因流动，可以增加种群之间的遗传交流，减少种群之间的遗传分化，从而维持物种多样性。

第二节 生态环境对植物生长的影响

一、生物因素对植物生长的影响

（一）竞争与互惠

生物因素对植物生长的影响是一个错综复杂的过程，其中竞争与互惠是两个重要而相互作用的方面。竞争是植物界中普遍存在的现象，植物之间为了获取生存所需的养分、水分和光线资源而进行的争夺活动。这种竞争可以发生在同一物种内部，也可以是不同物种之间的竞争。植物之间的竞争往往会导致资源的稀缺，从而影响到植物的生长发育。

在植物界中，竞争主要体现在资源的争夺上。植物之间通过竞争获取生长所需的养分和水分，这种竞争往往是激烈的。例如，在土壤中，植物的根系会相互竞争吸收水分和养分，从而影响到彼此的生长状况。在光照充足的环境中，植物之间也会竞争光线资源，以便进行光合作用，促进生长。

然而，竞争并不总是负面的，互惠也是植物界中普遍存在的现象。植物之间通过根系共生、共生菌根等方式进行互惠合作，共同获取资源，促进生长发育。例如，一些植物的根系中存在共生菌根，这些共生菌根能够帮助植物吸收土壤中的养分，提高养分利用效率，从而促进植物的生长。一些植物还会释放出化学物质，与周围的植物进行信号交流，促使它们共同应对外界环境的挑战，这种互惠合作也有助于促进植物的生长发育。

除了植物之间的竞争与互惠，植物还与其他生物之间存在着复杂的关系。例如，植物与微生物之间的相互作用对植物的生长发育有着重要影响。一些微生物能够帮助植物分解有机物质，释放出养分，促进植物的生长。而另一些微生物则可能对植物造成病害，影响植物的生长健康。因此，植物需要通过与微生物的竞争和互惠来维持自身的生长状况。

植物还与动物之间存在着相互作用。例如，一些动物可能会以植物为食，影响植物的生长；而另一些动物则可能会帮助植物传播花粉，促进繁殖。植物与动物之间的这种相互作用也会影响到植物的生长发育。

（二）植食关系

植食关系是生态系统中重要的相互作用类型之一，它指的是植物与食草动物之间的相互作用关系。在生态系统中，植食关系是一种基本的能量传递方式，通过这种关系，植物与食草动物之间形成了相互依存的生态系统。植物作为生态系统的初级生产者，为食草动物提供了养分和能量来源，而食草动物则通过食用植物来获取生存所需的营养物质和能量。

植食关系对生态系统的稳定性和功能具有重要影响。植食关系通过能量传递和物质循环，维持了生态系统的能量流动和物质循环的平衡。植物通过光合作用将光能转化为化学能，为整个生态系统提供了能量来源，而食草动物则通过摄食植物来获取能量和养分，促进了能量和物质的循环与再利用。这种能量传递和物质循环的平衡是维持生态系统稳定性和功能的重要基础。

植食关系调节了植物种群结构和动态变化，影响了植物群落的多样性和稳定性。食草动物对植物的选择和消费行为，影响了不同植物种群的数量、密度和空间分布格局，进而影响了植物群落的结构和组成。在植食压力较大的情况下，食草动物可能导致某些植物物种的减少或消失，从而影响了植物群落的多样性和稳定性。

植食关系还影响了生态系统的生态位利用和资源分配。不同植物物种在生态系统中占据着不同的生态位，通过植食关系，食草动物对植物的选择和摄食行为影响了不同植物物种的生存和繁殖能力，调节了生态位的利用和资源的分配。这种资源分配的调节作用是维持生态系统平衡和稳定的重要机制之一。

除了植食关系外，生物因素也对植物生长发育产生着重要的影响。首先是竞争关系。植物之间存在着不同程度的竞争关系，竞争关系直接影响着植物的生长空间和资源获取。在有限的生境资源条件下，植物之间通过竞争获取光、水、养分等生长必需的资源，影响了植物的生长速率和生长形态。

其次是共生关系。植物与其他生物之间还存在着共生关系，如植物与根际微生物的共生关系、与土壤动物的共生关系等。这些共生关系通过互利共生，促进了植物的营养吸收和生长发育，提高了植物对环境的适应能力和抗逆性，对维持生态系统的稳定性和功能具有重要意义。

天敌和病原体也是影响植物生长的重要生物因素。植物在生长过程中常常受到各种天敌和病原体的侵害，如食草动物、寄生虫、病原真菌等。这些生物因素通过损害植物的叶片、茎干、根系等部分，影响了植物的生长发育和生理代谢过程，降低了植物的生长速率和生长潜力，甚至导致植物的死亡。

(三) 群落与生态系统的结构

群落与生态系统的结构是生态学研究的核心议题之一。群落是指在特定地理区域内相互依存的生物种群的集合，而生态系统则是由生物群落和其所处的非生物环境共同构成的功能性单位。这两者之间的结构和相互作用对于生态平衡和生物多样性的维持至关重要。

生物因素对植物生长的影响是复杂而多样的。其中，植物内在的遗传特性和生理机制对于其生长发育起着关键作用。不同植物物种具有不同的生长习性和适应能力，这些特性直接影响着其在群落中的分布和竞争关系。

除了植物自身的特性外，其他生物因素也对植物生长产生着重要影响。例如，植食动物的存在可能导致植物被食害，从而影响其生长和繁殖。一些共生关系，如植物与土壤中的菌根菌的共生关系，也可以促进植物的营养吸收和生长发育。

群落和生态系统的结构反映了生物因素对植物生长的综合影响。在一个生态系统中，不同植物物种之间存在着复杂的相互作用关系，包括竞争、共生和捕食等。这些相互作用关系塑造了群落的结构和稳定性，直接影响着植物的生长和繁殖。

生物因素对植物生长的影响还体现在植物与其他生物体之间的相互作用中。例如，植物与传粉昆虫之间的共生关系有助于促进植物的繁殖，而植物与寄生植物之间的竞争关系则可能对植物的生长造成负面影响。这些相互作用关系构成了生态系统中复杂的生物网络。

生态学研究表明，生物因素对植物生长的影响不仅仅局限于单一物种或个体层面，而是在群落和生态系统层面上发挥着重要作用。通过深入了解生物因素对植物生长的影响机制，可以更好地预测和管理生态系统的稳定性和功能。加强生物多样性保护和生态系统管理，有助于维护生态平衡和促进可持续发展。

二、非生物因素对植物生长的影响

(一) 土壤与水分条件

1. 土壤质地与养分

土壤质地与养分是非生物因素中对植物生长影响最为显著的两个方面。土壤质地指土壤中固体颗粒的大小和比例，包括沙土、壤土和粘土等不同类型。土壤养分则是土壤中植物生长所需的营养物质，包括氮、磷、钾等主要养分，以及微量元素如铁、锌、锰等。这两个方面的特征对植物的根系生长、营养吸收、水分利用和生长发育都有重要影响。

土壤质地对植物生长的影响主要体现在通透性和保水性上。沙土质地的土壤通透性较好，水分渗透性高，但保水性较差；壤土质地的土壤通透性适中，保水性较好；粘土质地的土壤通透性差，但保水性极佳。这些特点直接影响了植物根系的伸展和水分的吸收情况。例如，在沙质土壤中，植物的根系可能会延伸得更深更广，以寻找更多的水分和养分。

土壤养分对植物生长的影响主要体现在植物的营养吸收和生长发育上。氮、磷、钾等主要养分是植物生长所需的关键营养元素，它们影响着植物的叶片生长、根系发育、花果结实等关键生长过程。土壤中的微量元素也对植物生长发育具有重要影响，如铁是叶绿素合成的必需元素，锌和锰参与植物的光合作用等。

土壤质地与养分的特征不仅影响着植物个体的生长，还影响着整个植物群落的结构和动态。例如，在养分丰富的土壤中，可能会出现植物群落生长繁茂、物种丰富的情况，而在养分贫乏的土壤中，植物生长较为稀疏、物种较为单一。土壤质地和养分的差异也会导致不同植物种类的分布和竞争关系的形成，从而影响着植物群落的结构和稳定性。

土壤质地和养分也受到其他非生物因素的影响，如温度、湿度和光照等。土壤中的微生物活动也会影响土壤养分的转化和供应，从而影响植物的生长和发育。人类活动也会对土壤质地和养分造成影响，如过度开发、过度施肥和过度灌溉等会导致土壤质地和养分的恶化和流失，从而影响植物的生长和生态系统的稳定性。

在农业生产中，科学合理地调整土壤质地和养分是提高农作物产量和质量的重要措施之一。通过合理施肥、改良土壤结构、控制土壤湿度等方法，可以调整土壤质地和养分的特征，提供更适宜的生长环境，从而提高作物的生长效率和抗逆性。在生态系统保护和恢复中，也需要考虑土壤质地和养分的特征，采取合适的措施保护和改良土壤，维护生态系统的稳定性和功能完整性。

2. 水分供应

水分供应是非生物因素中对植物生长影响最为显著的之一。水分对植物的各项生理活动都至关重要，因此水分的供应充足与否直接关系到植物的生长状况。在水分供应不足的情况下，植物的生长会受到严重限制。例如，水分不足会导致植物的光合作用受阻，影响到养分吸收和利用，从而导致植物生长发育迟缓，甚至造成植物死亡。因此，保持适当的水分供应对于植物的健康生长至关重要。

除了水分供应不足外，水分过量也会对植物的生长造成不利影响。在水分过量的情况下，植物的根系可能会受到氧气不足的影响，导致根系呼吸受阻，根部腐烂，从而影响到植物的吸收能力和生长发育。水分过量还容易引发土壤中的缺氧现象，对土壤微生物的生存繁殖也会造成负面影响，进而影响到土壤的生态环境。

水分供应的周期性变化也会影响到植物的生长发育。在干旱季节，水分供应不足，植物可能会采取一系列适应性措施来应对干旱环境，如减少蒸腾、增加根系吸水能力等。这些适应性措施有助于植物在干旱条件下生存，但也会影响到植物的生长速率和生长形态。相反，在雨季或水分充足的情况下，植物的生长速率往往会加快，生长形态也会更加繁茂。

土壤水分的分布对植物的生长也有重要影响。土壤中水分的分布不均匀可能导致植物根系生长不均匀，进而影响到植物的生长发育。例如，土壤中某些部位的水分过量，而其他部位的水分不足，会导致植物的根系在水分充足的地方生长茂密，在水分不足的地方生长受限，从而影响到整个植物的生长状况。

水分供应还与植物的生长周期密切相关。不同生长阶段的植物对水分的需求量不同。例如，在种子萌发阶段，植物对水分的需求量较小；而在生长旺盛期，植物对水分的需求量则较大。因此，合理调控水分供应，满足植物不同生长阶段的需求，有助于促进植物的健康生长。

（二）气候与光照条件

温度和季节性是非生物因素中对植物生长影响最为显著的两个因素之一。温度对植物的生长发育和生理代谢过程有着直接而深远的影响，而季节性变化则在一定程度上决定了植物的生长节律和生态适应策略。理解温度和季节性对植物生长的影响，有助于科学管理和合理利用植物资源，促进农林生产和生态系统的健康发展。

温度是影响植物生长发育的关键因素之一。温度直接影响着植物的生理活动、代谢速率和生长速率。适宜的温度条件有利于植物的生长和发育，而极端的高温或低温则会对植物产生负面影响。高温会导致植物组织蒸发过多水分，造成水分胁迫和光合作用受抑制；低温则会影响植物的生理代谢和生长速率，甚至导致组织冻害和生长停滞。因此，合理调节温度条件，为植物提供适宜的生长环境，对植物的健康生长和高效生产至关重要。

季节性变化对植物的生长发育和生态适应具有重要影响。随着季节的变化，气温、日照时长、水分等环境因素发生变化，这直接影响着植物的生长节律和生态适应策略。在春季，气温逐渐升高，日照时间增长，植物开始进入生长期，进行萌发、发芽和生长；夏季，气温高，日照强，植物生长旺盛，进行光合作用和生物量积累；秋季，气温逐渐下降，日照时间减少，植物开始进入成熟期，果实成熟和种子散播；冬季，气温低，日照时间短，植物进入休眠期，停止生长和代谢活动。这种季节性的生长节律和生态适应策略，有利于植物适应不同季节环境的变化，保障生物种群的生存和繁衍。

除了温度和季节性变化外，其他非生物因素也对植物生长产生着重要影响。光照是植物进行光合作用和生长的重要能量来源，光照条件的变化直接影响着植物的生长节律和光合作用效率。土壤水分和土壤质地影响着植物根系的生长和养分吸收，合理调节土壤水分和改良土壤结构对植物的生长发育至关重要。土壤 pH 值和土壤养分含量则直接影响着植物对养分的吸收和利用效率，不同土壤环境条件下的植物生长状况有所差异。

气候变化也对植物生长产生着重要影响。随着全球气候变暖和极端天气事件频发，植物所处的生长环境也发生了变化，温度、降水和光照等因素的变化对植物的生长发育和分布格局产生了重要影响。因此，加强气候变化监测和预测，制定合理的植物种植和管理措施，对于保障植物生长的稳定性和生态系统的健康发展至关重要。

第三节 植物与土壤的相互关系

一、土壤对植物生长的重要性

(一) 土壤提供营养

土壤，作为自然界中至关重要的一部分，承载着无限的生命力，其对植物生长的重要性不可低估。土壤为植物提供了丰富多样的营养元素，如氮、磷、钾等，这些元素是植物生长发育所必需的基本营养物质。

在土壤的孕育下，植物根系得以扎根生长，从而吸收土壤中的水分和养分。这种生长方式使得植物能够不断获取所需的水分和养分，从而保持健康的生长状态。

土壤还承载着大量的微生物和生物活动，这些微生物与植物之间存在着复杂而密切的关系。微生物分解有机物质，释放出可供植物吸收利用的营养物质，同时还能够帮助植物抵御病虫害的侵袭。

除了提供营养物质外，土壤还具有调节植物生长环境的功能。它能够调节土壤中的水分和空气含量，保持适宜的生长环境，防止植物因水分过多或过少而生长受限。

土壤还具有保护植物根系的作用。通过形成土壤结构，它能够稳定植物根系的生长环境，减少外部环境对植物根系的损害，保护植物根系免受外界侵害。

(二) 土壤保持水分

土壤作为植物生长的基础，对植物的生长发育具有至关重要的影响。其中，土壤保持水分是土壤对植物生长的重要性之一。土壤中的水分对植物的生长发育起着至关重要的作用。适量的土壤水分能够滋养植物的根系，促进养分的吸收和运输，从而促进植物的生长。然而，如果土壤中的水分过多或过少，都会对植物的生长造成不利影响。

保持土壤水分的重要性在于其对植物根系的影响。适量的土壤水分能够保持土壤松软湿润，有利于植物的根系生长和扎根。根系是植物吸收水分和养分的主要器官，而根系的生长状态直接影响到植物的生长速率和生长形态。因此，保持土壤水分对于植物的根系生长至关重要。

除了对根系的影响外，土壤保持水分还能够减缓土壤的水分蒸发速率，提高土壤中水分的利用效率。在干旱地区或干旱季节，土壤保持水分能够有效缓解植物因水分不足而造成的生长受限。通过合理的土壤水分管理，可以使植物在干旱条件下维持良好的生长状态，提高植物的生长适应性和抗旱能力。

土壤保持水分还能够维持土壤中微生物的生存环境，促进土壤生态系统的健康发展。土壤中的微生物对植物的生长发育具有重要影响，它们能够帮助分解有机物质，释放出养分，促进植物的生长。然而，微生物的生存和繁殖需要适量的水分环境，过高或过低的土壤水分都会影响到微生物的活动，进而影响到土壤生态系统的平衡。

保持土壤水分对于土壤的保护和改良也具有重要意义。适量的土壤水分能够保持土壤的结构稳定，减少土壤的侵蚀和流失，有助于维持土壤的肥力和水分保持能力。与此土壤保持水分还能够减缓土壤的盐碱化过程，改善土壤的质地和通气性，为植物的生长提供良好的土壤环境。

(三) 土壤支撑植物

土壤是支撑植物生长的重要基础，它提供了植物所需的水分、养分和机械支撑，同时也承载着植物根系并提供生长空间。土壤对植物的生长具有至关重要的作用，其质地、结构、水分和养分含量等因素直接影响着植物的生长发育和健康状态。

土壤为植物提供了生长所需的机械支撑。植物的根系生长在土壤中，通过与土壤颗粒的物理交互作用，植物根系得以锚固在土壤中，稳固地支撑着植物的地上部分。土壤的质地和结构决定了其对植物根系的支撑能力，疏松的土壤结构使根系易于穿透和扩展，有利于植物根系的生长和吸收水分和养分。

土壤为植物提供了水分和养分。土壤是水分和养分的储存库，通过土壤中的毛细管作用和离子交换作用，土壤向植物根系提供所需的水分和养分。水分是植物生长发育所必需的，它参与了植物的光合作用和物质运输等生理过程；而养分则是植物合成生长所需的有机物和营养元素，如氮、磷、钾等，土壤中的养分含量直接影响着植物的生长速率和生物量积累。

土壤还为植物提供了生长空间和通气条件。土壤孔隙结构决定了土壤的通气性和透水性，有利于根系吸氧和排水，保持土壤的适宜湿度和通气状态。植物根系通过土壤中的孔隙空间扩展，吸收水分和养分，同时也释放二氧化碳和呼吸产物，维持土壤和根际环境的稳定性和健康状态。

除了提供水分、养分和生长空间外，土壤还对植物的生长产生着重要影响。土壤的酸碱度（pH 值）影响着土壤中养分的有效性和植物的吸收利用效率，酸性土壤中的铝和锰等元素会对植物产生毒害作用，而碱性土壤中的锌、铁和锰等元素则会对植物的吸收产生阻碍。土壤中的微生物群落和土壤有机质含量也影响着土壤中养分的转化和供应速率，对植物的生长发育起到了重要作用。

科学合理地管理土壤，保持土壤的肥力和健康状态，对于提高植物的产量和品质，保护生态环境具有重要意义。通过施用有机肥料、调节土壤 pH 值、改良土壤结构和加强土壤保护等措施，可以改善土壤环境条件，提高土壤的水分保持能力和养分供应能力，为植物的健康生长提供良好的土壤环境。

二、土壤对植物的影响

(一) 根系结构与土壤质地的关系

根系结构与土壤质地密切相关。值得注意的是，植物的根系结构会随着土壤质地的不同而有所变化。例如，在疏松的沙质土壤中，植物的根系往往会更为发达且呈扇形分布，以增加对土壤的稳定性。这种结构有助于植物在干旱条件下更好地吸收水分和营养物质，以维持生长。

植物对土壤的影响是双向的。一方面，植物的生长活动会改变土壤的物理结构。例如，植物的根系会穿透土壤并释放有机物质，这有助于增加土壤的通气性和水分保持能力。另一方面，土壤的质地也会影响植物的生长和发育。在重质土壤中，植物的根系往往会较浅且分布较为密集，以便更有效地吸收土壤中的水分和营养。

不同类型的植物对土壤的影响也有所不同。一些植物具有深根系结构，能够深入到土壤中较深的层次，从而帮助改善土壤的排水性和通气性。而其他植物则具有浅根系结构，更适合生长在较为肥沃的表层土壤中，这些土壤富含养分，有利于植物的生长。

除了改善土壤的结构外，植物还通过根系释放的物质影响土壤的化学性质。例如，一些植物的根系能够释放酸性物质，降低土壤的 pH 值，从而改善酸性土壤中植物的生长条件。植物的根系还能够释放出各种有机酸和酶类物质，有助于土壤中有机物的分解和矿物质的释放，从而提高土壤的肥力。

（二）植物对土壤微生物的影响

植物与土壤微生物之间的关系是生态系统中一个重要的相互作用。植物通过其根系分泌物质来影响土壤微生物的组成和活性。这些分泌物可以是碳源、氮源或其他营养物质，为微生物提供生长和繁殖的条件。

植物的根系分泌物质如根尖分泌的有机物、多糖和氨基酸，为土壤微生物提供了生长的营养基础。这些有机物质能够吸引和促进有益微生物的生长，如固氮细菌和磷酸溶解细菌，从而提高土壤的肥力和作物的生长效率。

植物的根系分泌的化合物还能与土壤微生物建立共生关系。例如，根瘤菌与豆科植物形成共生固氮，这种关系对植物的生长和氮素供应至关重要。植物还可以与土壤中的真菌建立菌根共生关系，这对植物的营养吸收和抗逆性具有重要作用。

再者，植物的根系分泌还能抑制土壤中的病原微生物的生长。一些植物可以分泌抗生素或其他抑菌物质，减少土壤病害的发生。植物根系还能分泌一些挥发性有机物，对土壤中的有害微生物产生拮抗作用，维护土壤微生物群落的平衡。

植物的根系不仅能够影响土壤微生物的数量和种类，还能影响它们的代谢活性。例如，某些植物的根系分泌物可以促进土壤微生物的酶活性，增强土壤的有机物分解和循环。这种影响不仅提高了土壤的肥力，也促进了生态系统的健康和稳定。

植物的生长和死亡过程也对土壤微生物产生重要影响。植物的根系死亡后，会为土壤微生物提供丰富的有机物质和营养元素，促进土壤有机质的积累和土壤微生物的活动。这种生物循环机制对维持土壤生态系统的平衡和健康至关重要。

（三）植物对土壤结构的改变

植物对土壤结构的改变是一个深入研究的主题，它涉及多种生态和地质过程。植物通过它们的生长和生命周期对土壤产生显著的影响，这不仅影响到土壤的物理结构，还影响到其化学性质和生物活性。

植物的根系对土壤结构起到了关键的作用。当植物的根系穿透土壤时，它们会打破土壤颗粒的结构，形成小孔和通道。这些通道有助于水分和气体的渗透，提高土壤的透气性和排水性。根系的生长还能促进土壤的团聚作用，增强土壤的稳定性。

植物通过分泌根系分泌物来改变土壤的化学性质。植物根系分泌的有机物质可以与土壤颗粒和矿物质结合，形成稳定的土壤团粒。这些有机物还可以提供能量和营养给土壤中的微生物，促进土壤的生物活性和有机物的分解。

再次，植物的残体和根系在死亡后可以被土壤中的微生物分解，形成有机质。这些有机质能够改善土壤的肥力和结构,增加土壤的水分保持能力和养分储存能力。有机质还可以提供微生物生长所需的营养和能量,促进土壤的生物多样性和活性。

植物与土壤中的微生物之间存在着密切的相互作用。植物根系分泌的物质可以吸引和促进有益微生物的生长,如固氮细菌和磷解磷菌。这些有益微生物能够为植物提供营养,增加植物对养分的吸收能力,并有助于抵抗病原微生物和有害生物。

植物的生长模式和根系结构也会影响到土壤的侵蚀和保护。深根植物可以更好地固定土壤,减少土壤侵蚀和水土流失的风险。而且,植物的生长也能提供土壤表面的覆盖,减缓雨水冲刷土壤的速度,有助于土壤的保护和保持。

第四节 植物与气候的适应性

一、园林植物对气候的感知和响应

(一)植物对温度的适应性

植物对温度的适应性是其生存和繁衍的关键因素之一。从寒带到热带,植物种类繁多,其对温度变化的适应策略也各不相同。有些植物通过调整生长速度和代谢活动来适应温度的变化,而另一些植物则依靠特殊的生理结构来抵御极端温度。

在园林植物中,对气候的感知和响应是设计和管理的重要考量。某些植物能够通过感知气温的变化来调整其生长节奏和开花时间,以适应当地的气候条件。例如,一些温带植物在春季的温暖到来时才开始生长,而在寒冷的冬季则进入休眠状态。

植物的感知和响应不仅局限于温度变化,还包括对光照、湿度和风力等因素的感知。这种综合感知能力使得植物能够更好地适应其生长环境,并做出相应的调整。例如,在气温升高的情况下,一些植物会增加蒸腾作用来降低叶片温度,并通过这种方式保持水分平衡。

对于园林设计师和管理者来说,理解植物对气候的感知和响应至关重要。这不仅有助于选择适合当地气候条件的植物,还能够指导园林的设计和养护工作。例如,在炎热干燥的气候中,选择耐旱的植物可以降低园林的水资源消耗,同时保持景观的美观。

园林植物的气候感知和响应也与生态系统的稳定性息息相关。一些植物对气候的敏感性使得它们成为生态系统中的重要指示物种,可以帮助人们监测气候变化对生态系统的影响。因此,保护和管理这些植物不仅有助于维护园林的生态平衡,还可以为气候变化的应对提供重要参考。

(二)植物对湿度的适应性

植物对湿度的适应性是其生存和繁衍的关键之一。在不同的湿度环境下,植物表现出多样化的生理和形态特征,以适应其所处的生态条件。例如,在高湿度环境下,一些植物可能发展出更大的叶片表面积,以增加水分的吸收量,并通过气孔调节水分的蒸发,从而保持细胞内的水分平衡。而在低湿度环境下,一些植物则可能采取节水策略,如减小叶片表面积,增厚表皮组织,以减少水分蒸发损失,从而适应干旱的气候条件。

园林植物对气候的感知和响应是复杂而微妙的过程。植物通过感知周围环境的温度、湿度、光照等因素，来调节其生长和发育。例如，一些植物在感知到气温升高时，可能会通过增加叶片的蒸腾作用来降低叶片温度，以防止过度蒸发和水分丢失。一些植物还能够通过调节生长速率和开花时间等方式来适应不同的气候条件，以最大程度地利用环境资源，实现自身的生存和繁衍。

植物对气候的感知和响应也与其生长环境密切相关。在园林中，植物往往受到人为因素的影响，如园林设计、植物配置等。在这种情况下，一些植物可能会因为受到限制而无法完全发挥其对气候的感知和响应能力，导致其生长受到一定程度的限制。因此，在园林规划和管理中，需要充分考虑植物对气候的感知和响应特性，合理选择植物种类，并提供适宜的生长条件，以促进园林植物的健康生长和发育。

园林植物对气候的感知和响应不仅仅是为了适应当前的环境条件，更是为了应对气候变化所带来的挑战。随着全球气候变暖的加剧，园林植物面临着更加严峻的生存压力。因此，通过深入研究植物对气候的感知和响应机制，可以为园林规划和管理提供科学依据，采取有效措施来应对气候变化的影响，保护和利用植物资源，实现园林生态环境的可持续发展。

（三）植物对光照的适应性

植物对光照的适应性是其生存和生长的重要因素之一。不同种类的植物对光照的需求有所不同。一些植物喜欢充足的阳光，它们通常具有较大的叶片表面积和较高的叶绿素含量，以更有效地进行光合作用。这些植物通常被称为喜阳植物，它们在充足的阳光下生长茂盛，如向日葵等。

一些植物则更适合在阴凉的环境下生长。这些植物通常具有较小的叶片表面积和较低的光合作用速率，它们被称为喜阴植物。这些植物在光照不足的情况下能够更好地适应，并且通常生长在树荫下或潮湿的环境中，如铁线莲等。

植物对光照的适应性还受到生长环境的影响。例如，一些植物在早期生长阶段对光照的需求较低，但随着生长的进展，它们对光照的需求会逐渐增加。这种适应性使得植物能够在不同的生长阶段中更好地利用光能，从而实现更有效的生长和发育。

园林植物对气候的感知和响应也是园林设计和管理中的重要考虑因素。植物对气温的变化有着敏感的感知机制。一些植物能够通过调节叶片的开合程度或生长速率来应对气温的变化。例如，在寒冷的冬季，一些植物会减缓生长速率并收缩叶片以减少水分蒸发，从而保护自己免受冻害。

植物还能够感知并响应气候的湿度变化。在干旱的气候条件下，一些植物能够通过减少蒸腾作用或延长根系来适应水分的缺乏。相反，在潮湿的环境中，一些植物可能会增加蒸腾作用以调节水分平衡。

植物还对气候的光照强度和日照时长具有感知和响应能力。在光照充足的环境中，一些植物会增加光合作用的速率以提高生长效率。而在光照不足的情况下，一些植物可能会减缓生长速率或调整叶片的角度来最大程度地利用光能。

二、气候对园林植物的影响与挑战

(一)气候变化对园林植物的影响

气候变化已经成为全球关注的焦点问题,它对园林植物的生长、繁殖和生态功能产生了深远的影响。气候的变化导致的极端天气事件、温度波动和降水模式的改变,都对园林植物的健康和生长环境构成了挑战。

气候变化导致的温度上升对园林植物的生长周期和物候事件产生了影响。高温环境可能导致植物生长过程中的水分蒸发增加,造成土壤干燥和植物蒸腾压力增大。这对于需要大量水分的植物来说,可能导致其生长受限或甚至死亡。

气候变化还可能导致降水模式的改变,如干旱和暴雨事件的增加。干旱条件下,园林植物面临着水分供应不足的挑战,特别是对于那些适应湿润环境的植物来说。而暴雨可能导致土壤侵蚀、水涝和根系窒息,对园林植物的生长和生存构成威胁。

再者,气候变化还可能影响园林植物的抗逆性和疾病抵抗力。长时间的高温或干旱条件可能导致植物免疫系统受损,使其更容易受到病虫害的侵袭。气候变化也可能影响一些病原微生物的分布和传播,增加植物疾病的风险。

再者,气候变化对园林植物的物种分布和生态系统构建也产生了影响。某些植物可能由于气候变化而面临生存环境的改变,导致其在原生区域的数量减少或消失。新的气候条件可能为入侵植物提供了有利的生长条件,对当地植物构成竞争压力和生态风险。

气候变化还对园林设计和管理提出了新的挑战。园林设计需要考虑到气候变化带来的极端天气事件和降水模式的变化,选择更适应变化环境的植物品种。园林管理需要采取适应性措施,如改进灌溉系统、增加植物多样性和强化病虫害管理,以减轻气候变化对园林植物的影响。

(二)极端气候事件对园林植物的挑战

极端气候事件对园林植物的影响日益凸显,这些事件如暴雨、干旱、高温和寒冷等,都给园林植物带来了一系列的挑战。这些气候变化对园林植物的生长、健康和生命周期产生了深远的影响,需要园林设计师和管理者采取相应的措施来适应和缓解这些挑战。

暴雨和洪水是极端气候事件中常见的现象,它们对园林植物的生长环境造成了严重的冲击。暴雨可能导致土壤过于湿润,导致植物根系窒息和烂根。洪水更是可能完全淹没植物,造成严重的损失。对策之一是选择耐水的植物品种,它们能够在湿润的环境中存活并保持健康。

干旱和高温也是园林植物面临的严峻挑战。干旱条件下,植物面临水分短缺的问题,可能导致叶片萎蔫、生长停滞甚至死亡。高温则可能导致植物蒸腾过快,水分流失加剧,同时还可能导致光合作用受到抑制,影响植物的生长和健康。在这种情况下,选择耐旱和耐热的植物品种,以及合理的灌溉和遮荫措施,是有效的应对方式。

再次,寒冷和霜冻对某些园林植物也构成了威胁。寒冷的气温可能导致植物组织受冻,造成细胞破裂和叶片焦枯。霜冻则更为严重,可能导致植物全身冻伤,甚至导致植物的死亡。在寒冷气候区域,选择适应寒冷的植物品种和采取保温措施,如覆盖植物、使用保温材料等,是保护园林植物免受寒冷和霜冻侵害的关键。

气候变化还可能导致一些新的害虫和病害出现，对园林植物造成额外的威胁。温暖和湿润的气候条件可能有利于某些害虫的繁殖和扩散，而干燥和高温的条件则可能增加某些病害的传播速度。因此，加强园林植物的健康管理，如定期检查、及时识别和治疗害虫和病害，是保持园林植物健康和稳定的关键。

气候变化还可能影响园林植物的生长季节和生命周期。温暖的气候可能导致植物早春发芽和长势过快，而寒冷的气候则可能延长植物的休眠期和生长停滞。这需要园林设计和管理者调整种植策略，选择适应当地气候条件的植物品种，以确保园林植物能够在不同的气候条件下健康生长。

(三) 气候与植物疾病、虫害的关系

气候与植物疾病、虫害之间存在着密切的关系。不同的气候条件可能会影响植物的健康状况，从而增加其受到疾病和虫害侵袭的风险。例如，湿润和温暖的气候条件常常为真菌和细菌的生长提供了有利的环境，导致某些植物疾病的盛行。

园林植物在面对气候变化时，也面临着种种挑战。温度的升高或降低、降水的增加或减少等气候变化因素都可能对植物的生长和发育产生不利影响。例如，持续的高温和干旱条件可能导致植物的水分蒸发过快，从而影响其正常的生理功能。

气候变化还可能改变某些植物和害虫之间的生态平衡，进而增加园林植物受到虫害侵袭的风险。一些害虫在温暖的气候条件下可能会繁殖得更快，从而对植物造成更大的损害。气候变化也可能导致某些害虫的分布范围扩大，使其能够侵入到原本不易受害的地区。

对于园林设计师和管理者来说，理解气候与植物疾病、虫害之间的关系至关重要。这不仅有助于预测和预防植物疾病和虫害的发生，还可以指导选择适应性强、抗病虫能力高的植物品种。通过合理的园林设计和管理措施，可以减少气候变化对园林植物健康的不利影响。

采用生物防治和物理防治方法也是应对气候变化带来的挑战的有效手段。生物防治利用天然的天敌或病原体来控制害虫和疾病，这不仅环保而且可以避免化学农药对环境和人体健康的潜在风险。物理防治则通过改变园林环境或使用屏障等方法来防止害虫和疾病的侵入，例如利用网罩来阻挡害虫的飞行。

提高园林植物的适应性和抗逆性也是应对气候变化的重要策略。选择适应当地气候条件、抗病虫能力强的植物品种，以及合理的种植密度和间距，都可以提高植物对气候变化的适应能力。

三、园林设计中的气候与植物选择

(一) 不同气候区域的园林植物选择原则

不同气候区域的园林植物选择原则是园林设计中至关重要的考虑因素。不同的气候条件对植物的生长和发展有着显著的影响，因此，在园林设计中，应根据气候特点选择适应性强、生长健康的植物种类。例如，在热带和亚热带气候区域，应选择耐热、耐湿、喜阴的植物，如棕榈树、蕨类植物和热带雨林植物，以确保园林植物能够在高温、高湿的环境中稳定生长。

园林设计中的气候与植物选择不仅仅是基于气候区域的考虑，还需要考虑园林的微气候条件。在一个园林内部，由于地形、植被和结构等因素的影响，可能会形成特定的微气候环境，如阴凉处、湿润处或干燥处。因此，在选择园林植物时，还需要考虑其对微气候的适应性，以确保植物能够在园林内的不同区域稳定生长，形成丰富多样的景观效果。

气候与植物选择在园林设计中也涉及到植物的生态和生物多样性考虑。为了保护和促进生物多样性，应选择本地或地区内的原生植物，这些植物通常具有良好的适应性和生长性，能够与当地的生态系统和生物群落相协调。选择原生植物还可以减少外来入侵种的风险，维护园林生态平衡，促进生物多样性的保护和恢复。

在园林设计中，气候与植物选择还需要与园林的功能和用途紧密结合。不同的园林类型，如公园、庭院、广场或绿化带，具有不同的功能和用途需求。例如，公园和休闲区域通常需要选择具有观赏价值、花期较长的植物，以增加园林的美观性和吸引力；而绿化带和防护林则需要选择具有快速生长、耐旱、抗风蚀的植物，以提供有效的防护和绿化效果。

园林设计中的气候与植物选择还需要考虑到植物的管理和维护问题。选择易于管理、抗病虫害、耐修剪的植物，可以降低园林维护的难度和成本，保持园林的整洁和有序。合理选择植物种类和布局，确保植物之间有足够的生长空间和营养资源，避免过度竞争和疾病传播，有助于园林植物的健康生长和发展。

(二) 气候与植物搭配的审美与实用考量

在园林设计中，气候与植物的搭配既涉及审美考量，也需考虑实用因素。审美考量方面，气候条件直接影响着植物的生长状况和景观效果。在温暖湿润的气候下，常见的热带植物如棕榈树、热带雨林植物等，能够营造出繁茂的热带风情，为园林增添热情和生机。

审美考量还包括植物的形态、色彩和纹理等因素。在气候温和的地区，可以选择形态各异的落叶乔木和灌木，它们在春夏季节呈现出翠绿色的叶片，在秋季变换出丰富多彩的叶色，为园林带来季节性的变化和视觉享受。植物的纹理和叶型也能够增加园林的层次感和立体感，如细长的竹子和多肉质的植物等。

然而，在园林设计中，实用因素同样至关重要。植物的选择必须考虑其对当地气候条件的适应性。在气候干燥的地区，需要选择耐旱的植物，如仙人掌、龙舌兰等，以确保园林的植被能够生长良好并保持景观的美观。而在气候潮湿多雨的地区，则需要选择耐阴湿的植物，如水生植物、喜湿性的常绿灌木等，以防止植物因水分过剩而枯萎腐烂。

园林设计还需考虑植物的生长习性和空间利用效率。一些植物生长迅速，具有较强的竞争力，如果不加控制很容易形成过密的植被，影响园林的整体效果。因此，在设计中需要合理安排植物的种植密度和间距，避免植物之间过于拥挤，保持空间通透感。

园林设计还需要考虑植物的维护和管理成本。选择适应当地气候的植物不仅能够减少植物生长所需的水资源和养分，还能降低园林的维护成本。考虑到植物的抗病虫害能力和耐久性，选择具有较强抗病虫害能力和较长寿命的植物也能减少园林的管理难度和成本。

(三) 植物适应性评估在园林设计中的应用

植物适应性评估在园林设计中的应用已经成为一个关键的环节，特别是在面对气候变化和环境压力的背景下。通过对植物的适应性进行评估，设计师可以更精准地选择和布局植物，以确保园林的长期健康、美观和可持续性。

园林设计中的气候因素是评估植物适应性的重要考虑因素。气候因素，如温度、降水、光照和风速，直接影响植物的生长、开花和繁殖。通过对气候数据的分析和评估，设计师可以确定哪些植物品种更适合特定的气候条件，从而确保园林植物能够健康生长。

植物的生长习性和生态要求也是评估其适应性的关键因素。一些植物需要特定的土壤类型、pH值或湿度条件才能正常生长。通过了解植物的这些生态要求，设计师可以选择与园林环境相匹配的植物，减少后期的管理和维护工作。

再者，植物的抗逆性和抗病性也是评估其适应性的重要指标。园林设计中的植物需要具备一定的抗逆性，能够适应气候变化、干旱、盐碱等环境压力。具有良好抗病性的植物能够减少病虫害的发生，降低园林的维护成本。

再者，植物的景观价值和美学效果也是评估其适应性的重要考虑因素。园林设计不仅要考虑植物的生长条件和功能性，还需要考虑其景观效果和美学价值。通过选择具有良好观赏性、花色丰富或四季常绿的植物，可以增强园林的美观性和景观吸引力。

植物的持久性和可持续性也是评估其适应性的关键指标。园林设计需要选择那些能够长期稳定生长、抗逆性强、管理维护简单的植物品种。这不仅可以减少园林的更新频率和维护成本，还能增强园林的可持续性和生态效益。

第三章　园林植物的选择与配置

第一节　园林植物分类及特性

一、按生长形态分类的园林植物

(一) 树木

树木在园林设计和植物分类中扮演着重要角色，根据其生长形态和特点，可以将其分类为多种类型。这些分类不仅有助于园林师和园艺爱好者了解树木的特性和用途，还有助于进行合理的植物选择和布局，从而创造出各具特色的园林景观。

根据树木的生长高度，可以将其分为高大树木、中等树木和矮小树木三大类。高大树木如橡树、杉木和榉树等，通常生长迅速，能够为园林提供良好的遮荫和风景效果。中等树木如枫树、樱花和海棠等，生长适中，既能起到遮荫作用，又不会过于庞大。矮小树木如杜鹃、紫薇和柿子树等，生长较低，适合用于小型园林、庭院或边界植栽。

根据树木的叶型和叶色，可以将其分类为常绿树木和落叶树木。常绿树木如松树、柏树和冷杉等，其叶片常年不脱落，具有持久的绿色，为园林提供了四季如春的景色。落叶树木如枫树、榉树和樟树等，其叶片在秋季会变为金黄、红色或橙色，并在冬季脱落，为园林带来季节性的变化和景观效果。

再次，根据树木的生长形态和枝干结构，可以将其分类为直立型树木、扩展型树木和蔓延型树木。直立型树木如松树、杉木和榉树等，其枝干直立，形成整齐的树冠，适合用于园林的背景或居中植栽。扩展型树木如樱花、枫树和海棠等，其枝干和树冠呈扇形或半球形，能够广泛地覆盖区域，为园林提供良好的遮荫和景观效果。蔓延型树木如藤蔓植物和爬藤等，其枝条蔓延生长，需要支撑物或其他植物作为攀附，适合用于园林的覆盖、爬墙或围栏装饰。

根据树木的用途和功能，还可以将其分类为观赏树木、果树、行道树和防护树等。观赏树木如樱花、梧桐和红枫等，主要用于美化园林和提供景观效果。果树如苹果树、梨树和桃树等，除了具有观赏价值外，还能提供食用的果实。行道树如法国梧桐、榉树和枫树等，其生长适中，能够为城市街道和人行道提供遮荫和风景效果。防护树如杨树、柳树和白杨等，具有快速生长和较强的抗风抗沙能力，常用于固沙、防风和防尘。

1. 乔木

我们来谈谈那些挺拔俊秀的直立乔木。这类乔木生长高大，树干笔直，如同一支支挺拔的塔柱，给人以雄伟壮观之感。常见的直立乔木包括杉木、松树等，它们的笔直的树干使得整个园林更加挺拔有序。

我们要提及那些蜿蜒曲折的盘旋乔木。这类乔木生长独特，树干扭曲盘旋，形成曲线美，给人以一种灵动的美感。比如，常见的盘旋乔木有柳树、桃树等，它们的树干如同舞动的长裙，在微风中摇曳生姿，为园林增添了柔美的气息。

还有那些伸展蔓延的攀援乔木。这类乔木生长灵活，常常攀附于墙壁或其他乔木之上，形成独特的攀援景观。比如，常见的攀援乔木有常春藤、紫藤等，它们的攀缘姿态如同翩翩起舞的藤蔓，为园林增添了一份生机勃勃的活力。

我们不得不提及那些宽阔蓬勃的乔木。这类乔木生长繁茂，树冠宽广，给人以郁郁葱葱之感。比如，常见的宽阔乔木有榉树、樟树等，它们的茂密树冠给人提供了充足的阴凉，是园林中的一道靓丽风景线。

在园林中，这些不同形态的乔木相互交织，共同构成了一幅幅美丽的画卷。它们的生长形态各异，却又和谐统一，为人们营造了一个宜人的休闲空间，让人心旷神怡，流连忘返。

2. 灌木

灌木是园林设计中常见的植物类型，其丰富的形态和功能使其成为园林中不可或缺的元素。按照生长形态来分类，灌木可以分为多种类型，每种类型都有其独特的特点和用途，适用于不同的园林场景。

球形灌木是一种常见的园林植物，其生长形态呈现出圆形或半球形的外观。球形灌木通常具有紧密的叶片和分枝，适合用作园林的边界或点缀植物。它们的形态稳定、整齐，能够为园林带来秩序感和和谐的视觉效果。

垂直生长的灌木则具有向上生长的习性，形态呈现出直立或稍微倾斜的形状。这类灌木通常生长迅速，可以快速填充空间，为园林提供立体感和层次感。垂直生长的灌木适合用于园林的背景或作为高度感的植物，与其他低矮植物形成对比。

再者，蔓延型灌木具有弯曲或爬行的生长特性，可以沿地面或其他植物攀爬生长。这类灌木适合用作覆盖地面、掩盖不良视线或装饰园林结构的植物。蔓延型灌木的柔韧性和变化性使其成为园林设计中的重要元素，能够为园林增添动态和变化。

扩散型灌木的生长形态呈现出扩展或展开的特点，分枝广泛，可以快速地覆盖大面积的土地。这类灌木通常生长迅速，适合用作快速形成绿篱、覆盖地面或防止土壤侵蚀的植物。扩散型灌木的生长特性使其能够在短时间内形成丰富的绿化效果，为园林带来生机和活力。

柱状灌木具有直立、竖直的生长形态，形态稳定，通常分枝较少。这类灌木适合用作园林的构造性植物，如形成屏障、标示界限或装饰入口等。柱状灌木的简洁和直观的形态使其成为园林设计中的重要构成元素，能够为园林提供清晰的空间结构和方向感。

半球形灌木的生长形态呈现出上宽下窄的外观，形态稳定且分枝密集。这类灌木通常具有良好的观赏价值，适合用作园林的焦点植物或装饰植物。半球形灌木的独特形态和丰富的叶片色彩使其能够成为园林设计中的亮点，吸引人们的注意力。

(二) 草本植物

草本植物是园林设计中非常重要的元素，它们以其多样的形态、颜色和纹理为园林增添了生机与活力。按生长形态分类，草本植物可以分为多种类型，每种类型都有其独特的特点和应用价值。了解这些不同的生长形态，可以帮助园林设计师更好地选择和搭配植物，创造出丰富多彩的园林景观。

我们可以将草本植物按照其高度和形态特点分类。低矮型的草本植物，如地被植物和宿根草本植物，通常高度在30厘米以下，适合用于园路、庭院和花坛的边缘，以填补空地和强化景观层次感。中等高度的草本植物，如多年生草本植物和一些观赏草，高度在30-100厘米之间，可以用于园林的中部和背景，创造出柔和的过渡和连续的视觉效果。而高大型的草本植物，如竹类和高大的多年生草本植物，高度超过100厘米，适合作为园林的主体植物，强调园林的垂直层次和立体感。

草本植物还可以根据其叶片特点和纹理进行分类。某些草本植物具有宽大、扁平的叶片，如香蒲和睡莲，这些植物通常用于水边、池塘和湿地区域，以其独特的叶形和生态功能增加园林的水生韵味。而一些草本植物则具有细长、直立的叶片，如芒草和稻草，这些植物适合用于园林的边界、隔离带和绿篱，以其直线型的纹理强化园林的结构和界限感。还有一些草本植物具有丝状、羽状或者刺状的叶片，如翅果莲和蕨类植物，这些植物可以用于园林的装饰和点缀，为园林增添动感和活力。

再次，草本植物还可以根据其花朵特点和颜色进行分类。有些草本植物的花朵非常醒目、大而艳丽，如牵牛花和荷花，这些植物常常被用于园林的焦点区域、观赏区和花园中心，吸引人们的目光，提升园林的观赏价值。而另一些草本植物的花朵可能较小、但色彩丰富、花期长，如金鱼草和矮牵牛，这些植物适合用于园林的边缘、路径和墙面，以其连续的花期和丰富的颜色为园林增添魅力。还有一些草本植物的花朵虽然不如上述植物那么醒目，但其花朵具有特殊的形态和结构，如风铃草和蝴蝶兰，这些植物可以用于园林的装饰和点缀，增强园林的多样性和趣味性。

1. 多年生草本植物

多年生草本植物在园林设计中扮演着重要的角色，它们以其长久的生长周期和多样的生长形态为园林景观增添了层次和魅力。根据其生长形态的不同，多年生草本植物可分为匍匐型、直立型和蔓生型三类。

匍匐型多年生草本植物常常是由地下茎或匍匐茎延伸而来，植株低矮，覆盖茂密，适合用于园林中的地被植物。这类植物具有较强的扩展性和覆盖性，能够有效地抑制杂草生长，并且在地面上形成一层绿色的植物毯，美化了园林景观。例如，常见的地被植物有鸢尾草、鼠尾草等，它们以其独特的叶型和花朵给园林增添了自然的野趣。

直立型多年生草本植物通常具有直立的茎干和丰富的叶片，形成独立的个体。这类植物在园林中常被用作绿篱、边缘植物或景观点缀。它们的直立性能够为园林提供垂直的层次感，与其他植物形成对比，增加了园林的立体感和动态感。例如，百合、紫花地丁等直立型多年生草本植物以其挺拔的姿态和丰富的花色为园林增添了生机和色彩。

蔓生型多年生草本植物具有蔓延生长的特点，常常需要借助支架或其他植物来攀援生长。这类植物能够在园林中形成独特的垂直绿墙或绿荫廊道，为园林增添了浪漫和梦幻的氛围。例如，常见的蔓生植物有爬山虎、紫藤等，它们以其迷人的攀援姿态和繁茂的叶片为园林营造出别样的景致。

多年生草本植物还可根据其用途和特点进行分类，如观赏型、药用型、食用型等。观赏型多年生草本植物以其独特的花朵、叶片或形态为人们带来视觉享受，常被用于园林景观的装饰。药用型多年生草本植物则具有一定的药用价值，常被用于园林中的药材园或中草药园。食用型多年生草本植物则具有一定的食用价值，如香草、蔬菜等，常被用于园林中的菜园或果园。

多年生草本植物以其丰富的生长形态和多样的用途为园林景观增添了丰富的层次和变化。在园林设计中，根据不同的生长形态和用途，合理选择和搭配多年生草本植物，可以打造出丰富多彩、层次丰富的园林景观，为人们创造出舒适宜人的环境。

2. 一年生草本植物

一年生草本植物是园林设计中常用的植物类别，它们的生长周期短，适应性强，能够为园林带来丰富的色彩和变化。按照生长形态，一年生草本植物可以分为直立型、蔓延型和匍匐型，每种形态都有其独特的特点和应用价值。

直立型一年生草本植物是最常见的类型，它们的茎直立，叶片呈现出均匀的分布，具有较强的竖直性。这类植物包括了许多常见的花卉，如向日葵、矮牵牛和矮狐尾草。直立型植物通常生长较为迅速，花期持久，适用于形成花境、绿篱或作为背景植物，能够为园林带来鲜艳的色彩和丰富的立体感。

蔓延型一年生草本植物的特点是茎较为柔软，能够攀援或蔓延在地面上。这类植物如凌霄、千日红和薄荷，常常用于园林中的地被植物或者垂直绿墙的构建。蔓延型植物能够有效地利用空间，形成绿色的覆盖层，不仅能够增加园林的层次感，还能够遮荫、保持土壤湿润。

再者，匍匐型一年生草本植物的生长习性是茎在地面上匍匐生长，根部容易发出侧根，形成新的植株。这类植物如地黄、马齿苋和番茄，常常用于园林的地被、花境边缘或者花坛的边缘。匍匐型植物能够有效地遮盖土壤，减少水分蒸发，同时能够抑制杂草的生长，保持园林的整洁。

再者，一年生草本植物的选择和应用还需考虑其生长习性和适应性。例如，一些一年生草本植物喜光，适合在阳光充足的环境下种植，而有些植物则对阴荫环境更为适应。一些植物对土壤的要求较低，能够适应贫瘠或者排水性不好的土壤，而有些植物则对土壤的pH 值、湿度和肥力有较高的要求。

一年生草本植物的管理和维护也是园林设计中需要考虑的重要因素。一年生草本植物生长周期短，需要定期更换，以保持园林的景观效果。适时的修剪、施肥和病虫害防治也是保持植物健康生长和延长其花期的关键。

（三）藤本植物

藤本植物是园林中常见的一类植物，它们以其特有的生长形态和观赏价值受到人们的喜爱。根据藤本植物的生长形态和特点，可以将其分类为多种类型，这有助于园林设计师和园艺爱好者更好地了解和利用这些美丽的植物。

根据藤本植物的攀缘方式，可以将其分类为攀援型、蔓生型和攀附型三大类。攀援型藤本植物如常春藤、紫藤和牵牛花等，它们通过茎或叶柄的特化部分紧紧抓住支撑物，攀爬生长。蔓生型藤本植物如玫瑰蔓、月见草和藤牡丹等，它们的枝条柔软，蔓延生长，需要依靠支撑物或其他植物作为攀附。攀附型藤本植物如爬山虎、野葛和珊瑚藤等，通过气根、粘着器或卷须等特殊结构，紧密附着于支撑物表面，攀附生长。

根据藤本植物的叶型和叶色，可以将其分类为常绿藤本和落叶藤本。常绿藤本如冬青藤、石蝴蝶和翠雀藤等，其叶片常年不脱落，具有持久的绿色，为园林提供了四季如春的景色。落叶藤本如紫薇藤、炮仗花和金银花等，其叶片在秋季会变为金黄、红色或橙色，并在冬季脱落，为园林带来季节性的变化和景观效果。

再次，根据藤本植物的花型和花色，可以将其分类为单瓣藤本和复瓣藤本。单瓣藤本如牵牛花、蔓荆花和紫藤等，其花型简单，通常只有一个花瓣，但花朵之间的色彩变化丰富，如紫、白、红等。复瓣藤本如玫瑰蔓、月见草和藤牡丹等，其花型复杂，通常有多个花瓣组成，形态各异，色彩鲜艳，如粉红、黄、紫等。

根据藤本植物的用途和功能，还可以将其分类为观赏藤本、果实藤本和益生藤本等。观赏藤本如紫薇藤、炮仗花和金银花等，主要用于园林美化和提供景观效果。果实藤本如野葛、葡萄藤和葡萄牙藤等，除了具有观赏价值外，还能提供食用的果实。益生藤本如藤牡丹、冬青藤和石蝴蝶等，具有一定的药用或食用价值，常用于中药材或食品添加剂。

1. 攀缘藤本植物

园林中的植物种类繁多，其中藤本植物因其独特的攀缘特性而备受青睐。根据它们的生长形态，我们可以将藤本植物进行分类，使园林设计更加多样化和丰富化。

一种常见的藤本植物是攀援性藤本，它们借助于茎的柔软性和攀缘器官，如蔓藤或卷须，沿着支撑物攀援生长。这类植物通常适合在墙壁、篱笆或支架上生长，不仅能够美化环境，还能有效遮挡阳光或视线，增加空间的私密性。

另一种藤本植物是蔓生性藤本，它们的茎柔软且伸展，可以在地面上蔓延生长。这些植物常常被用于覆盖地面，形成茂密的绿色地毯，不仅可以美化环境，还可以有效控制土壤侵蚀，维持土壤湿度和温度。

还有一类藤本植物是攀援灌木，它们结合了攀援性和灌木的特点，既能够攀爬生长，又具有一定的木质茎干。这类植物在园林设计中常被用于装饰墙面或篱笆，其茂密的枝叶能够形成自然的屏障，增加园林的层次感和景观效果。

还有一些藤本植物是地被性藤本，它们生长低矮，常常爬行在地面或其他植物上，形成独特的地被覆盖。这类植物适合用于园林中的阴暗角落或者植物之间的填充，能够有效地利用空间，增加绿色覆盖面积。

除了以上几种主要类型外，还有一些特殊形态的藤本植物，如空气根藤本植物，它们的根系能够空中生长，吸收空气中的养分和水分，适合用于园林中的空中景观或植物墙的设计，展现出独特的视觉效果和生态功能。

在园林设计中，根据不同的生长形态选择合适的藤本植物是至关重要的。不仅可以美化环境，还可以发挥其遮挡、覆盖、装饰等多种功能，为园林增添生机和活力。

2. 地被藤本植物

地被藤本植物在园林设计中扮演着重要的角色，它们不仅可以覆盖土地、控制土壤侵蚀，还能为园林增添层次和色彩。按照生长形态来分类，地被藤本植物可以分为多种类型，每种类型都有其独特的特点和适用场景。

匍匐型地被藤本植物具有向地面延伸的生长特性，它们的茎和叶片紧密贴合土壤，能够快速覆盖土地。这类植物适合用作土壤覆盖、控制土壤侵蚀或填充园林空隙。匍匐型地被藤本植物的低矮生长形态使其成为园林设计中的优选植物，可以有效地保护土壤、提高土壤肥力并美化园林。

攀援型地被藤本植物具有攀爬或缠绕的生长习性，它们的茎能够沿着支撑物生长，并与之紧密结合。这类植物适合用作覆盖墙面、篱笆或搭建花架，为园林提供立体和丰富的空间效果。攀援型地被藤本植物的生长特性使其能够有效地利用空间，为园林创造出独特的景观和视觉效果。

再者，扩散型地被藤本植物的茎和叶片形态呈现出扩展或展开的特点，能够快速覆盖大面积的土地。这类植物适合用作快速形成地被覆盖、防止土壤侵蚀或装饰园林路径。扩散型地被藤本植物的生长特性使其能够在短时间内形成丰富的绿化效果，为园林带来生机和活力。

细长型地被藤本植物具有细长、柔软的茎和叶片，形态优雅，常用于园林的边缘或水边地带。这类植物适合用作边界标志、水生植物的伴生植物或装饰园林的边缘区域。细长型地被藤本植物的形态和颜色变化使其成为园林设计中的亮点，能够提高园林的观赏价值。

多功能型地被藤本植物具有多种生长形态的特点，既有匍匐、攀援、扩散等特性，也可能兼具细长或其他形态。这类植物适合用作园林的多功能地被，可以根据需要选择适合的生长形态。多功能型地被藤本植物的多样性使其能够满足园林的多种需求，是园林设计中的万能植物。

二、按用途和特性分类的园林植物

(一) 观赏植物

观赏植物在园林设计中占据着重要的位置，它们不仅能为园林增添美丽的色彩和丰富的纹理，还能为人们提供视觉享受和精神慰藉。按照用途和特性分类，观赏植物可以分为多种类型，每种类型都有其独特的功能和美学价值。了解这些观赏植物的用途和特性，可以帮助园林设计师更好地选择和配置植物，创造出理想的园林景观。

观赏植物可以根据其生长习性和适应性进行分类。全年观赏植物，如常绿树木和多年生草本植物，具有四季常绿或者长时间观赏的特点，它们适合用于园林的主体部分和重点区域，为园林提供持续的绿意和景观稳定性。季节观赏植物，如春季开花的樱花和秋季变色的枫树，具有季节性的花期和色彩变化，它们适合用于园林的特色区域和景观点，为园林增添季节感和变化性。而一年生观赏植物，如夏季开花的一些花卉和蔬菜，具有短暂但丰富的花期，它们适合用于园林的季节装饰和短期美化，为园林提供丰富的颜色和生活气息。

观赏植物还可以根据其功能和用途进行分类。观叶植物，如紫杉和月见草，以其美丽的叶片和丰富的叶色为人们带来视觉享受，它们适合用于园林的观叶区和景观背景，强化园林的叶片层次和色彩对比。观花植物，如玫瑰和牡丹，以其艳丽的花朵和丰富的花色为人们带来视觉冲击，它们适合用于园林的观花区和花园中心，提升园林的观赏价值和吸引力。观果植物，如红果树和杏树，以其醒目的果实和丰富的果色为人们带来视觉惊喜，它们适合用于园林的果园区和景观装饰，增加园林的实用性和趣味性。

再次，观赏植物还可以根据其形态和结构特点进行分类。直立型观赏植物，如松树和竹子，以其垂直的生长形态和结构简洁为人们带来视觉稳定感，它们适合用于园林的立面装饰和景观分隔，强化园林的垂直层次和空间结构。蔓性观赏植物，如藤蔓和爬山虎，以其攀援的生长习性和结构灵活为人们带来视觉流动感，它们适合用于园林的立面覆盖和景观装饰，增强园林的立体感和动态性。

1. 花卉植物

花卉植物是园林设计中不可或缺的元素，它们以其独特的花色、叶型和香气为园林增添了色彩和生机。根据其用途和特性的不同，花卉植物可分为观赏型、药用型、香型和食用型四类。

观赏型花卉植物以其独特的花色和形态为人们带来视觉享受，是园林景观中最常见的植物之一。这类植物的花朵多样丰富，有的绽放着艳丽的色彩，如玫瑰、牡丹等；有的则展示出清新淡雅的风姿，如茉莉、迎春花等。它们的花期多样，能够在不同的季节中为园林带来绚丽的色彩，为人们营造出舒适宜人的环境。

药用型花卉植物具有一定的药用价值，常被用于园林中的药材园或中草药园。这类植物的花朵、叶片或根茎中含有丰富的药用成分，具有清热解毒、活血化瘀、调节气血等功效，被人们广泛用于药物的研制和制备。常见的药用型花卉植物有金银花、紫苏、菊花等，它们不仅具有药用功能，还能美化园林景观。

香型花卉植物以其独特的花香为园林增添了浪漫和惬意的氛围。这类植物的花朵散发出愉悦的香气，能够吸引人们的注意力，带来身心的放松和愉悦。例如，常见的香型花卉植物有玫瑰、鸢尾、迎春花等，它们的芳香能够在园林中营造出令人陶醉的氛围，增加园林的舒适度和吸引力。

食用型花卉植物具有一定的食用价值，常被用于园林中的菜园或果园。这类植物的花朵、叶片或果实可以作为食物食用，丰富了人们的餐桌和生活。例如，香草类植物如薄荷、迷迭香等常被用于调味料，而一些花朵和果实可供食用的植物如月季花、草莓等则常被人们种植于家庭菜园中，为园林增添了实用价值和趣味性。

2. 叶观赏植物

有些叶观赏植物具有蔓延生长形态。这些植物的叶子常常细长柔软，像嫩绿色的丝带般轻盈。蔓延的生长形态使得这些植物能够在园林中展现出优美的曲线与流动感，给人以亲近自然的感受。

还有一些叶观赏植物呈现出紧凑的直立生长形态。它们的叶子常常密集而丰满，形成了一片片浓密的绿色屏障。这样的植物常被用来修剪成各种造型，为园林增添了别样的趣味与艺术感。

还有一类叶观赏植物展现出了宽阔的展张生长形态。它们的叶子通常宽大而且厚实，覆盖了广阔的土地。这样的植物常被用来营造浓密的绿色草坪或者庇荫茂密的树冠，为园林带来了清新的氛围与凉爽的阴凉。

还有一些叶观赏植物呈现出了独特的盘旋生长形态。它们的叶子通常呈现出旋转或者卷曲的形态，给人以立体感强烈的视觉效果。这样的植物常常被用来点缀在园林的角落或者边缘，为整体景观增添了一份神秘与趣味。

还有一类叶观赏植物展现出了垂直挺拔的生长形态。它们的叶子通常笔直向上，或者稍微倾斜，给人以挺拔与俊秀的感觉。这样的植物常常被用来作为园林的主体植物，营造出高大而具有气势的景观效果。

3. 果实观赏植物

园林中的植物不仅能够为人们提供美丽的景观，还可以通过其各具特色的果实为园林增添更多的观赏价值。根据它们的生长形态和果实特点，我们可以将果实观赏植物进行分类，以丰富园林景观的层次和色彩。

一种常见的果实观赏植物是树形果树，它们通常生长成高大挺拔的乔木或灌木，树冠茂密，果实分布在树枝上，形态各异、颜色艳丽。这类植物不仅能够为园林提供良好的景观效果，还能够在果实成熟时吸引各种鸟类和昆虫，增加园林的生态多样性。

另一种果实观赏植物是藤本植物，它们通常生长成蔓延或攀援的形态，果实挂在藤蔓上，形状各异，色彩鲜艳。这些植物常常被用于装饰园林中的篱笆、墙壁或者植物架，其独特的果实形态能够为园林增添一份野趣和生机。

还有一类果实观赏植物是草本植物，它们生长低矮，茎叶丰富，果实通常生长在茎或叶的顶端，形态多样，色彩丰富。这些植物适合用于园林中的花坛、草坪或者景观带，能够在绿草丛中点缀出各种各样的色彩，增加园林的色彩层次。

还有一些果实观赏植物是多肉植物，它们生长矮小，叶片厚实，果实常常生长在叶片的中心或边缘，形态奇特，颜色鲜艳。这类植物适合用于园林中的盆栽、石景、或者干枝堆，其独特的果实形态能够为园林增添一份独特的观赏价值。

在园林设计中，根据不同的果实特点选择合适的果实观赏植物是至关重要的。不仅可以为园林增添多样化的景观效果，还可以吸引各种野生动物，增加园林的生态环境，为人们带来更多的乐趣和享受。

(二) 芳香植物

芳香植物是园林设计中不可或缺的一部分，它们以其独特的香气为人们带来愉悦和放松的感受。按照生长形态来分类这些芳香植物，可以更好地了解它们的特点和用途。从树木到灌木，从草本到藤本，各种生长形态的芳香植物都在园林中扮演着不同的角色，丰富了园林的层次和色彩。

树木是园林中常见的一种生长形态，它们高大挺拔，给园景带来了稳重和雄伟的气息。樟树、桂树等常见的芳香树木，它们的香气随风飘荡，使整个园区都充满了清新的气息。树木的生长周期较长，但一旦成熟，它们就成为园林的主要景观元素，给人们带来源源不断的芬芳。

灌木是园林中常见的矮小而丰茂的植物，它们常常用来修剪成各种形态，如球形、锥形等，为园林增添了层次感和立体感。薰衣草、迷迭香等芳香灌木，不仅可以观赏，还可以用来取香料，给园林增添了实用性和观赏性的双重功能。灌木的生长速度较快，适合用来填补园林中的空隙，打造丰富多样的景观。

草本植物是园林中常见的地被植物，它们低矮而且密集，可以覆盖大片土地，起到保护土壤、美化环境的作用。薄荷、香蒲等草本芳香植物，虽然个体较小，但它们的香气浓郁，可以弥漫在整个园区，给人们带来清新的感受。草本植物的生长周期较短，适合用来填充园林中的小空间，营造出丰富多样的地形和景观。

藤本植物是园林中常见的攀援植物，它们可以沿着墙壁、树干等结构攀爬生长，给园林增添了绿意和灵动感。茉莉花、忍冬等藤本芳香植物，它们的花朵香气扑鼻，吸引了许多昆虫和鸟类，丰富了园林的生态环境。藤本植物的生长速度较快，可以快速覆盖大面积的空间，为园林创造出独特的景致。

在园林设计中，根据芳香植物的生长形态进行合理搭配和布局，可以打造出丰富多样、层次丰富的景观效果。无论是树木、灌木、草本还是藤本，它们都有着独特的特点和用途，为园林增添了生机和活力。期待在未来的园林设计中，能够更加充分地利用各种生长形态的芳香植物，创造出更加优美和宜人的园林环境。

1. 芳香草本植物

我们可以将芳香草本植物按照其蔓生形态进行分类。这类植物通常生长茂密，覆盖地面或攀爬于支撑物上。丝瓜、凌霄花等便是这类蔓生芳香草本植物的代表。它们能够在园林中形成独特的覆盖层，增加了空间的立体感，同时也能够有效地遮荫，为园林提供清新的空气。

我们可以将芳香草本植物按照其直立生长形态分类。这类植物通常以挺拔的姿态直立于土壤之上，形成独特的景观。薄荷、迷迭香等就是这类直立生长的芳香草本植物的典型代表。它们的挺拔身姿不仅能够为园林增添一份清新与生机，还可以作为边界或分隔植物，营造出独特的空间氛围。

另外一种分类方式是按照其簇状生长形态来划分。这类植物通常以紧密的簇状姿态生长，形成浓密的丛林景观。香蒲、莳萝等便属于这类簇状生长的芳香草本植物。它们能够有效地填充园林空间，形成自然的屏障，既能够保护土壤，又能够为园林带来一份神秘与静谧。

我们还可以将芳香草本植物按照其蓬松生长形态进行分类。这类植物通常生长茂密，形成丰满的球状或圆锥形状。薰衣草、马鞭草等就是这类蓬松生长的芳香草本植物的代表。它们能够为园林增添一份柔和的气息，同时也能够作为点缀植物，点亮园林的色彩。

2. 芳香灌木

有些芳香灌木呈现出了紧凑的丛生生长形态。这些灌木通常生长得比较矮小，但茂密丰盛，密集的枝叶间缝隙几乎看不见土壤。它们散发出的芳香气味常常弥漫在园林中，营造出一种清新宜人的氛围。

还有一些芳香灌木展现出了优雅的垂悬生长形态。它们的枝条柔软而挺拔，常常垂下来形成优美的弧线或者蔓延在地面上。这样的生长形态使得这些灌木不仅具有芬芳的气息，还能为园林增添一份柔美与动人。

还有一类芳香灌木呈现出了挺拔直立的生长形态。这些灌木通常生长得比较高大，枝叶繁茂，形成了浓密的绿色屏障。它们散发出的香气常常扩散到周围的区域，为整个园林带来了清新宜人的气息。

还有一些芳香灌木展现出了扩展蔓延的生长形态。它们的枝条常常蔓延在地面上，或者攀爬在支架上，形成了一片片绿色的覆盖层。这样的生长形态不仅可以为园林增添一份自然的野趣，还能让人在芬芳的气息中感受到大自然的美好。

还有一类芳香灌木呈现出了紧凑挺拔的生长形态。它们的枝叶密集，形成了一个个紧凑的绿色丛围。这样的灌木常常被用来修剪成各种造型，为园林增添了一份独特的艺术魅力。

3. 芳香树木

一种常见的芳香树木是高大乔木，它们通常生长成高大挺拔的形态，树冠茂密，花朵散发出浓郁的芳香气息。这类树木常被用于园林中的林荫道、草坪或者广场，其芳香气息能够在清风拂过时弥漫开来，为人们带来一份清新宜人的感受。

另一种芳香树木是灌木或矮小乔木，它们生长较为矮小，但花朵通常较为密集，芳香气息浓厚。这些树木常常被用于园林中的花坛、庭院或者景观带，其紧凑的生长形态能够为园林增添一份浪漫和温馨的气息。

还有一类芳香树木是藤本植物，它们生长灵活，通常攀援于墙壁、篱笆或者其他植物上，花朵散发出清香的芳香气息。这些植物常常被用于园林中的垂直绿化、空中花园或者花廊，其婀娜多姿的生长形态能够为园林增添一份优雅和惬意的气息。

还有一些芳香树木是草本植物，它们生长低矮，叶片丰茂，花朵通常生长在叶片的顶端或者叶腋处，散发出迷人的香气。这些植物常常被用于园林中的花境、池塘边缘或者草坪，其清新的芳香气息能够为园林增添一份清爽和宁静的氛围。

在园林设计中，选择合适的芳香树木是至关重要的。它们不仅能够为园林增添迷人的香气，还能够提升园林的整体氛围和品质，为人们营造出舒适宜人的休闲环境。

（三）果树和蔬菜植物

果树和蔬菜植物在园林中扮演着重要的角色，它们不仅为人们提供了美味可口的食物，还为园林增添了生机和色彩。按照它们的生长形态来分类，可以更好地了解它们的特点和用途，为园林设计提供更多的可能性和灵感。

果树是园林中常见的一种生长形态，它们高大挺拔，树冠茂密，给园景带来了丰收和丰富的果实。苹果树、梨树等常见的果树，它们的果实香甜可口，深受人们喜爱。果树的生长周期较长，但一旦成熟，它们就成为园林的主要景观元素，给人们带来源源不断的收获和喜悦。

蔬菜植物是园林中常见的低矮而丰茂的植物，它们常常用来种植各种蔬菜，为人们提供了丰富多样的食物资源。番茄、黄瓜等常见的蔬菜植物，它们的叶子翠绿，果实鲜艳，给园林增添了生机和活力。蔬菜植物的生长周期较短，适合在园林中进行季节性种植，为人们提供新鲜的蔬菜。

果树和蔬菜植物在园林设计中常常被用来进行合理搭配和布局，创造出丰富多样、层次丰富的景观效果。无论是果树的挺拔身姿还是蔬菜植物的低矮丰茂，它们都有着独特的特点和用途，为园林增添了丰收的喜悦和丰富的食物资源。期待在未来的园林设计中，能够更加充分地利用各种生长形态的果树和蔬菜植物，为人们创造出更加美好和宜人的园林环境。

1. 水果树木

一些水果树木以其挺拔高大的形态著称。例如，橡树属于这一类别，它们的树干笔直挺拔，高耸入云，枝叶茂盛，给人一种庄严肃穆的感觉。在园林中，橡树常常被用作庇荫之用，为游人提供清凉怡人的栖息之地。

另一些水果树木则以其繁茂的枝叶和葱郁的姿态而著称。比如，樱桃树便是一种典型的代表。它们的枝叶茂密，犹如一把把绿色的伞，覆盖着整个树冠，给人一种生机勃勃的感觉。在春季盛开的樱花更是美不胜收，吸引了无数游客前来赏花踏青。

还有一些水果树木则以其优雅的姿态和柔美的枝条而著称。譬如，桃树便是其中之一。桃树的枝条柔软而优雅，常常垂下来，形成一幅幅优美的弧线，仿佛一位含羞待放的少女，给人一种温柔娴静的感觉。在春风吹拂下，桃花如云般飘洒，美不胜收。

而还有一些水果树木则以其灵活多变的姿态而著称。比如，藤蔓类水果树便是这一类别的代表。它们的枝条柔软而有韧性，能够攀援于树干或者墙壁上，随着生长的方向而变化，给人一种活泼灵动的感觉。在园林中，藤蔓类水果树常常被用来做绿色的屏障，既美化了环境，又起到了遮挡的作用。

水果树木以其多样的生长形态为园林增添了一道靓丽的风景线。无论是挺拔高大、繁茂葱郁、优雅柔美还是灵活多变，每一种形态都有其独特的魅力，值得我们去细细品味。在未来的园林设计中，我们可以根据不同的场景和需求，灵活运用这些水果树木，打造出更加丰富多彩的园林景观。

2. 叶菜蔬菜植物

有些叶菜蔬菜植物呈现出了蔓延的生长形态。这些植物的茎蔓长而柔软，常常攀缘在支架上或者蔓延在地面上。它们的叶子通常较小，形态各异，给人以一种生机勃勃、丰富多彩的感觉。

还有一些叶菜蔬菜植物展现出了直立的生长形态。这类植物的茎通常直立挺拔，叶子生长在茎上，形成了独特的株型。它们的叶子常常较大，覆盖茂密，给人一种庄重、稳重的感觉。

还有一类叶菜蔬菜植物呈现出了丛生的生长形态。这些植物通常生长在一起，形成了茂密的绿色丛林。它们的叶子常常呈现出齐整的排列，整齐划一，给人一种整洁、规整的感觉。

还有一些叶菜蔬菜植物展现出了蓬勃的生长形态。这类植物的叶子生长茂密，枝叶繁茂，呈现出一种蓬勃生机的景象。它们常常被用来种植在园林中的边缘或者角落，为整个园林增添了一份生机与活力。

还有一类叶菜蔬菜植物呈现出了低矮的生长形态。这些植物通常生长得较矮小，叶子也较小，但茂密丰盛。它们常被用来作为园林中的地被植物，覆盖在地面上，起到保护土壤、保持水分的作用。

3. 根茎和果实蔬菜植物

一种常见的根茎蔬菜植物是根菜类，它们的食用部分通常是地下的根茎部分，如胡萝卜、萝卜、甜菜等。这些植物通常生长在土壤中，根茎丰满，色泽鲜艳，是人们日常饮食中重要的蔬菜来源之一。

另一种根茎蔬菜植物是块茎类，它们的食用部分通常是地下的块茎部分，如土豆、红薯、芋头等。这些植物生长方式较为特殊，通常需要长时间的生长周期，但产量丰富，是人们饮食中重要的主食来源之一。

还有一类根茎蔬菜植物是球茎类，它们的食用部分通常是地下的球茎部分，如洋葱、大葱、蒜头等。这些植物生长方式灵活，适应性强，不仅能够在园林中种植，还可以在家庭菜园中栽培，为人们的饮食提供丰富的调味品。

还有一些果实蔬菜植物，它们的食用部分通常是植物的果实部分，如西红柿、黄瓜、茄子等。这些植物生长方式多样，有的是蔓生植物，需要支架或爬网支撑，有的是灌木状植物，适合园林中的花坛或庭院种植。

在园林设计中，将根茎和果实蔬菜植物进行分类种植，不仅可以丰富园林景观，还可以为人们提供新鲜、健康的蔬菜食材，促进园林与饮食文化的融合，为人们创造出更加丰富多彩的生活体验。

第二节　根据环境选择适宜植物

一、根据气候条件选择园林植物

(一) 寒冷气候区的适宜植物

1. 适应低温和冷害的植物

在选择适应低温和冷害的园林植物时，首先需要考虑它们的耐寒性。一些耐寒的植物，如松树、柏树和冷杉，能够在寒冷的气候条件下生长茂盛。它们具有发达的根系和防寒的特殊叶子，能够很好地适应低温环境，是园林景观中常见的选择。

一些多肉植物也能够在低温环境中生存。比如，仙人掌和龙舌兰等植物能够在寒冷的冬季保持其生长状态，因为它们能够储存水分，并且具有厚实的叶片，能够很好地抵御冷害。

在选择园林植物时，还需要考虑它们的观赏价值。一些耐寒植物不仅具有很好的适应能力，还能够为园林增添美丽的景致。比如，银杏树在秋季能够变黄，给人一种金色的视觉享受；而紫叶李则在春季开花，花朵浓郁，色彩艳丽，为园林增添了生机与活力。

还需考虑植物的成长习性。一些耐寒的园林植物可能在夏季生长缓慢，需要充分的阳光和水分才能茁壮成长。因此，在选择植物时，需要考虑到气候条件的全年变化，以确保植物能够在各种环境下生长良好。

还需要考虑植物的抗病能力。一些耐寒的园林植物可能对病虫害有较强的抵抗力，能够在恶劣的气候条件下保持健康。因此，在选择园林植物时，除了考虑其耐寒性外，还需要考虑其抗病能力，以确保园林景观的持续美观。

2. 早春开花的植物

在四季分明的气候条件下，早春开花的植物成为了园林设计中不可或缺的一部分。它们以其绚丽多彩的花朵，为初春的大地增添了一抹明媚的色彩，吸引着人们的目光，为人们带来了愉悦和美好。在选择适合气候条件的园林植物时，我们需要考虑到各种因素，包括植物的耐寒性、水分需求以及生长习性等。下面我们将介绍一些在早春开花的植物，并根据气候条件进行分类和选择。

寒冷地区的园林植物在早春常常会受到低温的影响，因此我们需要选择那些具有较强耐寒性的植物。例如，早春开花的郁金香、水仙和风信子等品种都是非常适合寒冷地区种植的植物。它们能够在低温下良好地生长，并在春季初期绽放出美丽的花朵，为园林增添一份生机和活力。

温暖地区的气候条件相对较为宜人，但在早春仍可能会有寒冷的天气出现，因此我们需要选择那些即使在较低气温下也能良好生长的植物。比如，早春开花的玉兰、樱花和杜鹃等品种都是适合温暖地区气候的园林植物。它们能够在稍低的气温下顽强生长，并在春季初期绽放出绚丽的花朵，为园林带来了一份浪漫和温馨。

潮湿地区的气候条件通常比较湿润，这对于一些植物的生长来说是非常有利的。在这样的气候条件下，我们可以选择一些喜欢潮湿环境的植物，比如早春开花的水仙、玉簪和报春花等品种。它们能够充分利用潮湿的土壤和空气，茁壮生长，并在春季初期迎风绽放出迷人的花朵，为园林增添了一份清新和雅致。

干燥地区的气候条件通常较为干燥，这对于一些植物的生长来说可能会造成一定的困扰。因此，在这样的气候条件下，我们需要选择那些具有较强抗旱能力的植物。比如，早春开花的紫薇、迎春和桃金娘等品种都是适合干燥地区气候的园林植物。它们能够在较为干燥的环境中良好生长，并在春季初期开出绚丽的花朵，为园林增添了一份生机和活力。

(二) 炎热气候区的适宜植物

1. 耐热和耐旱的植物

在选择适应耐热和耐旱气候条件的园林植物时，首先需要考虑的是它们的生长环境和特性。一些植物具有出色的耐热能力，能够在高温下保持生长，例如仙人掌和龙舌兰。这些植物通常具有厚实的叶片或茎干，能够储存水分，因此在炎热的气候中生存良好。

另一方面，耐旱植物则更擅长在干燥的环境中生长，它们能够有效利用雨水并减少水分蒸发。例如，多肉植物和灌木丛中的一些品种，如沙漠玫瑰和剑叶植物，都是出色的选择。它们的叶片通常比较小，表面覆盖着厚厚的蜡质层，有助于减少水分流失。

在园林设计中，可以选择一些具有较深根系系统的植物，因为这有助于它们从土壤中深处获取水分，增强耐旱能力。例如，一些草本植物如薄荷和迎春花拥有发达的根系结构，能够在土壤中深处寻找水源。

在实际的园林规划中，可以采用多样化的植物种植策略，结合耐热和耐旱的植物，以创建一个具有层次感和丰富多彩的景观。例如，在园区中选择一些具有较低耐热和耐旱能力的植物作为地被植物，以保持土壤湿润和减少水分蒸发。

对于一些地方性气候较为极端的地区，还可以考虑使用一些具有耐盐性的植物，以应对土壤盐碱化的问题。例如，一些盐碱地区常见的植物，如碱蓬和盐藜，能够在高盐度的土壤中存活并保持生长。

2. 节水植物和多肉植物

在选择园林植物时，考虑到气候条件是至关重要的。在干燥和炎热的气候下，节水植物和多肉植物是理想的选择。这些植物能够在较少的水分条件下存活，并且通常具有较高的耐旱性。因此，在这样的气候条件下，我们可以选择一些适合的节水植物和多肉植物来构建美丽而可持续的园林景观。

在干燥的气候条件下，节水植物是首选。例如，龙舌兰和仙人掌是一些非常适合干旱气候的植物。它们具有厚实的叶片或茎部，能够储存水分，从而在长时间缺水的情况下存活。这些植物通常具有较小的叶片表面积，减少了水分蒸发的损失，因此非常适合在干燥的气候条件下种植。

在炎热的气候条件下，多肉植物也是一种理想的选择。多肉植物具有丰富的叶肉组织，能够储存大量的水分。这使它们能够在高温下保持生长，并且相对不容易受到干旱的影响。多肉植物的叶片通常具有光滑的表面，减少了水分的蒸发速率，从而有助于在炎热的气候条件下保持水分平衡。

除了耐旱性之外，选择园林植物时还应考虑到其美学特性。节水植物和多肉植物通常具有各种各样的形态和颜色，可以为园林景观增添独特的魅力。例如，一些龙舌兰和仙人掌具有引人注目的花朵，可以在干燥的环境中为园林增添色彩。而多肉植物则有着各种各样的形态，例如球形、多枝等，可以创造出丰富多样的景观效果。

选择园林植物时还要考虑到其适应性和生长条件。节水植物和多肉植物通常对于贫瘠的土壤和少量的水源有很强的适应能力，因此可以在各种各样的环境条件下生长。这使它们成为在干燥和炎热的气候条件下构建可持续园林的理想选择。

二、根据光照和空间选择植物

（一）全日照适宜的植物

1. 需要充足阳光的植物

在选择需要充足阳光的园林植物时，首先要考虑它们对光照的需求。一些植物，如向日葵、玫瑰和薰衣草等，需要充足的阳光才能正常生长。它们通过光合作用吸收阳光能量，转化为生长所需的营养物质，因此在选择种植位置时，应该优先考虑光照充足的地方。

植物的生长习性也需要考虑。一些需要充足阳光的植物可能对阴暗环境不耐，生长缓慢或者长势不良。因此，在选择种植物的位置时，要确保光线能够充分照射到植物的叶片，以促进其正常的生长和发育。

在空间选择方面，考虑植物的生长习性和尺寸。一些需要充足阳光的植物可能在生长过程中会变得庞大，因此需要足够的空间来展开。比如，大型的盆栽植物如棕榈树和仙人掌可能需要较宽敞的空间来生长，以确保其正常的生长和发育。

还要考虑植物的观赏价值。一些需要充足阳光的植物具有艳丽的花朵或者叶片，能够为园林景观增添色彩和美感。比如，玫瑰花在充足的阳光下会开出艳丽的花朵，为园林增添了浪漫的氛围；而薰衣草则在阳光下能够释放出芳香，给人一种清新的感觉。

还需考虑植物的光照适应性。一些植物可能对强光或者弱光有不同的适应能力，因此在选择种植位置时，要根据植物的光照需求和环境光照情况进行合理搭配，以确保植物能够在适宜的光照条件下生长良好。

2. 全日照下的户外庭院植物

在户外庭院设计中，充足的全日照是确保植物健康生长的重要因素之一。不同植物对于光照的需求有所不同，因此在选择适合全日照环境的户外庭院植物时，需要考虑光照条件以及庭院的空间大小和布局。下面我们将介绍一些适合全日照下的户外庭院植物，并根据光照和空间的不同进行分类和选择。

对于光照充足的户外庭院，我们可以选择那些喜欢阳光的植物，比如多肉植物、仙人掌和龙舌兰等品种。这些植物能够充分利用充足的阳光进行光合作用，保持生长的健康和茂盛。它们通常对于阳光的耐受性较强，能够在充足的阳光下茁壮生长，并为庭院增添一份独特的风采和生机。

在空间较大的户外庭院中，我们可以选择一些高大而茂盛的植物，比如棕榈树、银杏树和法国梧桐等品种。这些植物在充足的阳光下能够茁壮生长，并且能够为庭院提供丰富的绿色植被覆盖，营造出一种宁静和舒适的环境。它们的高大身影也能够为庭院增添一份壮观和气势，使庭院更加具有魅力和吸引力。

在空间较小的户外庭院中，我们可以选择一些矮小而灵活的植物，比如盆栽植物、小型灌木和多年生草本植物等品种。这些植物不仅能够适应充足的阳光环境，而且能够根据庭院的空间布局进行灵活摆放和布置，营造出一种精致而有序的景观效果。它们的矮小身材也能够使庭院显得更加清爽和整洁，为人们提供一个舒适和愉悦的休闲空间。

除了考虑光照和空间因素外，我们还可以根据植物的功能和特点来选择适合的户外庭院植物。比如，一些具有芳香味道的植物，如玫瑰、薰衣草和迎春花等，不仅能够为庭院增添一份浪漫和情调，还能够带来愉悦的香气体验。而一些具有观赏性的植物，如牡丹、兰花和铁树等，则能够为庭院增添一份艺术和美感，让人们在欣赏的同时也能够感受到大自然的魅力。

（二）阴暗环境适宜的植物

1. 适应低光照或阴暗环境的植物

在选择适应低光照或阴暗环境的植物时，需要考虑它们的生长特性和适应能力。一些植物具有较强的耐阴性，能够在光照不足的环境中生长茁壮。例如，常见的室内绿植如吊兰和常春藤就是典型的耐阴植物，它们能够适应室内较弱的光照条件，并保持生长健康。

除了室内环境外，一些室外园林也需要选择适应低光照条件的植物，例如在树荫下或建筑物遮挡的区域。在这种情况下，可以考虑选择一些阴性植物，如铁线莲和鸢尾花，它们能够在较弱的日照条件下维持生长，并为园林增添独特的景观效果。

对于一些室内环境或者地下空间，由于光照条件非常有限，需要选择适应极低光照甚至是完全黑暗的植物。这时可以考虑一些具有较低光合作用需求的植物，如蕨类植物和地钱科植物，它们能够通过地下茎或者厚实的叶片进行养分吸收，适应光照不足的环境。

在园林设计中，需要根据不同的光照条件和空间要求，合理选择植物种类，并进行合理搭配和布局。例如,在阳光充足的区域可以选择一些耐阳植物,如向日葵和马齿苋,而在阴暗的角落则可以选择耐阴植物,如虎耳草和长寿花,以实现整体景观的平衡和统一。

在室内空间中,可以通过合理设置灯光和人工补光来改善植物的生长环境,提高光照条件。例如,在办公室或者居室中设置人工光源,可以为植物提供额外的光照,促进其生长和发育。

2. 室内低光照环境下的植物养护

在室内低光照环境下养护植物需要特别注意选择适合的植物品种。光照是植物生长和健康的关键因素之一,因此在选择植物时必须考虑到它们对于光照需求的不同。还需要考虑到室内空间的大小和布局,以确保选择的植物不仅能够适应低光照条件,还能够与室内装饰相协调,为空间增添生机。

在低光照环境下,选择适合的植物至关重要。一些常见的低光照植物包括吊兰、虎尾兰、万年青等。这些植物通常能够适应较少的阳光,并且具有较强的耐阴性。它们的叶片通常较宽,能够更有效地吸收光线,从而保证了它们在低光照环境下的生长。

除了植物本身的光照需求外,还需要考虑到室内空间的光照情况。在选择植物时,必须考虑到它们所处位置的光线情况,例如是否有直接阳光照射或者是间接光线。对于处于较阴暗位置的植物,应选择更适合低光照环境的品种,以确保它们能够获得足够的光线进行光合作用。

在空间布局方面,也需要考虑到植物的大小和形态。对于较小的空间,可以选择一些小型的多肉植物或者盆栽植物,以节省空间并且增添生机。而对于较大的空间,则可以选择一些高大的绿色植物或者攀援植物,以填补空间并且营造出更加绿意盎然的氛围。

在低光照环境下养护植物时,还需要注意到适当的光照补充问题。尽管这些植物能够适应低光照条件,但仍然需要定期接受一定量的光照以保持健康生长。因此,在室内低光照环境下,可以考虑使用人工光源或者将植物移至较为明亮的位置,以提供必要的光线补充。

第三节 植物配置与景观设计

一、植物配置的重要性

(一) 生态功能

在生态系统中,植物的配置起着至关重要的作用。合理的植物配置可以有效提升生态系统的稳定性。通过将不同种类的植物巧妙地布置在一起,生态系统的生物多样性得以保持。这种多样性可以在抵御外部环境变化时提供更强的韧性。不同植物之间的互作关系也可以在一定程度上减少资源竞争,提高整体生态系统的稳定性。

适当的植物配置有助于改善生态系统的生产力。不同种类的植物可以通过相互补充的方式提升土壤质量和水分含量。比如,一些豆科植物可以通过固氮作用增加土壤中的氮含量,从而为其他植物提供养分。这样的相互作用不仅有利于植物自身的生长,而且有助于整个生态系统的生产力提升。

植物配置还对环境质量的提升起着关键作用。植物通过光合作用吸收二氧化碳，并释放氧气，从而净化空气。植物还可以通过吸收有害物质来改善水质。这种净化环境的能力不仅对生态系统有益，对人类健康也是至关重要的。

在生物链中，植物配置也对维持食物链的稳定性起着关键作用。通过合理的植物配置，可以为各种动物提供丰富的食物来源和栖息地。这不仅有助于保护野生动物，而且有利于维持整个食物链的平衡。

植物配置在维护生态系统的水分平衡和防止土壤侵蚀方面也发挥着重要作用。植物根系可以帮助保持土壤结构，防止土壤流失。而植被覆盖可以减少地表水分蒸发，从而保持水分平衡。

植物配置在维护和促进生态系统的健康和功能方面发挥着重要作用。合理的植物配置不仅可以提高生态系统的稳定性和生产力，还可以改善环境质量和维护生物链的稳定性。这些都对维持一个健康的生态系统至关重要。

（二）美学价值

植物配置通过丰富的色彩和形态组合，为景观注入活力和动态感。不同植物的叶色、花色以及形态各异，这些特征的巧妙组合可以形成丰富多彩的景观效果。在不同季节，植物会呈现不同的变化，这进一步增加了景观的层次感和吸引力。

合理的植物配置可以增强景观的结构感。通过利用不同的植物类型，如乔木、灌木、草本植物等，可以营造出丰富的层次和对比。高大的乔木提供了垂直的结构，而矮小的草本植物则为景观提供了底层的覆盖。这种多层次的结构不仅增加了景观的美感，还增强了其功能性。

植物配置还可以营造出独特的氛围和情感体验。不同的植物组合可以传递出不同的情感，如宁静、热情、浪漫等。通过选择合适的植物种类和搭配，可以塑造出符合特定环境和场所氛围的景观。这种情感体验对人们的心理和生理健康有积极的影响。

与此植物配置在生态环境中也发挥着重要作用。合理的植物配置可以促进生物多样性，为各种生物提供栖息地和食物来源。这样的生态景观不仅有助于保护环境，还可以提高景观的可持续性和稳定性。

在实际操作中，植物配置需要综合考虑多种因素，如气候、土壤、光照等。根据这些条件选择合适的植物种类，并合理搭配它们的种植位置和密度，才能实现最佳的美学效果。定期维护和修剪植物也是确保景观持续美观的重要环节。

植物配置在景观设计中扮演着至关重要的角色。通过合理的植物配置，可以提升景观的美学价值，营造出独特的氛围和情感体验。它还能在生态环境中发挥积极作用，促进生物多样性和环境保护。因此，在景观设计中，植物配置的重要性不容忽视。

（三）功能性

功能性植物配置能够显著提高城市绿化的生态效益。通过选择适应当地气候和土壤条件的植物，设计师可以创建低维护、高效的生态系统。这些系统能够为城市提供诸如净化空气、吸收二氧化碳和调节温度等生态服务。功能性植物配置有助于增加城市生物多样性，为野生动物提供栖息地和食物来源。

在公共空间和私有庭院中，功能性植物配置可以增强美学价值和实用性。精心设计的植物搭配能够为人们提供舒适的休憩场所，提高生活质量。选择不同高度、色彩和纹理的植物可以增加视觉层次感，使空间更具吸引力。功能性植物配置还能通过遮挡噪音、风和阳光，改善生活环境。

第三，功能性植物配置在农业领域也发挥着重要作用。通过合理选择作物和间作的植物，农民可以提高产量和土壤肥力。功能性植物如豆科植物可以固定氮，改善土壤质量，从而减少对化学肥料的依赖。多样化的作物配置还可以降低病虫害的风险，提高农业生态系统的稳定性。

功能性植物配置在防止水土流失和洪水管理方面具有显著效果。适当的植物选择和布局可以增强土壤的稳定性，减少侵蚀。这对于山区和河流沿岸地区尤为重要，因为这些地区容易受到水土流失和洪水的威胁。通过功能性植物配置，设计师可以保护自然资源，并维护生态平衡。

在城市规划和发展中，功能性植物配置可以提高社区的可持续性。通过合理的绿化设计，城市可以更好地适应气候变化和极端天气事件。绿化区域还可以提高居民的身心健康，为他们提供更多的休闲和娱乐机会。整体而言，功能性植物配置对城市和乡村地区的发展至关重要。

功能性植物配置是现代景观设计中不可或缺的一部分。它不仅能够提高环境的生态效益和美学价值，还能够促进人类的健康和福祉。设计师和规划师应充分利用功能性植物配置的优势，为人类和自然创造一个更加和谐、可持续的未来。

二、植物配置与景观设计的要点

（一）场地分析

在开始景观设计之前，首先需要进行详细的场地分析。这包括了解场地的地形、土壤类型和水文特性等自然因素。场地的阳光照射和风向也是需要关注的重点，因为它们将直接影响植物的生长环境。场地分析还包括评估现有植被、历史和文化因素，以及周边环境的影响。

根据场地分析的结果，进行植物配置的规划。植物配置的首要任务是选择适合场地特性的植物品种。这些植物应该适应场地的土壤和气候条件，并且在阳光和水分需求方面与场地特征匹配。除了选择合适的植物外，还要注意植物的排列和搭配，确保它们在色彩、形态和高度上形成协调的整体效果。

景观设计的一个重要方面是考虑场地的功能性和审美性。在设计中，要考虑场地的用途，例如休闲、娱乐或教育。还应注重设计中的可持续性和生态友好性，以最大限度地减少对环境的负面影响。通过合理规划路径和休息区，可以提高场地的实用性。

植物的选择和排列对景观的美观和生物多样性至关重要。为了实现丰富的视觉体验，可以选择不同季节开花的植物，并利用不同叶片颜色和质地的植物进行搭配。要避免选择入侵物种，以保护当地生态系统。

在景观设计中，考虑水资源管理至关重要。通过使用节水灌溉系统和雨水收集技术，可以有效地减少用水量。通过合理规划水体和湿地，可以增强场地的生态功能，并增加场地的视觉吸引力。

植被管理也是景观设计的关键部分。合理的修剪和维护可以保持植被的健康和美观。通过选择适合当地生态环境的植物，可以减少维护成本，并提高景观的生态价值。

景观设计的最终目标是创造一个和谐美观、功能性强的场地。通过综合考虑场地分析、植物配置和景观设计要点，可以实现这一目标。设计过程中应始终关注可持续性和生态友好性，确保设计对环境和社区的积极影响。

1. 土壤条件

在景观设计中，土壤条件和植物配置是两个重要的方面，它们直接影响着设计的效果和可持续性。一个成功的景观设计应充分考虑土壤条件，以确保植物在适宜的环境中生长。土壤的类型、质地和化学性质会对植物生长产生直接影响，因此需要对其进行详细的分析和评估。

从另一个角度看，了解土壤条件有助于确定最适合种植的植物种类。例如，砂质土壤排水良好，但保水能力较差，适合种植耐旱植物。而粘质土壤则保水性强，但排水不畅，需要选择能够适应湿润环境的植物。通过科学分析土壤条件，设计师可以选择最适合的植物种类，提高景观设计的成功率。

在景观设计中，植物配置与土壤条件密切相关。根据土壤类型选择适当的植物可以确保其健康生长。这不仅有助于维持生态平衡，还可以提升景观的美观度。例如，在土壤条件较差的地区，可以选择一些耐贫瘠土壤的植物，既能确保其生长稳定，又能增强设计的美观度。

合理的植物配置还可以有效提高景观设计的功能性。通过选择不同生长习性的植物，设计师可以创造出层次丰富、错落有致的景观效果。这种层次感不仅增加了视觉上的趣味，还能在一定程度上改善小气候环境，为景观中的生物提供更好的栖息地。

土壤条件对植物配置的布局也有影响。为了最大化利用土壤资源，可以根据不同土壤类型和质地的分布，合理安排植物种类。例如，将耐旱植物配置在排水良好的土壤区域，而将需要较多水分的植物种植在粘质土壤上。这样的布局不仅能优化土壤资源的利用，还能提高植物生长的成功率。

土壤条件对植物配置的密度和间距也有影响。根据土壤的保水性和养分含量，可以确定合适的种植密度和间距。比如，在保水性较强的土壤中，可以适当增加植物的间距，以防止过度拥挤影响生长。在排水良好的土壤中，可以适当减少间距，增加植被覆盖。

从生态角度看，合理的植物配置和土壤条件的利用可以促进景观设计的可持续性。通过选择原生植物或适应性强的外来植物，可以减少水分和养分的消耗，提高设计的环境友好性。这样的配置也有助于吸引更多的野生动物，为景观增添生机。

在景观设计的整体规划中，结合土壤条件和植物配置的要点非常重要。这需要综合考虑多种因素，包括土壤类型、植物需求和设计风格等。通过合理的规划和选择，设计师可以创造出既美观又可持续的景观，为人类和自然之间的和谐共存提供一个良好的示范。

2. 地形地貌

一方面，地形地貌直接影响植物的生长条件。地形地貌的起伏、坡度和朝向都会影响光照、湿度和排水等关键因素，从而影响植物的选择和配置。设计师需要充分了解地形地貌的特征，以便选择适合当地环境的植物种类，并根据不同区域的条件进行适当配置。

地形地貌的变化可以为景观设计提供多样化的视觉效果。通过巧妙利用地形地貌的起伏，设计师可以创造出层次分明的景观空间。高低起伏的地形不仅增加了景观的动态感，还为游客提供了丰富的视觉体验。这种地形变化还能引导人们的视线和行走路径，形成自然流畅的景观布局。

再者，地形地貌对植物的防风、防水和保土作用有重要影响。在陡峭的坡地上，选择适当的植物种类和种植密度，可以有效防止水土流失，保护生态环境。在平坦的地形上，合理配置植物可以缓解风力，保护其他植物和景观结构。

另一方面，地形地貌还影响景观设计中的功能性。通过充分利用地形的变化，设计师可以创造出不同的功能区域，如休闲场所、观景点和运动场所。这些区域的划分和布局需要根据地形地貌的特征进行合理规划，以确保景观的实用性和舒适度。

地形地貌对景观的可持续性也有着重要影响。设计师应当考虑地形地貌的自然特点，以保护和尊重当地生态系统。通过合理的植物配置，可以促进生物多样性，增强景观的生态稳定性和可持续性。

在景观设计中，植物配置与地形地貌的结合是至关重要的。通过充分考虑地形地貌的特征，设计师可以选择合适的植物种类，并根据地形的变化进行合理配置。这不仅能够提升景观的美感，还能增强其功能性和生态价值。

总结起来，地形地貌在植物配置与景观设计中的重要性不容忽视。通过巧妙利用地形的特性，设计师可以创造出层次丰富、功能多样的景观空间。合理的植物配置不仅可以增强景观的美学价值，还能促进生态环境的保护和可持续发展。因此，景观设计师应在设计过程中充分考虑地形地貌的影响，并合理配置植物，以实现最佳的景观效果。

(二) 植物选择

从一开始，选择合适的植物是景观设计的基础。设计师需要根据当地气候、土壤条件和降水量来选择适应性强的植物。这种做法不仅能减少维护成本，还能确保植物在设计中持续生长。原生植物往往是最佳选择，因为它们适应本地条件，且对生态系统的影响较小。

植物的视觉效果在景观设计中至关重要。通过巧妙搭配不同颜色、形状和纹理的植物，设计师可以创造出丰富多样的视觉体验。这不仅提升了设计的审美价值，还能增强空间的趣味性和吸引力。层次感和对比是设计中常用的手法。

植物的功能性特征也应纳入考虑。不同的植物具有不同的功能，例如遮荫、净化空气或提供屏障。通过合理配置功能性植物，设计师可以实现特定的目标，如降低温度、减少噪音或保护私隐。这样，景观设计不仅美观，而且实用。

在植物的配置上，设计师需要考虑植物的生长习性和未来空间需求。植物会随着时间的推移生长，因此初始配置应留有足够的空间供其发展。这有助于避免植物拥挤、竞争，以及潜在的病虫害问题。合理的植物间距和排列可以确保设计的长期可持续性。

与此生态系统的健康是设计的关键考量。通过多样化的植物种类和生态功能的整合，设计师可以创造出丰富的生物多样性。多样化的植物配置有助于提供栖息地和食物来源，从而支持本地野生动物的生存和繁殖。这对于维持生态平衡至关重要。

在选择和配置植物时，还要关注季节性和周期性变化。通过选择不同季节开花和落叶的植物，设计师可以确保景观在一年中的不同时间都保持活力。这种多样化的季节表现为设计增添了层次和动态性，使景观在四季中各有特色。

值得一提的是，水资源的管理也是设计的重要环节。合理配置耐旱植物和其他适应水资源状况的种类，可以减少灌溉需求，节约水资源。雨水花园和绿地设计可以帮助吸收和过滤雨水，减少水土流失。

在设计过程中，人类与自然的互动也是一个不可忽视的方面。通过巧妙运用植物，设计师可以为人们创造舒适的休闲空间，提高生活质量。例如，提供遮荫区域和隐私屏障可以提升户外活动的体验。

1. 地区适应性

地区适应性在植物配置与景观设计中起着至关重要的作用。为实现最佳效果，设计师需要充分考虑所在地区的自然环境特征，包括气候、土壤和地形等因素。这些特性将直接影响植物的生长和发育，因此应作为规划的基础。

了解地区的气候条件至关重要，因为它决定了植物的生长周期和生存能力。不同地区的温度、降雨量和阳光照射时间各不相同，因此选择适应这些条件的植物品种是至关重要的。选择本地原生植物通常是一个明智的选择，因为它们已经适应了当地的环境。

与气候相关的还有土壤特性。不同地区的土壤类型差异很大，包括质地、pH 值和养分含量等方面。这些因素将影响植物对土壤的适应性和对养分的需求。因此，在设计中选择适合当地土壤特性的植物是关键。

地形的变化也会对植物配置和景观设计产生重大影响。山地、丘陵、平原和湿地等不同地形对设计提出了不同的挑战和机会。通过结合地形特征，可以创造出富有变化和层次感的景观设计。

选择适应当地环境的植物种类不仅有助于维护生态系统的稳定性，还能降低维护成本。选择本地植物可以减少对人工灌溉和施肥的需求，因为它们已经适应了当地的水资源和养分状况。这样可以实现更加可持续的景观设计。

植物配置不仅要考虑个体植物的适应性，还需要关注其在整体设计中的角色。通过合理搭配植物的颜色、形态和高度，可以创造出和谐的视觉效果。多样化的植物配置还可以提高生物多样性，为野生动物提供栖息地。

在景观设计中，水资源管理是一个重要的考虑因素。通过利用雨水收集和利用系统，可以有效地降低用水量。合理规划水体和湿地可以增强景观的生态功能，并增加视觉吸引力。

为适应地区环境的设计还需要关注路径和人行道的规划。通过合理设计通行路线，可以减少对自然环境的干扰，保护植物和土壤。确保景观设计中的设施与自然环境相协调，以创造和谐的整体氛围。

对当地文化和历史的尊重也是地区适应性设计的一个方面。通过了解地区的传统和文化遗产，可以在设计中融入当地元素，增强设计的独特性和归属感。这有助于创造出有意义和受欢迎的景观空间。

在景观设计中考虑当地野生动物的需求，可以进一步增强地区适应性。通过选择能够提供食物和栖息地的植物，可以吸引多样化的野生动物，提高景观的生态价值。这也有助于营造与自然和谐相处的环境。

2. 生长习性

在景观设计中，充分了解植物的生长习性是成功配置和设计的关键。每种植物都有其独特的生长习性，包括生长速度、最终大小、形态、根系结构、耐旱性等。这些习性直接影响到植物在设计中的应用，以及其与其他植物的搭配方式。

植物的生长速度是设计师需要考虑的一个重要因素。快速生长的植物可以在短时间内填充空白区域，形成完整的景观效果。然而，这些植物可能需要更多的维护和管理，以防止过度生长导致其他植物被遮蔽或挤压。因此，在选择快速生长的植物时，应考虑其与其他植物的相容性，以及所需的维护工作。

另一个方面是植物的最终大小和形态。这些特性决定了植物在景观中的空间占用情况。设计师需要根据植物的成熟大小来规划种植区域，以确保足够的空间供其生长。如果植物最终的形态过于庞大，可能会影响其他植物的生长，甚至影响整个景观的布局。

植物的根系结构也对其配置产生重要影响。深根植物可以有效利用地下水资源，提高抗旱性，而浅根植物则更适合在水源充足的区域生长。通过合理搭配不同根系结构的植物，可以优化景观的水资源利用，提高整个设计的可持续性。

在景观设计中，耐旱性是一个重要的考量因素。耐旱植物在干燥环境中具有优势，可以减少灌溉需求，提高设计的环境友好性。这些植物通常适应性强，能够在不同土壤和气候条件下生长。设计师可以将耐旱植物与其他植物混合配置，形成多样化的景观。

植物的光照需求也对其配置产生影响。根据植物对光照的需求程度，设计师可以将阳光充足的区域与阴凉区域合理搭配。在阳光充足的区域，选择喜欢阳光的植物，而在阴凉区域则选择耐阴植物。这样的配置不仅能满足植物的生长需求，还能创造出丰富多样的景观效果。

了解植物的花期和结果期也有助于景观设计的丰富性。通过选择不同花期的植物，设计师可以确保整个季节都有花卉开放，增加景观的色彩和趣味。植物的结果期也可以吸引野生动物，增加景观的生态价值。

从生物多样性的角度出发，合理配置不同习性的植物有助于提高景观设计的生态功能。通过引入多样化的植物种类，可以支持更多的生物栖息地，促进生态系统的稳定和健康。设计师应尽量选择本土植物，避免引入可能对生态系统造成破坏的外来物种。

考虑植物的相互作用对景观设计的成功至关重要。不同植物之间可能存在竞争、互利或共生关系，这些关系会影响其生长和存活。设计师需要根据这些相互作用合理搭配植物，以确保各个植物在景观中能够相互支持，共同繁荣。

第四节 植物用途与功能性选择

一、园林植物的主要用途

(一) 食用植物

食用植物是人类赖以生存的重要食物来源。它们包括蔬菜、水果、谷物、豆类、坚果等,这些植物提供了丰富的营养,如维生素、矿物质和纤维等。通过种植食用植物,人们可以自给自足,提高饮食的健康性和新鲜度。种植食用植物还能促进农业发展,提高农民的经济收入。

与此食用植物在城市和家庭园艺中也逐渐流行。人们在自家庭院、社区花园等地种植食用植物,不仅可以获得新鲜的食材,还能促进人与自然的联系。这种城市农业的发展有助于提升居民的生活质量,增强对食物来源和生态环境的认识。

在农业和经济方面,食用植物也是重要的产业。农业生产为人们提供了大量的就业机会和经济收益。通过发展农业科技和提高种植技术,食用植物产业能够不断增长,为全球粮食安全做出贡献。与此农业研究还在不断努力提高食用植物的产量和抗逆性,以适应气候变化和环境压力。

另一方面,园林植物在景观设计和美化环境中发挥着关键作用。它们包括树木、灌木、草本植物、花卉等,通过巧妙的配置和设计,园林植物可以营造出独特的景观效果。无论是在公共公园、城市绿地还是私人花园,园林植物都能增添色彩和层次,为人们提供美丽的自然环境。

除了美学价值,园林植物还具有环境保护的功能。它们可以吸收二氧化碳,释放氧气,从而改善空气质量。园林植物的根系还能起到防止土壤侵蚀、增加土壤肥力的作用。这些功能对城市生态环境的稳定和可持续发展至关重要。

园林植物在城市规划中也具有重要作用。通过合理的绿化和植被设计,城市可以创建出舒适、宜人的生活环境。园林植物可以降低城市热岛效应,改善城市气候,同时为人们提供休闲和放松的场所。

1. 蔬菜

从饮食角度看,蔬菜是我们获取维生素、矿物质和纤维等营养素的重要来源。它们是日常膳食中的基本组成部分,有助于维持健康的消化系统和增强免疫力。不同种类的蔬菜在口味、质地和营养成分上各有千秋,为我们提供了丰富的饮食选择。

蔬菜不仅为人们提供食物,还可以通过种植在家庭花园中为家庭带来经济效益。自给自足的蔬菜种植减少了对市场蔬菜的依赖,并且可以确保食物的新鲜度。对于有兴趣种植蔬菜的人来说,这也是一种放松身心的活动,有助于减轻压力。

另一方面,园林植物在景观美化方面发挥着重要作用。它们通过多样化的色彩、形态和纹理为户外空间增添了视觉吸引力。巧妙的植物搭配可以创造出层次丰富、景色迷人的花园和公共空间。这些美丽的场所为人们提供了休闲、娱乐和社交的场所。

除了美化环境外，园林植物还在生态保护中起到关键作用。它们能够净化空气、吸收二氧化碳和过滤雨水，改善整体环境质量。通过种植适应当地生态系统的原生植物，我们可以增加生物多样性，为野生动物提供栖息地和食物来源。

在水资源管理方面，园林植物也有重要贡献。耐旱植物可以减少对水的需求，从而节约宝贵的水资源。雨水花园和湿地植物可以帮助吸收和过滤雨水，防止水土流失并保护水体质量。这在城市和农村地区都具有重要意义。

园林植物在心理健康方面的益处也是值得一提的。与自然接触有助于减轻压力、焦虑和抑郁。通过在家庭花园或公共绿地中种植园林植物，人们可以获得与自然接触的机会，改善身心健康。园林疗法已被证明对某些心理健康问题有积极作用。

园林植物在遮荫、保护私隐和减少噪音方面也具有实际用途。通过合理配置植物，设计师可以创造出舒适的户外环境，提供更好的休闲体验。植物屏障可以有效隔离噪音，为居民提供宁静的生活空间。

2. 水果

水果园林植物在园林设计和景观规划中扮演着多重角色，不仅提供美观的景观效果，还能为人类和野生动物提供营养和食物来源。通过了解水果园林植物的主要用途，可以更好地在设计中利用这些植物。

水果园林植物在景观设计中具有装饰作用。许多水果树种和灌木品种因其多样化的叶色、花色和果实色彩而备受青睐。例如，樱桃树、苹果树和柑橘树在开花季节展示出美丽的花朵，而在结果期则呈现出丰富的色彩。这种视觉上的多样性为景观增添了生动的色彩和层次。

水果园林植物还可以在景观中营造季节性的变化。通过选择不同果实成熟期的品种，可以在一年四季中保持持续不断的景观变化。例如，樱桃和杏在春季成熟，而苹果和梨则在秋季成熟。这种季节性的变化增加了景观的动态性和吸引力。

除了美学价值，水果园林植物在景观设计中还提供食物来源。许多水果树和灌木的果实可以供人类食用，为家庭和社区提供健康的食材。这种"食用景观"的理念受到越来越多的关注，旨在将景观与食品生产结合起来，为人们提供实用和可持续的设计选择。

这些植物还为野生动物提供重要的栖息地和食物来源。果实是许多鸟类和哺乳动物的主要食物来源，因此在景观设计中引入水果园林植物可以吸引多样化的野生动物，提高生物多样性。通过提供安全的栖息地和食物，可以支持野生动物的繁殖和生存。

水果园林植物在环境保护和生态恢复中也发挥着积极作用。它们可以帮助改善土壤质量，通过根系吸收养分和水分，并提供防风和防侵蚀的保护。这些植物可以作为碳汇，吸收二氧化碳，有助于缓解气候变化的影响。

在景观设计中，水果园林植物可以用作遮荫和风障。它们的叶子和树冠提供了自然的遮荫，减少了阳光直射，从而降低了夏季的高温。这些植物还可以作为风障，保护建筑和其他植物免受强风的侵袭。

与其他植物结合，水果园林植物可以形成混合种植，为景观提供丰富的生态系统。通过与草本植物、灌木和其他树种的搭配，可以创造出多样化的景观，增强整体生态价值。这种混合种植还可以增加景观的生物多样性和抗性。

水果园林植物在景观设计中还可以用作界定空间的元素。例如，利用果树作为自然屏障，可以划分景观中的不同区域，提供私密性和结构感。这种界定空间的方式可以创造出更有组织的景观布局。

在规划水果园林植物时，应考虑它们的养护需求。合理的修剪、浇水和施肥可以确保这些植物健康生长，并提高果实产量。通过了解不同水果树种的养护需求，可以确保它们在景观中长久繁荣。

(二) 药用植物

药用植物在传统医学和现代医学中都具有重要地位。许多药用植物含有活性成分，被用于治疗各种疾病和症状。这些植物通常是传统药物的来源，如中草药和阿育吠陀药物。现代制药业也从药用植物中提取化学成分，用于开发新的药物。

从保健角度看，药用植物被广泛用于制作保健品和食品补充剂。人们通过摄取这些植物制品，可以预防疾病、提高免疫力和改善身体健康。例如，某些药用植物可以用来调节血压、降低胆固醇或增强消化系统。

与此园林植物在美化环境和改善人类生活质量方面起着关键作用。这些植物为城市和乡村提供了绿化空间，帮助净化空气，降低城市热岛效应。通过合理配置园林植物，设计师可以创造出美丽的景观，为人们提供休闲、娱乐和社交的场所。

园林植物还在保护土壤和水源方面发挥着重要作用。它们的根系有助于保持土壤稳定，防止侵蚀。园林植物的植被覆盖可以减少地表水分蒸发，提高水资源的利用效率。这些植物在雨水收集和过滤过程中也起到积极作用。

在生态保护方面，园林植物为野生动物提供了重要的栖息地和食物来源。通过种植本土植物，景观设计师可以支持本地生物多样性，维护生态系统的稳定性。园林植物还可以作为生物廊道，连接不同的生态区域，为野生动物提供迁徙和生存的通道。

从文化和审美角度看，园林植物在传承文化和艺术方面具有重要作用。许多传统园林设计中都融入了特定的植物，如中国园林中的梅、竹、松或日本园林中的樱花。这些植物不仅在审美上具有象征意义，还体现了文化价值。

药用植物和园林植物在经济发展中也具有显著作用。药用植物的种植和加工产业为许多地区提供了就业机会和经济收入。同样，园林植物的种植和维护也为园艺行业创造了大量就业机会。观赏植物的销售和园林设计服务也为经济带来了显著的贡献。

在教育和科研领域，药用植物和园林植物为研究人员提供了丰富的资源。通过研究这些植物的生理、生化特性，以及它们在不同环境下的生长情况，科学家们可以为农业、药物研发和生态保护提供重要的见解。

这些植物在社会和心理健康方面也有积极的影响。人们在花园或绿地中活动可以减轻压力、改善情绪。这些植物还可以促进社会互动，增强社区凝聚力。通过参与园艺活动，人们可以获得成就感和满足感，提高生活质量。

1. 中草药

中草药是中医药学的重要组成部分。它们包括各种植物的根、茎、叶、花、果实等部分，具有独特的药用价值。中草药在预防和治疗疾病方面发挥着显著作用，被广泛应用于中医药学。通过研究和利用中草药的药理作用，人们可以有效缓解症状，提高身体的免疫力。

中草药在保健和养生方面也有重要用途。很多中草药具有滋补、调理身体机能的作用，可以帮助人们维持健康平衡。例如，枸杞、当归、人参等中草药常被用于滋补身体，提高体质。这些中草药的应用在传统医学和现代保健领域都有着广泛的前景。

再者，中草药在化妆品和美容领域也有应用。许多中草药提取物被用于制造护肤品、洗发水、面膜等美容产品。这些中草药成分具有抗氧化、抗炎、保湿等功效，有助于改善皮肤和头发的状态。这些天然成分通常对皮肤较为温和，对人体无害。

在园林植物方面，它们在景观美化和生态保护中发挥着关键作用。通过巧妙地设计和配置园林植物，可以营造出美丽的自然环境。不同类型的园林植物，如花卉、灌木、树木等，形成丰富多样的景观，为人们提供视觉享受和休闲场所。

与此园林植物在环境保护方面有重要贡献。它们可以吸收二氧化碳，释放氧气，净化空气。园林植物还能改善土壤质量，防止水土流失，保护生物多样性。这些功能对城市生态环境的稳定和可持续发展至关重要。

园林植物在城市规划和绿化中也起着重要作用。通过合理的植被设计和布局，城市可以创造出宜居的生态环境。园林植物不仅能够调节城市气候，降低热岛效应，还可以为人们提供休闲、娱乐和教育的空间。

中草药和园林植物在我们的生活中发挥着多方面的作用。中草药在医学、保健和美容领域具有重要价值，而园林植物在景观设计和环境保护中起着关键作用。通过科学合理地利用这些资源，我们可以实现健康保健和生态可持续发展的目标。

2. 现代医药中的植物成分

现代医药中的植物成分是许多药物的关键来源。许多传统药用植物被用于提取活性化合物，这些化合物被用于治疗各种疾病。例如，紫杉醇是一种来自紫杉树的化合物，被广泛用于治疗癌症。秋水仙碱、青蒿素等重要药物都源自于植物。这些植物化合物常常具有强大的药理活性，对治疗多种疾病有显著效果。

在新药研发中，植物成分也提供了广阔的前景。科学家们正在研究各种植物提取物，以寻找新的治疗方法和药物。植物的多样性和丰富性为药物研发提供了大量可能的候选化合物。这种研究不仅能够发现新的药物，还可以为现有药物的改进和优化提供依据。

植物成分在传统医学和民间疗法中扮演着重要角色。许多传统医学系统，如中医、阿育吠陀和本草学，都是基于植物成分的药用特性。尽管这些疗法的有效性有时受到质疑，但它们在许多文化中仍然受到重视。

园林植物在景观美化方面同样具有重要的作用。通过选择不同种类的花草树木，设计师可以创造出富有层次和变化的景观。这些植物不仅为空间增添了色彩和质感，还为人们提供了休憩和娱乐的场所。精心设计的花园可以成为人们放松身心的好去处。

在生态保护方面，园林植物通过净化空气、吸收二氧化碳和过滤水分，起到了积极的作用。它们还为城市地区提供了凉爽的庇护所，降低了城市热岛效应。通过增加绿色空间，城市居民可以享受到更舒适和健康的生活环境。

园林植物也在促进生物多样性方面发挥着重要作用。通过种植本地原生植物，设计师可以为野生动物提供栖息地和食物来源。这有助于保护本地生态系统和维持生态平衡。与自然共存对保护环境和生物多样性至关重要。

值得注意的是,园林植物还可以为人类提供心理健康方面的益处。接触自然环境和参与园艺活动有助于减轻压力和焦虑,提升整体幸福感。城市绿地为居民提供了亲近自然的机会,对心理健康有积极影响。

在抗灾减灾方面,园林植物也发挥着关键作用。通过合理配置植物,城市可以更好地应对极端天气事件,如暴雨和洪水。绿地能够缓解雨水径流,减少洪涝灾害。

现代医药中的植物成分和园林植物的用途在许多方面对人类社会产生了积极影响。它们不仅为医疗和保健领域提供了重要的资源,还在景观美化、生态保护和提高人类福祉方面发挥着重要作用。通过科学研究和合理管理,我们可以充分利用这些宝贵的资源,为人类创造更美好的未来。

二、园林植物功能性选择与应用

(一)适应性与耐性选择

1. 耐旱植物

耐旱植物在园林设计中具有重要的功能性选择和应用。它们能够在低水环境中生长,为景观提供美观、持久和生态友好的元素。在设计中合理应用耐旱植物,不仅有助于减少用水量,还能增强景观的可持续性。

耐旱植物的主要特点是它们对水分需求较低,能够在干旱条件下存活。这些植物通过各种适应机制,如深根系、叶片小而厚、蜡质表皮等,降低了对水分的需求。在选择耐旱植物时,要考虑当地的气候和土壤条件,以确保它们能够在特定环境中茁壮成长。

这些植物在景观设计中提供了多样化的美学选择。许多耐旱植物拥有独特的形态、叶色和花色,为景观增添视觉吸引力。例如,仙人掌、肉质植物和薰衣草等在干旱环境下表现出色。这些植物可以与其他种类搭配,创造出丰富多样的景观效果。

耐旱植物在降低维护成本方面具有显著优势。由于它们对水分和养分的需求较低,因此减少了浇水和施肥的频率。这不仅节省了时间和资源,还减少了对环境的影响。这些植物的耐旱特性使它们在炎热的季节表现稳定,不易枯萎。

在选择耐旱植物时,要关注它们对土壤和阳光的需求。不同品种的耐旱植物对土壤质地和pH值的适应性各不相同。因此,在设计中选择适合当地土壤条件的植物是至关重要的。同样地,这些植物对阳光的需求也有差异,需要根据场地的光照情况进行选择。

耐旱植物在生态恢复和环境保护中发挥着积极作用。它们有助于保持土壤稳定,防止土壤侵蚀。这些植物可以作为碳汇,吸收二氧化碳,有助于缓解气候变化的影响。通过合理应用耐旱植物,可以增强景观的生态功能。

在城市环境中,耐旱植物可以为绿地和公共空间提供重要的绿化元素。它们在城市绿化中表现出色,耐受污染和恶劣环境,为城市居民提供绿色和健康的休闲场所。这些植物在屋顶花园和垂直绿化中也发挥着重要作用。

与其他类型的植物结合,耐旱植物可以形成丰富的生态系统。通过与花卉、草本植物和灌木的搭配,可以创造出多样化的景观,增强整体生态价值。这种混合种植还可以提高景观的生物多样性和抗性。

耐旱植物在景观设计中可以用于界定空间和营造私密性。例如，利用耐旱灌木作为自然屏障，可以划分景观中的不同区域，提供私密性和结构感。这种界定空间的方式可以创造出更有组织的景观布局。

耐旱植物的选择和应用不仅限于传统的花园设计。在现代景观设计中，这些植物还可以用于创意设计，如干旱花园、石景花园和景观雕塑。通过创新的设计，耐旱植物可以为景观增添独特性和艺术感。

2. 耐寒植物

耐寒植物在园林设计和功能性应用中扮演着重要角色。由于其耐寒能力，这些植物可以在寒冷地区生长，为景观设计提供广泛的选择。这些植物在多方面发挥作用，包括美化环境、改善生态系统以及提高园林的功能性。

在园林设计中，耐寒植物可以增加景观的多样性和季节性。通过选择不同种类的耐寒植物，设计师可以确保在不同季节都能保持景观的美丽。比如，常绿耐寒植物在冬季提供持久的绿意，而一些耐寒落叶植物在春季和夏季带来鲜艳的色彩。这种多样性使得景观更加生动。

耐寒植物在抵御恶劣天气方面展现出强大的能力。它们能够适应低温、霜冻和冰雪覆盖等极端环境。这种适应性不仅使它们在寒冷地区生长得更好，还降低了对外部维护和保护的需求，从而减少了园林管理的成本。

耐寒植物在土壤保护和水分保持方面也发挥着关键作用。这些植物的根系可以帮助稳定土壤，减少侵蚀，特别是在冬季冰雪融化期间。它们的植被覆盖可以减少水分蒸发，保持土壤的湿度，为其他植物提供良好的生长条件。

耐寒植物在生态系统中也有重要的功能。它们为野生动物提供了重要的栖息地和食物来源。许多鸟类和哺乳动物依赖这些植物在冬季获得食物和庇护。这些植物还支持本地生物多样性，维持生态系统的平衡和健康。

在园林设计的功能性应用中，耐寒植物可以用于创建风障和隔音屏障。这些植物的茂密叶片和强壮结构可以有效减缓寒风，保护建筑物和其他植物不受寒冷和强风的影响。它们还能减弱噪音污染，为人们提供更安静的生活环境。

耐寒植物在装饰和美化方面也有广泛的应用。它们可以用来营造独特的冬季景观，增加景观的视觉吸引力。例如，耐寒灌木可以被修剪成各种形状，成为花园中的亮点。一些耐寒植物的鲜艳花朵和独特叶片可以为寒冷季节增添色彩。

在选择耐寒植物时，设计师需要综合考虑多个因素，包括植物的生长习性、土壤需求、光照要求和水分需求。通过了解这些特性，设计师可以选择最适合特定地区和环境的耐寒植物，从而优化景观设计。

耐寒植物的应用还可以支持可持续的园林管理。由于这些植物对寒冷环境的适应性，它们通常需要较少的维护，如灌溉和修剪。这不仅降低了管理成本，还减少了对资源的消耗，为生态友好型设计提供了选择。

耐寒植物在教育和科研领域也有重要意义。通过研究它们的适应机制和生理特性，科学家们可以深入了解植物对低温环境的适应策略。这些知识可以应用于农业和园林业，提高耐寒植物的栽培技术。

(二) 生态功能选择

1. 固碳减排

园林植物在固碳减排中扮演着重要的角色。它们通过光合作用吸收二氧化碳，并将其转化为氧气和有机物。这种过程不仅有助于降低大气中的二氧化碳浓度，还可以为环境提供新鲜的空气。园林植物的根系还能够增加土壤中的碳储量，从而进一步减少碳排放。

选择合适的园林植物对固碳减排至关重要。不同种类的植物在吸收二氧化碳和储存碳方面表现各异。高效的固碳植物通常具有快速生长、茂密叶片以及深根系等特性。通过选择这些植物种类，并根据气候和土壤条件进行合理种植，可以最大化园林植物的固碳减排效果。

与此园林植物在城市绿化中起着关键作用。通过在城市中种植大量树木、灌木和草本植物，可以有效降低城市热岛效应。园林植物的蒸腾作用和遮荫效果可以降低城市的温度，从而减少空调等冷却设备的使用，降低能源消耗和碳排放。

园林植物在水资源管理中也有贡献。它们的根系可以增加土壤的吸水和保水能力，减缓雨水径流，减少洪涝风险。这种功能有助于保护城市的基础设施和居民安全，并促进水资源的可持续利用。

在景观设计中，合理的园林植物配置可以起到调节微气候的作用。通过科学的设计和布局，园林植物可以有效地改善局部气候条件，提供舒适的环境。这种设计可以包括树木的排列、灌木的布置以及草本植物的覆盖，从而最大限度地发挥园林植物的功能性。

园林植物在提高生物多样性方面也有重要作用。通过种植多样化的植物种类，可以为野生动物提供栖息地和食物来源，促进生态系统的健康。这种生物多样性的增加有助于提高生态环境的稳定性和抗逆性。

园林植物在教育和公众意识方面也发挥着重要作用。通过在公共场所和学校种植功能性园林植物，可以向公众传播环保和固碳减排的知识，提高人们对环境保护的意识。这种教育和意识提升有助于全社会共同努力，推动可持续发展的目标。

园林植物在固碳减排中具有多方面的功能和应用。通过科学合理的选择和设计，园林植物可以帮助降低二氧化碳排放，改善城市气候和生态环境。园林植物在水资源管理、生物多样性保护和公众教育方面也有积极贡献。因此，在应对气候变化和实现可持续发展目标的过程中，园林植物的功能性选择与应用是不可或缺的。

2. 水土保持

选择适应当地生态条件的植物对于水土保持至关重要。原生植物通常具有较强的适应性，它们的根系结构可以牢固固定土壤，减少水土流失。通过选择适合当地气候和土壤的原生植物，设计师能够更有效地进行水土保持。

根系深厚的植物在防止土壤侵蚀方面发挥着重要作用。这些植物的根系可以深入土壤，将其牢固地固定在一起。深根植物，如树木和灌木，尤其适合在陡坡和河岸等容易受侵蚀的地区种植。这些植物不仅能减缓雨水径流，还能保护土壤免受冲刷。

另一方面，草本植物也在水土保持中扮演着重要角色。密集生长的草本植物可以覆盖地面，减少降雨对土壤的冲击。这有助于保持土壤的结构和养分，防止土壤流失。草本植物还可以通过吸收水分，减缓地表径流。

在湿地环境中，湿地植物的选择和应用至关重要。湿地植物具有很强的水分调节能力，可以有效吸收和过滤雨水。这些植物在湿地地区种植，可以帮助减少洪水风险，保持水资源质量。湿地植物还为野生动物提供栖息地，增加生态系统的多样性。

园林植物的功能性选择还可以通过植被缓冲区来保护水体。通过在河流、湖泊和其他水体周围种植植物，设计师可以创建植被缓冲区。这些缓冲区能够过滤径流中的污染物，减少水体污染，对水质保护具有重要意义。

在农业领域，园林植物的功能性选择也有助于水土保持。种植覆盖作物和间作植物可以减少土壤裸露，从而降低水土流失的风险。农田周围的防风林和护坡植物还可以防止土壤侵蚀和保护农田。

城市地区的水土保持同样重要。通过在城市绿地和公园中种植园林植物，城市可以有效管理雨水径流。雨水花园和绿色屋顶等设计可以吸收和过滤雨水，缓解城市洪涝问题。这些植物系统不仅有助于水资源管理，还为城市居民提供休闲和娱乐的场所。

园林植物在景观设计中也发挥着重要作用，通过功能性选择，可以改善生态环境。选择耐旱植物和适应当地条件的种类可以降低维护成本，节约水资源。多样化的植物配置可以增强生物多样性，创造更丰富的生态系统。

值得注意的是，园林植物在恢复被破坏的生态系统方面也具有重要作用。通过重新种植植物，恢复植被覆盖，可以帮助恢复土壤结构，促进水土保持。这个过程对于修复被侵蚀的土地和保护自然资源至关重要。

第四章　园林植物的繁殖与育苗技术

第一节　栽培植物的繁殖方式

一、分株繁殖

(一) 根茎分株

根茎分株是通过将一株成熟的植物分割成多个部分，每个部分都包含根、茎和芽点。这些分割出来的小株具有独立生长的能力，能够形成新的植物个体。这种繁殖方式在许多草本植物、灌木和多年生花卉中广泛应用。

在选择进行根茎分株繁殖时，要注意选择健康、无病害的母株作为繁殖材料。母株的健康状况直接影响分株的成活率和生长潜力。通过选择强壮的母株，可以提高分株繁殖的成功率。

根茎分株繁殖的过程通常涉及将母株从土壤中移出，然后小心分割。分割时要确保每个分株都保留足够的根系和芽点，这样它们才能在新的环境中迅速生长。分割后的分株可以直接种植在新的土壤中。

这种繁殖方式的一个优势是可以快速获得大量新的植物个体。与种子繁殖相比，根茎分株繁殖可以更快地得到成熟的植株，因为分株本身已经是一个成熟的个体。分株繁殖可以保持母株的特性，如花色和叶形，这对栽培优良品种尤为重要。

根茎分株在园艺和农业中有着广泛的应用。例如，在花卉栽培中，许多多年生花卉可以通过根茎分株来繁殖，如鸢尾、菊花和百合等。同样地，在农业中，某些作物如草莓和薯类植物也可以通过这种方式进行繁殖。

在根茎分株繁殖后，要注意对分株进行适当的护理。新种植的分株需要保持土壤湿润，以促进根系的生长和定植。要避免在强烈阳光下暴晒，以防止幼苗受到伤害。

分株繁殖还可以用于更新老化的植物群落。通过分割老化的母株，可以促进新的生长，延长植物的寿命。这种方式在保持植物的活力和健康方面具有重要作用。

在商业园艺中，根茎分株繁殖是常见的繁殖方式之一。它可以快速生产大量具有相同特性的植物，满足市场需求。这种繁殖方式相对简单，成本低，适合大规模生产。

根茎分株的一个重要应用是维持植物的遗传稳定性。通过分割母株来繁殖，可以保持母株的遗传特性，确保新植株与母株一致。这对保护和繁殖珍稀或珍贵品种尤为重要。

在分株繁殖中，要注意防止传播病害。在分割过程中，应使用干净的工具，避免将病原体传染给分株。应定期检查分株的健康状况，及时采取措施防治病害。

（二）地下茎分株

地下茎是分株繁殖的常见方式之一。许多植物通过地下茎生长，在土壤中扩展根系。这些地下茎可以被切割成若干部分，每个部分通常带有芽和根。将这些分割的部分重新栽种，可以产生新的植株。地下茎植物如姜、竹子和菊花通常通过这种方式繁殖。

分株繁殖的一个主要优势是保持亲本特性的稳定性。由于新的植株直接来源于亲本的一部分，因此它们保留了亲本的所有遗传特性。这意味着分株繁殖产生的植株在生长习性、花期和抗性方面与亲本相同。这对希望保持特定植物特性的人来说非常有用。

分株繁殖操作相对简单，适合初学者和专业园艺师。只需小心切割地下茎或根块，然后将分割的部分重新栽种在土壤中。这个过程通常不需要复杂的技术或设备，适合在家庭花园和专业农场中使用。

分株繁殖还可以加速繁殖速度。在一定时间内，分株繁殖可以产生多个新的植株。这对于希望在短时间内增加植物数量的人来说是一个有效的方法。分株繁殖通常比种子繁殖更快，因为分株已经具备根系和芽点，可以立即开始生长。

在分株繁殖过程中，选择合适的时机和方法至关重要。通常，最佳时机是在植物休眠期或生长旺盛期进行分割。这样可以减少对亲本的伤害，并增加新的植株成活的机会。对于地下茎植物，选择健康、强壮的部分进行分割尤为重要。

分株繁殖也有一些注意事项。切割工具需要消毒，以防止将病菌传染给新的植株。在重新栽种时，要确保分割的部分有足够的根系和芽点，这样才能更好地生长。新的植株在定植后需要适当的浇水和照顾，以确保其顺利生长。

分株繁殖在农业生产中也有重要应用。许多经济作物，如马铃薯和甘薯，通过分株繁殖获得高产。这些作物的地下茎部分可以被切割成块，然后重新栽种，以产生新的作物。分株繁殖在农业上具有广泛的实用性。

分株繁殖在园林设计中也发挥着重要作用。通过这种繁殖方式，设计师可以快速增加特定植物的数量，形成丰富多样的景观。例如，分株繁殖可以用于创建草地、花坛或树篱，为景观增加层次和美感。

从经济角度看，分株繁殖可以降低植物购买和引进成本。通过自己繁殖植物，人们可以节约购买新植物的费用。这种方式也可以减少对自然资源的依赖，促进可持续发展。

（三）根状茎分株

一方面，根状茎分株繁殖的原理基于植物的根状茎特性。根状茎是植物地下生长的一种茎，通常呈横向生长，具有节和芽。每个节都可以发出新的芽和根，从而形成新的植株。通过将根状茎切割成多个部分，每个部分都保留一定数量的节和芽，这样可以促进新植株的生长。

在进行根状茎分株繁殖之前，首先要选择健康、无病害的母株。这是确保新植株生长健壮的重要前提。需要用锋利的工具将根状茎切割成多个部分。每个部分都应该包含至少一个节和芽，以便在重新种植时能够生长出新的植株。

根状茎分株繁殖的操作步骤相对简单。在适合的季节（通常是春季或秋季），选择一个合适的地点进行繁殖。将根状茎从母株上分割下来,并切割成多个部分。将每个部分种植在准备好的土壤中,保持适当的间距。浇水并保持土壤湿润,以促进新植株的生长。

与此根状茎分株繁殖具有许多优点。它能够保持母株的遗传特性,确保新植株具有与母株相同的特征。这对于一些特定品种的植物非常重要。根状茎分株繁殖可以加速植物的繁殖速度,提高生产效率。这种繁殖方式通常较为经济实惠,不需要特殊设备或技术。

在园艺和农业领域,根状茎分株繁殖被广泛应用于多种植物,如生姜、芦荟、芍药、百合等。这些植物的根状茎都具有良好的繁殖能力,通过分株繁殖可以快速扩展种植规模。根状茎分株繁殖还可以用于一些珍稀或濒危植物的保护和繁殖。

然而,根状茎分株繁殖也有一些需要注意的事项。切割工具要保持清洁,以避免传播病害。切割的根状茎部分要及时种植,以防止干燥和受损。分株繁殖后需要及时浇水和养护,以确保新植株的健康生长。

二、人工无性繁殖

(一) 切花生产

人工无性繁殖是保持切花植物特性的一种关键方法。这种繁殖方式允许生产者从优质母株中获取新植株,从而保持切花的颜色、形态和其他特征。这对于确保切花产品的质量和一致性至关重要,使得生产者能够满足市场需求。

不同的人工无性繁殖技术提供了多种选择。扦插是一种常见的技术,通过从母株上剪下枝条或叶片,并将其插入生根介质中进行培育。这种方法简单、成本低,适用于许多切花种类。生产者可以选择嫩枝插、硬枝插或叶插等不同的扦插方式。

分株是一种将母株分成多个新植株的繁殖方式。这种方法常用于多年生植物,通过切割母株的根系和茎基部,得到多个独立的新株。这种方法有助于快速扩大切花种植面积,并且保持原始植株的特性。

组织培养是一种先进的人工无性繁殖技术。它涉及在无菌环境中,从母株的组织(例如芽或茎尖)中培养新植株。组织培养可以在短时间内生产大量植株,并且能够确保植株的健康和无病虫害。它对于大规模切花生产具有显著优势。

嫁接是一种将一个植株的部分(例如枝条或芽)连接到另一个植株上的方法。这种方法在切花生产中可以用来结合不同种类的植物,以实现特定的特性。例如,嫁接可以改善植株的耐寒性或抗病性,提高切花的质量。

分离和分球是其他两种常见的人工无性繁殖方法。分离适用于一些有匍匐茎或跑根的植物,通过分割这些根茎,生产者可以获得多个新植株。而分球适用于种球类植物,如郁金香或水仙,通过分割母球产生新球,从而扩大种植规模。

人工无性繁殖在切花生产中的另一个重要优势是减少了生物多样性带来的不确定性。通过克隆优质母株,生产者可以保持稳定的切花特性和质量。这有助于建立一个一致的产品线,满足客户的期望。

然而,人工无性繁殖也需要注意一些挑战。由于新植株与母株完全相同,可能导致种群中的基因多样性下降,从而增加病虫害爆发的风险。因此,生产者需要采取措施来保护和管理种群的健康。

在切花生产中，人工无性繁殖的应用离不开科学的管理和技术支持。生产者需要掌握不同繁殖方法的技术，并根据不同切花品种选择适合的繁殖方式。这有助于提高生产效率和切花的质量。

（二）扦插繁殖

扦插繁殖首先涉及选择适合的插穗，这通常包括茎、叶或根部分。插穗的选择应该基于健康、无病害的母株，以确保繁殖的成功率。常见的扦插种类包括茎插、叶插和根插。

在进行茎插时，通常选择成熟、但未老化的茎段。插穗应具有多个芽点，这样才能促进新的生长。在切割插穗时，要使用消毒的工具，以防止感染。切割后，可以选择将插穗插入适合的土壤或介质中。

叶插是另一种常见的扦插方式，尤其适用于某些多肉植物和室内观叶植物。在叶插中，选择健康的叶片，切割后将其插入土壤或介质中。叶插通常需要更多的耐心，因为叶片生根和发芽的速度可能较慢。

根插是一种相对较少见的扦插方式，但在某些植物中也可以应用。根插通常涉及选择根系的部分，将其切割成小段，然后插入土壤中。根插可能需要更多的经验和技巧，因为根系的处理比较复杂。

扦插繁殖的一个优势是可以快速获得大量新的植物个体。这种方式比种子繁殖更快，因为插穗本身已经是母株的一部分。新植株保持了母株的特性，如花色和叶形，这对保持优良品种尤为重要。

在扦插繁殖后，要注意对插穗进行适当的护理。插穗需要保持适度湿润，以促进生根。过度浇水可能导致插穗腐烂，因此要注意控制水分。插穗在最初的生长阶段要避免强烈的阳光暴晒，以防止干枯。

扦插繁殖在商业园艺中具有广泛的应用。例如，许多观赏植物和花卉通过扦插繁殖来生产，如玫瑰、杜鹃和茉莉等。这种方式能够快速生产大量具有相同特性的植物，满足市场需求。

在农业中，扦插繁殖也被用于繁殖水果和蔬菜，如葡萄、无花果和番茄。通过扦插繁殖，这些作物能够保持母株的特性，确保新植株在产量和品质上与母株一致。

扦插繁殖在保持植物的遗传稳定性方面发挥着重要作用。通过选择优良品种进行扦插，可以维持其优良特性，并避免因性状分离导致的品种退化。这对保护和繁殖珍稀或珍贵品种尤为重要。

在扦插繁殖中，要注意防止病害传播。在切割和处理插穗时，应使用消毒的工具，避免将病原体传染给插穗。应定期检查新植株的健康状况，及时采取措施防治病害。

（三）叶插繁殖

叶插繁殖的操作相对简单，只需选择健康的叶片进行切割，并将其插入适当的介质中即可。这种方式适合初学者和专业园艺师，因为所需的技术和设备较少。这使得叶插繁殖成为一种在家庭和商业环境中都可以广泛应用的繁殖方式。

在进行叶插繁殖时，选择健康、成熟的叶片是成功的关键。这些叶片应无损伤、病虫害，且具备足够的叶柄或叶脉，以支持新的根系和芽点的形成。切割工具需要清洁和消毒，以防止传播病菌。

将切割后的叶片插入适当的介质中，如沙子、泥炭土或蛭石。这些介质应具备良好的排水性和透气性，以防止叶片腐烂。在插入前，可以将叶片晾干一段时间，以促进愈合和减少感染风险。

在叶插繁殖过程中，保持适当的温度和湿度非常重要。一般来说，温暖、湿润的环境有助于新根系和芽点的生长。可以使用透明的塑料袋或小型温室来保持适当的湿度。避免直接阳光照射，以防止叶片过热或干燥。

叶插繁殖的优势之一是保持亲本特性的稳定性。由于新的植株直接来源于亲本的一部分，因此它们保留了亲本的所有遗传特性。这对希望保持特定植物特性的人来说非常有用，如多肉植物的独特形态或观叶植物的特殊花纹。

叶插繁殖可以快速增加植物数量。通过切割多个叶片并同时进行繁殖，园艺师可以在短时间内增加大量新的植株。这对于商业生产者来说是一个有效的繁殖方式，可以提高产量和经济效益。

叶插繁殖在园林设计中也具有重要应用。通过叶插繁殖，设计师可以快速获取大量特定种类的植物，用于装饰花坛、园艺小径或花园边界。这种方式可以帮助设计师实现设计方案，提高景观的美观度和多样性。

然而，叶插繁殖也有一些挑战。由于叶片本身没有根系，新的根系和芽点的形成需要一定的时间和条件。在此期间，叶片可能会因湿度不足或过度浇水而腐烂。因此，园艺师需要密切关注叶插的生长情况，及时调整环境条件。

不同种类的植物对叶插繁殖的适应性不同。一些植物容易通过叶插繁殖生成新的植株，而其他植物可能难以成功。因此，园艺师需要根据不同植物的生长特性，选择合适的繁殖方法和条件。

从经济角度看，叶插繁殖可以降低植物购买和引进成本。通过自己繁殖植物，园艺师和家庭园丁可以节约购买新植物的费用。这种方式也可以减少对自然资源的依赖，促进可持续发展。

第二节 种子繁殖技术

一、种子繁殖的基础

（一）种子的保存与贮藏

种子的保存与贮藏对于种子繁殖至关重要。通过合理的保存与贮藏，种子可以保持其活力和发芽能力，为未来的种植提供可靠的种源。对于农民和育种者来说，这意味着可以在不同季节或年限内保持种子的质量，确保农业生产的连续性和稳定性。

种子保存与贮藏在保护珍稀植物和农业品种方面也有重要作用。通过保存珍稀植物的种子，可以保护濒危物种，并为未来的保护和繁殖提供种源。在农业领域，保存传统或重要的农作物品种的种子可以保持农业多样性和遗传资源，为未来的农业发展提供选择。

在保存与贮藏种子时，需要遵循一些基本原则。种子的水分含量要控制在适当范围内。过高的水分含量会导致种子霉变和腐烂，而过低的水分含量则可能导致种子活力降低。一般来说，种子的含水量应保持在10%左右。

种子保存与贮藏的温度和湿度要适宜。较低的温度和湿度有助于延长种子的保存寿命。通常，种子保存的最佳温度为0至10摄氏度，湿度保持在20%至30%之间。在这些条件下，种子的发芽能力和活力可以得到最大程度的保持。

种子的保存环境要保持干燥、通风和避光。干燥的环境可以防止种子吸湿和发霉，通风有助于保持环境的清新，而避光可以避免种子受到光线的破坏。储存种子的容器应密封，以防止水分和空气进入。

在种子繁殖的基础上，了解种子的发芽过程和条件也是重要的一部分。种子的发芽通常需要适宜的温度、水分和氧气。不同种类的种子对发芽条件的要求各异，例如，有些种子需要光照才能发芽，而有些种子则需要黑暗环境。了解这些条件对于成功繁殖和种植至关重要。

种子繁殖的过程还包括选择优质种子、种子处理和种植方法。选择健康、完整的种子是成功繁殖的第一步。在种植前，可以通过浸泡、催芽等方式对种子进行处理，以提高发芽率和生长速度。种植方法应根据不同植物的特性进行选择，包括播种深度、间距和土壤条件等。

种子保存与贮藏以及种子繁殖的研究和发展将继续在农业生产和植物保育中发挥重要作用。通过科学合理的保存与贮藏方法，我们可以确保种子的质量和活力，为未来的种植和繁殖提供可靠保障。进一步研究和改进种子繁殖技术，有助于提高农业生产效率和生态可持续性。

（二）种子的休眠与破休

种子的休眠是一种生物学现象，种子在适宜的条件下仍然不萌发。这种状态有助于种子在不利的环境中保持存活，直到条件适宜为止。休眠机制有多种形式，包括生理休眠、物理休眠和化学休眠等。生理休眠是最常见的形式，涉及种子内部的生理过程，如激素平衡。

生理休眠是由种子内部的化学信号调节的。例如，生长激素赤霉素和休眠激素脱落酸的比例会影响种子的休眠状态。当脱落酸水平较高时，种子倾向于处于休眠状态，而赤霉素水平升高则有助于破除休眠。其他生化过程，如糖代谢和酶活性，也在生理休眠中起到重要作用。

物理休眠是指种子外部结构（如种皮）阻止水分和气体进入种子。这种类型的休眠通常存在于一些硬壳种子，如豆科植物和一些木本植物。物理休眠可以通过破损种皮、浸泡或冷冻处理等方法打破。

化学休眠是指种子中存在抑制萌发的化学物质。这些物质可能存在于种皮或胚胎周围，阻碍种子萌发。这种休眠通常通过水分的浸泡或化学处理来去除抑制物质，从而破除休眠。

种子的破休是种子从休眠状态转变为萌发状态的过程。破休的方式因种子的休眠类型不同而异。对于生理休眠，通常需要改变种子的内部激素水平。例如，通过赤霉素处理可以提高种子的萌发率。

物理休眠的破除通常通过机械或化学处理来软化种皮。机械处理包括划痕或磨损种皮，使水分和气体更容易进入。化学处理则包括使用硫酸或其他化学试剂腐蚀种皮。这些方法在农业和园艺实践中广泛应用。

化学休眠的破除通常涉及水分的吸收和浸泡过程。这有助于稀释或去除抑制萌发的化学物质。例如，通过在水中浸泡种子，可以去除一些抑制物质，促进种子萌发。

种子繁殖基础的关键在于了解不同种子的休眠和破休特性。不同植物的种子可能需要不同的处理方法才能打破休眠。生产者和种植者需要了解不同种类种子的特点，并根据这些特点选择合适的破休方法。

在农业和园艺中，科学的种子处理可以提高种子繁殖的成功率。通过了解种子的休眠机制和破休方法，生产者可以选择最有效的处理方式，确保种子在适宜的条件下迅速萌发。这不仅有助于提高产量，还可以降低种植风险。

破除休眠的技术在保护和恢复濒危植物种类方面也具有重要意义。通过掌握这些技术，科学家和保护工作者可以促进濒危植物种子的萌发和生长，从而增加这些植物种类的存活率。

二、种子繁殖技术概述

（一）播种盆栽

在选择合适的种子进行播种盆栽时，优先考虑新鲜、健康的种子。这些种子通常具有较高的发芽率和较强的生命力。选择合适的种子品种也很重要，应根据种植目标和环境条件进行选择。

种子播种前的准备工作至关重要。选择适当的播种介质，如土壤、堆肥或专用的种植介质，可以为种子的生长提供所需的养分和水分。确保介质疏松透气，以利于种子发芽和根系生长。

在选择播种容器时，要根据种子的大小和生长要求选择合适的大小和深度。常见的播种容器包括花盆、托盘和小碗。确保容器底部有排水孔，以防止积水导致种子腐烂。

播种盆栽的过程通常涉及将种子均匀地播撒在介质表面，或按照推荐的深度和间距埋入介质中。在播种后，轻轻覆盖一层薄土或介质，以保持种子湿润并保护它们免受阳光直射。

在播种完成后，及时浇水非常重要。确保种子和介质保持适度湿润，以促进发芽。但要避免过度浇水，以免导致种子腐烂或抑制生长。使用喷雾器浇水可以更均匀地分布水分。

种子在发芽过程中需要适当的温度和光照条件。根据种子的类型和生长需求，调整环境温度和光照强度。使用温室或保温罩可以帮助保持适宜的温度，促进种子的发芽。

一旦种子发芽，幼苗需要更多的光照和养分才能健康生长。提供足够的阳光和适量的肥料可以促进幼苗的生长和发育。在供给肥料时，遵循产品说明的用量，以免过度施肥。

随着幼苗的生长，适时进行移植是必要的。幼苗在生长过程中可能需要更多的空间和营养，因此将它们移植到更大的容器或花园中有助于它们继续健康生长。在移植过程中要小心处理幼苗的根系，以避免损伤。

种子繁殖技术在保护和保存珍稀植物中发挥着重要作用。通过播种盆栽，可以保留珍稀植物的种子，并确保它们在安全的环境中发芽和生长。这对保护和恢复濒危物种具有重要意义。

在商业园艺和农业中，播种盆栽技术常常用于大规模生产。通过控制环境条件和生长周期，可以提高种子的发芽率和幼苗的质量。这种方式在生产观赏植物、花卉和蔬菜中表现尤为突出。

在播种盆栽过程中，要注意防止病害和害虫的侵扰。保持播种环境清洁，及时处理病害问题，确保幼苗的健康生长。定期检查幼苗的生长状况，发现问题及时采取措施。

(二) 嫁接技术

嫁接技术是将一部分植物（通常是接穗）与另一部分植物（砧木）结合在一起，使其成为一个新的植物。嫁接的目的通常是为了将接穗的优良特性与砧木的根系或生长习性结合起来。这种技术在果树和观赏植物的繁殖中常见。

嫁接技术的一个主要优势是可以保持接穗的亲本特性。例如，通过将优良果树的接穗嫁接到强壮、抗病的砧木上，可以生产出既具有优质果实又能适应不同土壤和气候条件的果树。嫁接还可以缩短果树的生长周期，使其更快地达到结果期。

嫁接有多种不同的方法，包括舌接、劈接、皮下接和芽接等。每种方法适用于不同类型的植物和接穗。嫁接的成功率取决于接穗和砧木的亲和性、接触部位的精确性以及嫁接后的护理。

嫁接后，新的植株需要适当的护理和管理。特别是要保持接穗和砧木的接触部位清洁、干燥，并防止机械损伤和病虫害。这些护理措施对于确保嫁接成功和新的植株健康生长至关重要。

种子繁殖技术是通过种子来繁殖植物的一种自然方式。这种方式适用于许多植物，包括花卉、蔬菜、谷物和果树。种子繁殖通常是植物在自然环境中传播和繁殖的主要方式。

种子繁殖的一个主要优点是可以产生大量的植株。在短时间内，种子可以发芽并生长成新的植株。这对于希望迅速扩大植物数量的园艺师和农民来说是一个有效的选择。种子繁殖通常比无性繁殖更便宜，因为种子容易获得，且不需要特殊设备或技术。

然而，种子繁殖的一个挑战是种子可能表现出较大的遗传变异。这意味着新植株可能不完全保留亲本的特性。这对于一些希望保持特定特性的种植者来说可能是一个问题。然而，这种遗传变异也有益于生物多样性和物种适应。

在种子繁殖过程中，选择健康、成熟的种子是成功的关键。这些种子应该无损伤和病虫害。种子的处理和储存也非常重要，以确保种子的发芽率和生长潜力。

种子繁殖需要合适的环境条件，包括温度、湿度和光照。发芽和幼苗生长阶段需要特别小心，以确保新植株的健康。适当的土壤和灌溉管理对于种子繁殖的成功也至关重要。

从可持续性的角度来看，种子繁殖可以促进生物多样性和自然资源的保护。通过种子繁殖，园艺师和农民可以在栽培过程中引入新的基因，支持更健康、更适应性强的植物种群。

嫁接技术和种子繁殖技术是两种重要的植物繁殖方式。嫁接技术适用于保持优良特性和缩短生长周期，而种子繁殖技术适用于快速扩大植物数量和支持生物多样性。根据不同的需求和目标，选择适合的繁殖技术可以帮助人们更好地培育和管理植物，实现可持续的农业和园艺实践。

（三）直播种植

直播种植是指将种子直接播种于田间或花园土壤中的种植方法。与其他繁殖方式（如育苗和移栽）不同，直播种植不需要提前育苗或移植，这使得种植过程更为直接和简便。直播种植在农业生产中常用于种植大面积的农作物，如谷物、豆类和玉米。

直播种植的优势显而易见。由于省去了育苗和移栽的步骤，直播种植节省了人力和时间，提高了生产效率。直接播种可以让种子在原生土壤中生长，有助于根系的发育和植株的稳定性。这种方法还可以减少移植过程中的损伤和应激，提高植株的成活率。

直播种植的种子繁殖技术也有多种选择。农民和园艺师可以选择不同的播种方式，包括行播、穴播和散播。行播是将种子按一定距离和间隔播种成行，这有助于机械化管理和收割。穴播是将种子在特定的穴位播种，这适用于需要精确控制密度的作物。散播则是将种子均匀撒播在土壤表面，适用于一些小粒种子或草本植物。

在直播种植中，选择合适的种子和土壤条件至关重要。优质的种子可以提高发芽率和生长速度，而适合的土壤条件（如湿度、温度和肥力）可以促进种子的发芽和植株的健康生长。在种植前，农民和园艺师可以通过土壤测试和选择合适的品种来确保成功种植。

直播种植过程中需要注意种子处理和管理。种子处理可以包括浸种、催芽、消毒等步骤，以提高种子的发芽率和健康状况。管理方面，农民和园艺师需要根据不同作物的需求进行浇水、施肥、除草和病虫害防治等操作。

在直播种植的过程中，还需要注意播种的时间和密度。不同作物对播种时间和密度的要求各不相同。例如，早春种植的作物通常需要较高的密度，而夏季或秋季种植的作物则需要较低的密度。合理的播种时间和密度有助于确保作物的生长和产量。

直播种植的技术还可以与其他农业技术相结合。例如，结合滴灌和喷灌技术，可以提高水分利用效率，降低用水量。结合精准农业技术，如无人机和传感器，可以实时监测作物生长状况，优化种植管理。

第三节　有性繁殖技术

一、种子有性繁殖的基础

（一）有性生殖的基本过程

在有性生殖中，授粉是将花粉从雄性器官（如雄蕊）传递到雌性器官（如柱头）的过程。授粉可以通过风、水、昆虫或其他媒介来完成。不同植物的授粉策略多种多样，有些植物依赖风力进行传粉，而另一些植物则通过吸引昆虫来完成授粉。

受精是有性生殖的下一个关键环节。受精发生在花粉粒到达雌性器官并发芽后。花粉管从柱头伸展到达胚珠中的卵细胞。这是一个复杂而精确的过程，确保花粉与卵细胞结合，形成受精卵。受精后的胚珠发展为种子。

种子的形成是有性繁殖的最终阶段。受精后，胚珠中的受精卵开始分裂和发育，形成胚胎。胚胎通常包括胚轴、胚根、胚芽和子叶等结构。在种子形成过程中，胚珠外层变成种皮，保护种子内部的胚胎和营养物质。

有性繁殖的一个重要特点是它促进了基因多样性。由于花粉和卵细胞来自不同的亲本，这种结合产生的后代具有新的基因组合。这种多样性有助于植物适应不同的环境条件，提高了物种的生存能力。

种子通过有性繁殖产生后，可以通过多种方式传播，例如风力、水力、动物或人的帮助。种子的传播有助于植物在更广阔的地域范围内生长。这不仅有助于扩展种群的分布范围，还能促进基因流动。

有性繁殖在农业和园艺生产中也发挥着重要作用。通过控制授粉和育种，农学家和园艺师可以选择性地培育出具有特定特征的植物品种。这些特性可能包括耐病性、产量、口感或外观等。通过选择性繁殖，农业和园艺生产者可以优化作物和花卉的品质和产量。

然而，有性繁殖也存在一些挑战。例如，受精过程需要特定的条件才能成功完成。如果花粉或胚珠的数量不足，或者授粉媒介不足，可能导致受精率下降。环境变化可能对授粉和受精过程产生不利影响。

在种子有性繁殖中，科学研究和技术创新可以帮助克服这些挑战。例如，通过人工授粉，可以提高受精率并确保特定亲本的结合。这对于稀有或濒危植物的繁殖和保存尤为重要。现代育种技术，如基因编辑，可以为植物育种提供更多的可能性。

值得注意的是，有性繁殖的成功与种子的萌发和生长息息相关。种子的萌发受到各种因素的影响，包括温度、水分、光照和氧气等。为了确保种子繁殖的成功，需要提供适宜的萌发条件。

（二）授粉的方式与机制

许多植物依赖昆虫进行授粉，这被称为昆虫授粉。昆虫如蜜蜂、蝴蝶和甲虫在寻找花蜜时会接触到花粉，然后将其带到另一朵花的雌蕊上。昆虫授粉是一个相互依赖的关系，植物为昆虫提供食物，而昆虫则帮助植物完成授粉。

鸟类也可以是植物的授粉者，这种方式称为鸟类授粉。鸟类如蜂鸟和太阳鸟在取食花蜜时，会将花粉从一朵花传递到另一朵花。鸟类授粉通常发生在鲜艳、开放式的花朵上，这些花朵通常与鸟类的喙相匹配。

风媒授粉是通过风力将花粉传播到雌蕊的一种方式。这种方式常见于一些草类、树木和花粉大量释放的植物。这些植物通常具有小而轻的花粉颗粒，可以借助风力在较远距离传播。

水媒授粉是一种在水生植物中发生的特殊授粉方式。在这种方式中，花粉通过水流传播到雌蕊。这种授粉方式相对较为罕见，但在水生植物如海藻和莲花中发挥作用。

自花授粉是指同一朵花或同一植物的花之间进行授粉。这种方式在一些植物中常见，如豆类和西红柿。自花授粉有助于保持品种的稳定性，但可能导致遗传多样性下降。

交叉授粉是指不同个体之间的花进行授粉。这种方式在许多植物中普遍存在，通过增加遗传多样性，提高了植物对环境变化和疾病的适应性。交叉授粉通常通过昆虫、鸟类或风力完成。

在授粉过程中，植物的花结构和形态起着关键作用。花的颜色、形状和气味可以吸引特定的授粉者，促进授粉的成功。例如，鲜艳的花朵通常吸引昆虫，而淡绿色的花朵通常依赖风媒授粉。

受粉是授粉的后续步骤，涉及花粉在雌蕊上的发芽，并通过花柱向卵细胞传递遗传物质。受粉成功后，花卉会开始形成种子。这是植物有性繁殖的基础，通过结合不同个体的遗传物质，产生新的植物个体。

种子有性繁殖的一个优势是它促进了遗传多样性。通过交叉授粉，不同个体的基因组合得以混合，产生新的遗传变异。这有助于植物适应环境变化，提高其生存和繁殖能力。

在农业和园艺中，控制授粉过程可以提高作物产量和质量。通过选择适当的授粉方式，如引入授粉昆虫或人工授粉，农民和园艺师可以确保作物的高效繁殖和丰产。

人工授粉是人为干预授粉过程的一种方式，常用于农业和园艺中。人工授粉可以通过将花粉从一个花朵转移到另一个花朵上来完成。通过这种方式，可以选择特定的品种或特征进行繁殖。

在授粉过程中，要注意防止杂交不良的影响。例如，意外的交叉授粉可能导致杂交品种的不稳定性或不良特性。因此，在农业和园艺中，控制授粉来源和种类非常重要。

(三) 受精过程及其影响因素

有性繁殖始于植物的开花阶段。花朵是植物繁殖的器官，通常由雄蕊和雌蕊组成。雄蕊产生花粉，花粉中含有雄性配子。雌蕊的子房中包含胚珠，胚珠内有雌性配子。

受精过程首先是通过传粉完成的。传粉是将花粉从雄蕊传递到雌蕊柱头的过程。传粉可以通过风、昆虫、鸟类或其他传粉媒介完成。不同植物的传粉方式不同，一些植物依赖昆虫进行传粉，而其他植物则通过风力传粉。

当花粉落在雌蕊柱头上时，受精过程开始。花粉在柱头上发芽，形成花粉管。花粉管沿着雌蕊柱头向下生长，进入子房并到达胚珠。在胚珠内，花粉管释放雄性配子，雄性配子与雌性配子结合，从而完成受精。

受精过程的成功受多种因素的影响。传粉的有效性直接影响受精过程。如果传粉不足或传粉媒介无法正常工作，那么受精的机会就会减少。柱头对花粉的接受能力也是一个关键因素。如果柱头不适合花粉生长，花粉管可能无法形成。

温度和湿度是影响受精过程的重要环境因素。适当的温度和湿度有助于花粉管的生长和发育。如果温度过高或过低，或湿度不适宜，花粉管的生长可能受到抑制，从而影响受精。

受精过程还受到植物自身健康状况和遗传因素的影响。健康的植物通常具有更高的受精成功率。遗传上的差异也可能导致一些植物对受精过程的适应性更强，而其他植物可能在受精过程中遇到困难。

受精过程的成功与否对种子的质量和数量有直接影响。如果受精不成功，可能会导致种子数量减少或种子质量不佳。这对植物的繁殖能力和生存力产生负面影响。因此，确保受精过程的顺利进行对种植者和生态系统都非常重要。

在农业和园艺领域，理解受精过程及其影响因素可以帮助人们提高种子繁殖的成功率。例如，合理的施肥和灌溉可以改善植物的健康状况，提高受精的机会。选择合适的传粉媒介和控制传粉条件也有助于增加受精成功率。

受精过程还可以受到人类活动的影响。例如，农药和污染物可能影响传粉媒介的活动，进而影响受精过程。过度采摘和生态破坏也可能对植物的繁殖产生负面影响。

从可持续发展的角度来看，维护健康的生态系统和生物多样性对受精过程的顺利进行至关重要。通过保护传粉媒介、维护土壤质量和控制污染，人们可以帮助提高受精过程的成功率，促进植物的繁殖和生长。

二、种子有性繁殖的基本技术

（一）人工授粉技术

人工授粉技术的原理是通过人为介入，将花粉从雄蕊转移到雌蕊，促进植物受精。这种技术在一些植物中特别重要，因为有些植物可能由于授粉媒介缺乏或环境条件不适而无法实现自然授粉。人工授粉技术可以确保受精过程的成功，提高植物的繁殖效率。

在进行人工授粉时，选择合适的授粉对象是关键。通常，授粉的对象应为同一物种的两株健康、优质的植株。操作之前，确保授粉工具和环境的清洁，以避免交叉污染和病害传播。人工授粉的时间通常选择在花朵盛开、天气晴朗的早晨，这样可以最大化授粉的成功率。

进行人工授粉的操作步骤相对简单。选择一个雄性花朵，采集花粉，可以通过轻轻拍打雄蕊或使用软毛刷将花粉收集起来。将花粉转移到雌性花朵的柱头上，确保花粉与雌蕊充分接触。这个过程需要细心操作，避免对花朵造成损伤。

人工授粉技术具有多方面的优势。它可以提高植物的结实率和质量，特别是在一些自花不亲和或需要异花授粉的植物中。人工授粉可以促进新品种的培育，通过选择不同品种的花粉进行杂交，产生具有优良特性的后代。人工授粉还可以帮助保持和传播重要或稀有品种，提高植物遗传资源的多样性。

人工授粉技术在农业和园艺中有广泛的应用。例如，在果树种植中，人工授粉可以提高果实的产量和品质。特别是在一些自花不亲和的果树，如苹果、梨等，人工授粉是确保果实丰收的关键步骤。在园艺中，人工授粉技术可以帮助培育具有独特外观和特性的花卉品种。

人工授粉技术在研究和保护濒危植物物种中也有重要应用。通过人工授粉，科学家们可以帮助增加濒危植物的繁殖成功率，提高种群数量。人工授粉还可以用于生物多样性保护项目，通过杂交不同植物品种，促进基因多样性。

然而，人工授粉技术也需要注意一些事项。操作过程中要避免人为交叉授粉，从而引起不希望的混杂。人工授粉的成功率可能受环境条件和植物本身特性的影响。因此，在操作过程中，要根据不同植物的特性和生长环境进行调整。

人工授粉技术是种子有性繁殖技术中的一项重要工具。通过科学合理的应用人工授粉，可以提高植物的繁殖效率和质量，为农业生产和园艺发展提供更多选择和可能性。随着技术的不断进步，人工授粉技术将继续在农业和园艺中发挥重要作用，为实现可持续发展的目标做出贡献。

（二）雄性不育系与杂交育种

雄性不育系是指一种植物因遗传原因无法产生功能正常的花粉或花药，从而无法进行自花授粉。雄性不育现象可以是自然发生的，也可以通过基因工程或杂交育种等方法来引入。利用雄性不育系可以实现异交，提高杂交育种的效率。

在杂交育种中，雄性不育系的应用可以避免自花授粉，确保异花授粉的成功。这一过程有助于产生杂交种，发挥杂种优势，提升作物的产量、品质和抗性。雄性不育系在杂交育种中的使用，可以提高育种效率，减少人为授粉的工作量。

雄性不育系在杂交种生产中起到关键作用。杂交种是通过将两个不同亲本进行杂交而产生的种子，这种种子通常具有更强的生长势和更高的产量。通过使用雄性不育系，可以确保父本的雄性不育，使其无法自交，只能与母本进行杂交，产生高品质的杂交种。

雄性不育系的来源可以有多种方式。自然雄性不育系来源于野生种或传统品种中的自然突变。这些突变可以通过传统育种方法进行选择和引入。通过基因工程技术，也可以引入雄性不育基因，使得植物表现出雄性不育特性。这一技术使得育种工作更加灵活和高效。

杂交育种是一种通过交配不同亲本来产生新种质的育种方法。该方法旨在结合两个亲本的优良特性，产生具有杂种优势的新个体。这些优势可能包括更高的产量、抗病性、耐逆性等。杂交育种在现代农业中广泛应用，特别是在粮食作物和蔬菜种植中。

杂交育种的过程通常涉及选择两个不同亲本进行交配。通过合理选择亲本，可以确保杂交种在生长势、产量和抗性等方面表现优异。在进行杂交育种时，育种者需要综合考虑亲本的遗传背景、表现型和遗传潜力，以选择最合适的亲本进行交配。

在杂交育种中，雄性不育系起到重要作用。通过使用雄性不育系，可以确保异交的发生，从而提高杂交种的产量和品质。杂交种在农业生产中通常表现出更好的适应性和生产潜力，因此杂交育种在现代农业中具有重要地位。

值得注意的是，雄性不育系和杂交育种技术的应用需要仔细考虑生物安全和生态影响。育种者应遵循相关法规和标准，确保新种质的安全性和生态友好性。这些技术还应与其他农业技术相结合，以实现可持续农业生产。

在育种工作中，雄性不育系和杂交育种为农业生产提供了强大的工具。这些技术可以提高作物产量和质量，增强抗病性和抗逆性，从而提高农业生产的效率和可持续性。通过科学研究和技术创新，这些技术将在未来继续推动农业的发展。

(三) 种子发育与成熟

种子发育开始于受精过程之后。当花粉在雌蕊上受精后，受精卵开始分裂并发育成胚。这一阶段是种子发育的起点，涉及胚的形成、分化和生长。胚的发育通常经历一系列阶段，包括心形、马蹄形和弯曲胚。

胚的发育过程中，胚乳也开始形成。胚乳是种子中储存营养物质的部分，为胚的发育提供能量和养分。不同植物的胚乳结构和成分有所不同，但它们都在种子发育的早期阶段发挥重要作用。

随着胚和胚乳的发育，种子外壳开始形成。种子外壳是保护胚和胚乳的结构，通常由硬化的细胞壁组成。外壳的形成和硬化有助于防止种子在不利环境下受损。

种子的水分含量在发育过程中逐渐降低。初期，种子含有较高的水分，有助于胚和胚乳的发育。然而，在种子成熟阶段，水分含量会下降，种子变得干燥。这一过程有助于种子的保存和存活。

种子在成熟过程中还经历一系列化学变化。这些变化包括蛋白质、碳水化合物和脂肪的合成和储存。这些储存的营养物质将为种子萌发和幼苗生长提供能量和养分。

当种子接近成熟时，种子的颜色和质地可能发生变化。这些变化通常是植物适应环境的一种方式，例如，颜色变化可以帮助种子在特定环境中伪装或吸引散播者。

种子成熟的信号通常是由植物的生长周期和环境条件决定的。当种子成熟时，植物可能会发生一些明显的变化，例如花朵或果实的枯萎。这是种子准备散播的一个指示。

种子成熟后，植物的种子传播机制开始发挥作用。不同植物有不同的传播方式，如风力、水流、动物或自我散播。这些机制有助于将成熟的种子传播到新的生长地点。

在农业和园艺中，掌握种子成熟的最佳时机非常重要。过早采收可能导致种子发育不完全，而过晚采收可能导致种子质量下降。因此，正确的种子采收时间对种子繁殖技术至关重要。

种子采收后，进行种子的处理和保存也是关键步骤。种子通常需要干燥和清理，以确保它们的质量和储存寿命。正确的种子保存条件，如温度和湿度控制，可以延长种子的储存期。

在种子繁殖技术中，种子质量和发芽率是关键指标。通过选择健康、成熟的种子，可以提高发芽率和幼苗的质量。这对农业和园艺的生产效率和产品质量至关重要。

第四节　无性繁殖技术

一、种子无性繁殖技术概述

（一）种子无性繁殖的概念

种子无性繁殖的一个例子是种子切割。通过将种子切割成多个部分，每个部分通常包含一个胚芽和足够的营养物质。这些切割的种子部分可以单独种植，形成新的植株。这种方式在某些植物，如土豆或大蒜的繁殖中可能应用。

种子无性繁殖的另一个例子是种子嫁接。虽然这种技术不常见，但它涉及将不同植物种子的部分结合在一起，形成新的种子。这种方式可以用于创造新的品种或结合不同品种的优势。

在种子无性繁殖中，保持亲本特性是一个重要的优势。通过使用种子或种子的一部分直接繁殖新植株，繁殖出来的植株通常会保留亲本的特性。这对希望保持特定特性的农民和园艺师来说非常有用。

然而，种子无性繁殖的应用相对较少，因为传统的无性繁殖方法，如扦插、分株或组织培养，通常更为直接和高效。这些方法可以更快地繁殖大量的植株，并且通常不需要像种子无性繁殖那样复杂的处理。

在园艺和农业领域，了解种子无性繁殖技术可以为人们提供更多的选择。尽管这些技术目前可能不如其他无性繁殖方法那么常见，但它们在某些特定情况下可能具有优势。例如，当希望保留特定种子的遗传特性或创造新的品种时，这些技术可能会有所帮助。

从可持续性的角度来看，种子无性繁殖技术可能有助于减少对新种子的需求，促进资源的有效利用。然而，这种方式的实际应用范围和效果可能因不同的植物种类和目的而有所不同。

在研究和发展领域，种子无性繁殖可能是一个值得进一步探索的方向。通过开发和改进这些技术，人们可以找到新的方法来繁殖植物，满足不断变化的需求。

（二）无性繁殖的生物学原理

无性繁殖的生物学原理基于植物细胞的全能性，即每个细胞都具有发育成完整植物的潜能。在无性繁殖中，新的植物个体是从母体的某个部分（如茎、根或叶）分裂出来的。这些部分经过细胞分裂和分化，形成完整的新植株，与母体基因相同。

在种子无性繁殖技术中，常见的无性繁殖方式包括扦插、嫁接、组织培养和分株等。每种方式都有其独特的操作方法和应用场景。扦插是将植物的一部分（通常是茎或叶）插入土壤中，促进其生根发芽；嫁接是将不同植物的组织连接在一起，使其融合生长；组织培养是从植物组织中提取细胞，培育成新的植株；分株是将成熟植株分割成多个部分，各自重新栽种。

无性繁殖技术在农业和园艺中有广泛的应用。通过无性繁殖，可以保持母体的优良特性，如产量、品质和抗病性。无性繁殖可以加速繁殖速度，提供大量均一的植株。这对于种植者来说是一个重要优势，因为它可以提高生产效率和质量。

在农业领域，无性繁殖技术常用于繁殖果树、葡萄、马铃薯和甘薯等作物。例如，扦插繁殖可以用于葡萄和无花果等作物；嫁接繁殖常用于苹果、梨和桃等果树；分株繁殖则常用于草莓和大蒜等作物。这些技术可以帮助农民保持优良品种的纯度和产量。

与此无性繁殖技术在园艺中也有重要的作用。例如，园艺师可以通过扦插繁殖玫瑰、杜鹃和绣球花等观赏植物；嫁接繁殖可以用于培养多样化的盆景和花卉；组织培养则可以用于培育兰花、蕨类和多肉植物等珍稀品种。这些技术有助于提高园艺生产的多样性和创意性。

无性繁殖技术还在植物研究和保育中发挥重要作用。通过组织培养，科学家们可以保存和繁殖濒危植物种类，提高其种群数量。无性繁殖技术可以用于培育转基因植物，为农业生物技术的发展提供支持。

在应用无性繁殖技术时，需要注意一些事项。操作过程中要保持卫生和无菌，以防止病原体感染。要根据不同植物的特性选择合适的无性繁殖方法。无性繁殖的植株可能对环境变化敏感，因此在管理和养护中要特别小心。

无性繁殖的生物学原理和种子无性繁殖技术在农业和园艺中具有重要的应用价值。通过科学合理的应用这些技术，我们可以保持和扩展优良品种，促进植物多样性，提高农业生产和园艺发展的质量和效率。随着科技的不断进步，无性繁殖技术将在未来继续发挥重要作用，为实现可持续发展的目标做出贡献。

二、种子无性繁殖的主要方法

（一）嫁接

嫁接是种子无性繁殖中最常见和重要的方法之一。它通过将一个植物的部分（称为

"接穗")与另一个植物的部分(称为"砧木")结合在一起,从而形成一个新的植株。这种繁殖方法广泛应用于园艺、农业和果树种植中,因为它可以保留接穗的优良特性,并赋予植株新的特性。以下将深入探讨嫁接在种子无性繁殖中的主要方法及其重要性。

嫁接的一个显著优势是保持接穗的优良特性。接穗通常选择具有特定特性的植物部分,例如果实品质高、抗病性强或生长势旺盛的品种。通过将接穗嫁接到砧木上,可以确保新植株保留这些优良特性。这对果树种植和其他园艺作物的改良具有重要意义。

砧木的选择也对嫁接过程至关重要。砧木通常选择具有强大的根系、耐逆性或抗病性的植物品种。砧木为接穗提供营养和水分支持,同时还能增强植株对不利环境条件的耐受性。例如,在果树种植中,选择耐寒性强的砧木可以提高果树在寒冷气候下的生存能力。

嫁接的方法有多种,包括切接、劈接、芽接和靠接等。切接是最常见的嫁接方法之一,通过将接穗和砧木切成相互匹配的斜面,然后将它们结合在一起。劈接则是将砧木劈开,插入接穗,然后将砧木封闭起来。芽接是一种将接穗的一个芽与砧木结合的方法,而靠接是将两株相邻的植物结合在一起。

嫁接的过程需要精细的操作和技术。选择合适的接穗和砧木是关键。接穗和砧木的切口必须匹配,以确保良好的愈合。嫁接后需要确保接合部位的稳定和保护,以防止感染和干燥。通常使用胶带、蜡或其他封口材料来保护接合部位。

嫁接技术在果树种植中具有广泛应用。例如,通过将优质苹果品种的接穗嫁接到耐寒性强的砧木上,可以在寒冷地区种植苹果。嫁接还可以用于保护濒危植物种类,通过将它们嫁接到更常见的砧木上,帮助它们更好地生长。

在园艺中,嫁接可以创造出多样化的花卉和观赏植物。例如,通过将不同颜色的玫瑰接穗嫁接到同一砧木上,可以产生一种拥有多种颜色花朵的玫瑰植株。这种创新的嫁接技术为园艺创造了许多新的可能性。

嫁接不仅在农业和园艺中具有应用价值,还在科学研究和保护濒危物种方面发挥着重要作用。例如,科学家可以通过嫁接技术研究不同植物的遗传特性,或者保护濒危植物种类,通过将它们嫁接到更常见的砧木上,提高它们的生存率。

需要强调的是,嫁接技术的成功与操作的细致和精准度密切相关。嫁接过程需要严格的卫生和消毒措施,以防止病菌感染。嫁接后的管理也是至关重要的,包括保持合适的温度、湿度和光照条件。

嫁接是种子无性繁殖中一种非常重要的方法。通过嫁接技术,可以保留接穗的优良特性,同时赋予植株新的特性。这种方法在农业、园艺和科学研究中具有广泛应用,为植物改良、果树种植和保护濒危物种提供了强有力的工具。通过科学研究和技术创新,嫁接技术将在未来继续发展,为农业和园艺带来更多的可能性。

(二)离体培养

组织培养是离体培养的主要方式之一,它涉及将植物的组织或细胞置于专门的培养基中,并在无菌环境下进行培养。培养基通常含有必要的养分、激素和其他生长调节物质,以促进组织的分裂和分化。

通过组织培养,可以从少量的组织或细胞中繁殖出大量的植株。这种方式适用于许多植物种类,包括观赏植物、蔬菜和果树。组织培养可以帮助保持母株的特性,例如颜色、形状和抗性。

组织培养的步骤通常从选择合适的植物组织开始。选择健康、无病害的组织是成功培养的关键。这些组织可以来自叶片、茎、根或其他器官。

选择合适的培养基是至关重要的。培养基通常含有基本养分、糖分和生长激素，如生长素和细胞分裂素。这些成分对植物组织的生长和分化起着关键作用。

在将组织放入培养基中之前，要进行无菌处理。这是为了防止微生物污染，确保组织培养的成功。无菌处理包括消毒工具、培养基和工作环境。

接种是将组织或细胞置于培养基中的过程。这需要小心操作，以确保组织在培养基中均匀分布，并避免损伤组织。接种后，培养皿或试管通常会密封，以防止外部污染。

在培养期间，控制温度、光照和湿度对组织培养的成功至关重要。不同植物对这些条件的要求可能不同，因此需要根据具体植物的需求进行调整。

组织培养的一个重要应用是克隆植株。通过培养组织，可以从优良品种中繁殖出大量基因相同的植株。这在商业生产中具有重要价值，如保持观赏植物或果树的优良特性。

脱分化和分化是组织培养中的关键过程。脱分化是指植物组织失去特定功能，回归到未分化状态。分化则是从未分化状态发展成特定器官或组织。这两个过程在培养条件下通过生长激素的调节实现。

组织培养还可以用于保存珍稀或濒危植物种类。通过培养组织，可以在实验室环境中保存这些植物的种质，并在适当时机重新引入自然环境。

组织培养的另一个优势是可以生产无病毒植株。通过选择无病害的组织进行培养，并通过筛选和清除病原体，可以获得健康、无病毒的植株。这在农业和园艺生产中具有重要意义。

在组织培养过程中，要注意防止培养基污染和组织生长异常。定期检查培养皿或试管，发现问题及时采取措施，如更换培养基或调整生长条件。

第五章　园林植物的定植与移植技术

第一节　定植前的准备工作

一、土壤准备与改良

（一）土壤测试与分析

1. 土壤 pH 值测试

在进行土壤 pH 值测试之前，首先要确保样本的代表性。这意味着从不同的土壤区域和深度采集多个样本，以确保测试结果反映土壤的整体情况。采样点应该随机分布在待种植区域，并尽可能避免已受污染或特别处理的土壤区域。

采集土壤样本后，应该对样本进行混合和均匀化处理。混合样本可以减少土壤中局部差异的影响，使测试结果更具代表性。可以使用土壤 pH 测试仪或试纸进行测试。这些工具通常操作简单，可以快速测量土壤的 pH 值。

在进行土壤 pH 值测试时，要确保测试仪器或试纸的准确性和可靠性。定期校准仪器和检查试纸的有效期是确保测试结果准确的关键。在进行测试之前，土壤样本应该经过适当的准备，例如去除杂质和碎片。

测试结果通常以 pH 值的形式表示，范围为 0 到 14，其中 7 为中性，小于 7 为酸性，大于 7 为碱性。不同作物对土壤 pH 值的适应性不同，因此根据测试结果和作物需求采取相应的调整措施非常重要。

如果土壤 pH 值偏离作物的理想范围，可以通过添加调整剂来改变土壤的酸碱度。例如，添加石灰可以提高土壤的 pH 值，使其更碱性；而添加硫酸铵或硫磺等酸性物质可以降低土壤的 pH 值，使其更酸性。

调整土壤 pH 值时，要注意调整剂的用量和施用方式。过量或不均匀施用调整剂可能对作物和土壤产生不利影响。因此，遵循科学合理的施用方案至关重要。

除了土壤 pH 值测试，定植前的其他准备工作还包括改善土壤结构和养分状况。根据测试结果，可能需要添加有机物、肥料或其他土壤改良剂，以提高土壤的肥沃度和保水能力。土壤的物理结构对作物根系的生长和发育至关重要，因此要确保土壤疏松、透气。

在定植前，仔细选择和准备种植区域也很重要。确保土壤排水良好，避免过多积水。调整土壤表面的平整度，有助于均匀分布作物和确保灌溉效果。通过这些准备工作，可以为作物提供一个良好的生长环境。

在定植过程中，正确的栽培技术也对作物的健康生长起到重要作用。例如，种植时要确保种植深度和间距符合作物的需求，以避免过密种植或根系暴露。适当的定植密度可以促进作物间的通风，减少病虫害的发生。

2. 土壤养分测试

土壤养分测试的重要性在于其能够帮助种植者了解土壤的养分水平和养分平衡情况。土壤中的养分（如氮、磷、钾等）对植物的生长至关重要。通过测试土壤的养分含量，种植者可以确定土壤是否缺乏某些关键养分，从而有针对性地进行补充。土壤养分测试还可以检测土壤的 pH 值，这对养分的吸收和植物生长也具有重要影响。

测试土壤养分的步骤包括采样、分析和解读结果。采样是测试的第一步，需要选择代表性的样本区域，确保土壤样品的多样性和代表性。种植者可以在不同深度和位置采集土壤样本，混合后送到实验室进行分析。实验室分析可以测定土壤中的氮、磷、钾、钙、镁、硫和微量元素的含量，以及土壤的 pH 值和有机质含量。解读结果时，种植者可以根据土壤分析报告的建议，制定相应的施肥和改良措施。

在定植前的准备工作中，利用土壤养分测试结果非常重要。测试结果可以帮助种植者选择合适的作物。不同作物对土壤养分和 pH 值有不同的要求，通过了解土壤状况，种植者可以选择适合生长的作物品种。测试结果可以指导种植者进行科学施肥。根据土壤中的养分含量，合理施用氮、磷、钾等肥料，以满足作物生长的需要。

除了施肥，土壤养分测试结果还可以指导种植者进行土壤改良。例如，如果土壤 pH 值过高或过低，可以通过添加石灰或硫酸等物质来调整 pH 值，使其适合作物生长。如果土壤中有机质含量较低，种植者可以添加有机肥或绿肥，提高土壤的有机质水平，增强土壤肥力。

在定植前的准备工作中，合理利用土壤养分测试结果还可以帮助种植者制定科学的种植规划。例如，根据土壤养分含量和作物需求，种植者可以安排不同作物的种植顺序和轮作，以提高土壤养分的利用效率，减少土壤退化和病虫害发生的风险。

土壤养分测试还可以为种植者提供环境可持续性方面的信息。例如，通过检测土壤中的重金属含量，种植者可以确保土壤安全，并采取措施防止污染对作物和环境的危害。在施肥和改良土壤时，种植者可以选择环保的材料和方法，减少对环境的影响。

在土壤养分测试和定植前的准备工作中，需要注意一些事项。测试要定期进行，以跟踪土壤状况的变化。要选择可靠的实验室和科学的测试方法，确保结果的准确性和可信度。种植者要根据测试结果进行合理施肥和改良，避免过度或不足的施用。

土壤养分测试是定植前准备工作中的关键环节，通过合理利用测试结果，种植者可以提高作物的产量和质量，保障农业生产和园艺的可持续发展。随着农业科技的不断进步，土壤养分测试方法和工具将继续改进，为种植者提供更精确、更全面的信息支持。

（二）土壤改良

1. 有机物添加

在准备种植地之前，首先要对土壤进行评估。这包括了解土壤的结构、质地、pH 值和养分含量。这些因素直接影响到作物的生长和产量。通过土壤测试，可以确定土壤中缺乏哪些养分，并采取相应的措施进行改良。

有机物添加是改良土壤的一个重要方法。通过添加有机物，如堆肥、腐殖质或有机肥料，可以改善土壤结构，提高土壤的保水和透气性能。这对于作物根系的生长和养分吸收至关重要。有机物添加还可以促进土壤微生物活动，提高土壤的生物多样性。

在选择有机物添加物时，首先要考虑其来源和质量。优质的堆肥或有机肥料应来自可信赖的来源，确保没有污染物或有害物质。有机物的成分和特性也应与种植作物的需求相匹配。例如，豆科作物需要更多的氮，而根茎类作物则需要更多的磷和钾。

有机物添加的时间和方式也需要根据种植作物的需求进行调整。一般来说，定植前几周是添加有机物的最佳时间。这为有机物分解和释放养分提供了足够的时间。将有机物均匀地混合到土壤中，可以确保作物根系获得均匀的养分供应。

除了有机物添加，定植前的其他准备工作也包括土壤耕作和整地。土壤耕作可以改善土壤结构，破碎大块土壤，并促进有机物的混合。整地则可以平整种植地，确保作物种植的均匀性和一致性。这些工作对于作物的生长和产量至关重要。

定植前的灌溉准备也是一个重要环节。作物定植后需要及时获得水分供应，以促进根系的生长和定植。通过在定植前对种植地进行充分的灌溉，可以确保土壤中的水分适宜，为作物提供良好的生长环境。

在定植前，还需要选择合适的种植模式和布局。这包括确定种植的行距、株距和种植密度。这些因素将直接影响到作物的生长空间和竞争压力。在选择种植模式时，需要考虑作物的特性和生长习性，以优化生产效益。

有机物添加在改良土壤的还可以降低对化学肥料的依赖。这不仅有利于环境保护，还能改善土壤的可持续生产力。通过合理选择和使用有机物，可以实现生态友好的种植方式，促进农业的可持续发展。

定植前的准备工作还包括对种子或幼苗的处理和选择。选择优质的种子或健康的幼苗是成功种植的基础。种子可能需要经过浸泡、消毒或催芽等处理，以提高发芽率和幼苗的活力。而健康的幼苗在定植时需要注意根系的保护，确保其迅速适应新环境。

在种植过程中，有机物添加的效果不仅体现在土壤改良上，还对作物的健康和抗逆性产生积极影响。例如，有机物可以增强土壤微生物活性，促进病害抑制。丰富的土壤有机质可以提高作物对干旱、盐碱等不利环境的耐受性。

2. 矿质物质添加

土壤中的矿质物质通常包括氮、磷、钾等主要营养元素，以及其他微量元素如铁、锌和铜。这些元素对植物的生长和发育至关重要，因此在定植前需要确保土壤中这些元素的含量适宜。

为了确定土壤中矿质物质的含量，通常进行土壤测试。这种测试可以提供有关土壤养分水平的详细信息，为矿质物质的添加提供科学依据。根据测试结果，可以确定哪些矿质物质需要补充。

在补充矿质物质时，要选择合适的肥料类型。肥料的选择应根据植物的需求和土壤测试结果进行。例如，氮肥可以促进叶片和茎的生长，而磷肥有助于根系和花朵的发育。

在添加肥料时，确保正确的用量和施用方法。过多的肥料可能导致土壤盐分过高，抑制植物的生长。相反，过少的肥料可能导致植物营养不足。因此，根据产品说明和土壤测试结果进行施肥是关键。

矿质物质的添加可以通过多种方式进行，包括施用颗粒状肥料、液体肥料或有机质。颗粒状肥料通常施撒在土壤表面，然后通过耕作或浇水使其进入土壤。液体肥料则可以通过浇水系统直接施加到植物根部。

在定植前的土壤准备过程中，混合有机质可以提高土壤的结构和养分含量。有机质如堆肥或腐殖质可以增加土壤的持水能力和通气性，同时提供长期的养分供应。

矿质物质的添加应与其他土壤改良措施相结合。例如，石灰石或石膏可以调整土壤的酸碱度，使其更适合植物生长。通过综合土壤改良措施，可以创造出最适宜的生长环境。

在定植前的准备工作中，考虑到不同植物对矿质物质的需求不同是很重要的。例如，某些植物可能需要更多的钾，而其他植物可能需要更多的磷。因此，根据植物的种类和生长阶段调整施肥策略。

除了主要的矿质营养元素外，微量元素的添加也不可忽视。这些元素在小剂量下对植物的生长至关重要。微量元素的缺乏可能导致植物出现生长问题，因此在选择肥料时要确保微量元素的供应。

在矿质物质的添加过程中，要注意避免污染土壤和水源。过多的化学肥料可能渗透到地下水中，对环境造成危害。因此，合理施肥、遵循最佳管理实践对环境保护至关重要。

通过定植前对土壤进行矿质物质的添加，可以帮助植物更好地适应新的生长环境。健康的土壤提供了充足的养分和适宜的生长条件，为植物的健康生长和丰收奠定了基础。

在定植后，继续监测土壤养分水平是必要的。定期进行土壤测试，并根据植物的生长情况调整施肥策略。这有助于确保植物在整个生长周期中获得充足的营养。

（三）土壤整理与松土

1. 土壤松化

了解土壤的结构和质地是进行土壤松化的前提。土壤的质地通常分为砂质土、壤土和粘土土。这些土壤类型在排水和保水能力、通气性和营养供应方面有所不同。根据土壤质地的不同，需要采取相应的松化方法和调整措施。

在松化土壤的过程中，深耕是一种常见且有效的方法。通过深耕，可以将土壤翻松，使其表层和下层土壤混合。这有助于改善土壤的通气性和排水能力。深耕还可以帮助打破土壤的硬壳层，促进根系深入土壤，吸收更多的水分和养分。

在深耕过程中，要注意避免对土壤结构造成过度破坏。过度深耕可能导致土壤中的有机质流失和土壤团粒结构受损。因此，选择合适的耕作深度和频率非常重要。一般来说，深耕的深度应根据作物的根系深度和土壤质地而定。

除了深耕，土壤松化还可以通过添加有机物和其他土壤改良剂来实现。添加有机物，如堆肥、绿肥或腐殖质，可以改善土壤的质地，提高土壤的保水和保肥能力。这有助于土壤中微生物的活性，促进土壤的健康和肥沃。

在土壤松化过程中，选择合适的时间和气候条件也是关键。通常情况下，选择在土壤湿润但不湿透的情况下进行深耕或翻土。这样可以避免土壤过于干燥或湿润而造成的不利影响。根据季节和天气情况，调整耕作的时间和方式。

在定植前进行土壤松化还可以帮助去除土壤中的杂草和石块。这些杂质可能对作物的根系生长和定植产生不利影响。通过清理土壤,可以为作物提供更清洁、更适合生长的环境。

土壤松化还可以结合其他定植前的准备工作,例如土壤 pH 值调整和施肥。通过综合考虑土壤的物理、化学和生物特性,种植者可以提供最适合作物生长的土壤环境,提高作物的质量和产量。

在进行土壤松化时,使用适当的农机具和工具也非常重要。现代农业中有许多专门用于土壤松化的机械,如深松机和旋耕机。这些工具可以提高工作效率,减轻劳动强度,同时确保土壤处理的质量和均匀性。

定植前的土壤松化工作不仅对作物的生长至关重要,还对整个生态系统产生积极影响。健康、松化的土壤有助于保持土壤中的微生物多样性和活性,促进生态平衡。良好的土壤结构还可以提高土壤的抗侵蚀能力,保护土地资源。

2. 杂草清除

杂草清除的重要性体现在其对作物生长的影响上。杂草与作物竞争阳光、水分和养分,可能导致作物生长不良、产量下降。杂草还可能成为病虫害的寄主,增加病害传播的风险。定植前清除杂草可以减少这些竞争和风险,为作物生长创造有利条件。

杂草清除的常用方法包括机械清除、化学清除和生物清除。机械清除是指通过耕作、除草机或人工拔草等手段将杂草从土壤中去除。这种方法可以迅速清除大面积的杂草,但可能会对土壤结构产生一定影响。化学清除是指使用除草剂来杀死杂草,这种方法适用于大面积、顽固的杂草,但需要谨慎选择和使用,以避免对环境和作物造成伤害。生物清除是指引入杂草的天然敌人,如昆虫或病原体,来控制杂草的生长,这种方法在生态农业中较为常见。

在定植前的准备工作中,选择合适的杂草清除方法非常重要。根据不同类型和生长阶段的杂草,选择合适的清除方法。例如,对于一年生杂草,机械清除和化学清除效果较好;对于多年生杂草,可能需要结合机械和化学清除方法。生物清除可以作为辅助措施,与其他方法结合使用。

合理的杂草清除还需要注意清除时间和频率。在定植前的准备工作中,清除杂草的最佳时间通常是作物种植之前,杂草尚未成熟和繁殖。及时清除杂草可以防止其传播和繁殖,减少后续的清除难度。清除频率应根据杂草生长速度和季节变化进行调整。

杂草清除工作中还需要关注对环境和土壤的影响。特别是在使用化学除草剂时,要选择对作物和环境无害的产品,严格按照使用说明进行施用,避免过量使用。机械清除时要注意保护土壤结构,避免过度翻耕导致的土壤侵蚀。

在杂草清除的定植前的准备工作还可以结合其他措施,如土壤覆盖和轮作等。土壤覆盖可以通过覆盖作物残渣或有机材料,抑制杂草生长,保持土壤湿度和温度;轮作则可以改变作物和杂草之间的竞争环境,降低杂草生长的机会。

杂草清除是定植前准备工作中的重要环节,通过科学合理的杂草管理,可以为作物生长创造良好的环境,提高农业和园艺生产的效率和质量。随着科技的不断进步,杂草清除方法将继续改进,为种植者提供更多的选择和支持。在进行杂草清除时,种植者要综合考虑作物需求、杂草类型和环境影响,制定合理的清除计划,为作物的成功种植打下良好的基础。

二、定植植物选择条件

(一)根据环境条件选择

了解当地的气候条件是选择定植植物的基础。气候因素包括温度、降雨量、日照时间和季节变化等。不同植物适应不同的气候条件,因此在选择定植植物时,需要选择适应当地气候的物种。例如,热带植物通常适应高温多雨的气候,而寒带植物则适应低温的环境。

土壤类型是选择定植植物时必须考虑的重要因素之一。土壤的质地、pH值和养分含量直接影响植物的生长。根据不同的土壤类型,适合的植物也会不同。例如,沙质土壤排水良好,适合种植耐旱性强的植物,而黏土土壤保水性能好,适合种植需要较多水分的植物。

湿度和水源供应也是影响植物选择的重要因素。某些植物需要高湿度的环境才能生长良好,而其他植物则适应较干燥的环境。因此,在选择定植植物时,需要考虑当地的湿度水平和水源供应情况。例如,在干旱地区,选择耐旱植物可以减少用水量,并确保植物的生存。

光照是植物进行光合作用的重要条件之一。不同植物对光照的需求不同,有些植物需要充足的阳光才能生长良好,而其他植物则适应荫蔽环境。在选择定植物时,应考虑当地的光照条件,并选择适应这些条件的植物。例如,在阴凉的花园中,可以选择蕨类植物和萧蔓植物。

风力也是一个重要的环境因素,特别是在一些风速较大的地区。强风可能对植物造成物理伤害,甚至影响植株的稳定性。在这样的环境中,应选择耐风性强的植物,或者采取措施保护植物免受风害。

在选择定植植物时,还需要考虑当地的生态环境和生物多样性。选择本地原生植物不仅有助于保护当地生态系统,还能吸引本地的野生动物,维持生态平衡。原生植物通常适应当地的环境条件,生长更为稳定。

考虑土地的地形和排水情况也是重要的步骤。不同的地形可能会导致排水条件的变化,例如山坡上的排水速度较快,而平地上的排水速度较慢。根据地形和排水情况选择适合的植物,可以避免根系因积水而受损。

温度波动和极端天气事件是另一个需要考虑的因素。在一些地区,温度可能在一天之内大幅波动,或者经历极端高温或低温。在这种情况下,应选择能够适应温度波动的植物,或者采取措施保护植物免受极端天气的影响。

在选择定植植物时,还应考虑植物的生长习性和用途。例如,一些植物可能生长迅速,适合用于快速覆盖土壤或提供遮荫,而其他植物则生长缓慢,适合用于景观设计或保护珍稀植物。

综合考虑环境条件和种植目的是选择定植植物的关键。通过了解当地环境的独特性，以及植物的特性和需求，可以做出明智的选择，确保植物在种植后迅速适应环境并健康生长。

(二) 考虑景观设计要求

适应当地气候和土壤条件的植物是选择的首要因素。不同地区的气候条件，如温度、湿度和降雨量，都会影响植物的生长。因此，选择适应当地气候的植物有助于确保其在景观中的健康生长。

土壤类型和质量也是选择植物时的重要考虑因素。不同的植物对土壤的质地、排水性和肥沃度有不同的要求。通过对土壤进行测试和改良，可以确保选择的植物能够在现有土壤条件下生长良好。

在满足景观设计的视觉效果和风格方面，植物的形态和颜色是关键因素。选择合适的植物种类，可以营造出特定的设计风格，如现代、自然或传统。植物的形态和颜色搭配有助于创造层次感和趣味性。

植物的生长习性和尺寸也是选择的重要考虑因素。了解植物的成熟尺寸和生长速度，可以确保其在景观中不会过度生长，影响整体设计。考虑植物的生长习性，如直立、匍匐或攀爬，有助于确定其在设计中的适用性。

在景观设计中，植物的功能性也是重要的考虑因素。选择具有特定功能的植物，如遮荫、阻挡风沙或吸引野生动物的植物，可以提高景观设计的实用性。例如，种植乔木可以为休息区提供遮荫，而种植灌木可以形成自然屏障。

耐旱性和耐寒性是选择定植植物时需要考虑的条件。特别是在干旱或寒冷地区，选择具有这些特性的植物可以减少维护成本，提高植物在景观中的生存率。

在景观设计中，考虑季节性变化也是重要的。选择在不同季节展现不同美感的植物，如春天开花的植物或秋天变色的植物，可以提高景观设计的动态性和趣味性。

考虑植物的寿命和维护需求是选择植物时的另一个关键方面。长寿命的植物可以减少更换和维护的频率，而低维护需求的植物可以降低维护成本。选择合适的植物种类可以确保景观设计的长期可持续性。

了解植物的生态特性也是选择定植植物的重要条件。例如，选择本地植物可以支持当地的生态系统，提供野生动物的栖息地和食物源。选择抗病虫害的植物也可以减少病虫害的风险，提高景观的稳定性。

与其他景观元素的协调性也是选择定植植物时需要考虑的。植物应与硬质景观元素（如石头、砖石和木材）和其他软质景观元素（如草坪和灌木）相协调，形成整体统一的设计效果。

考虑植物的经济性和可获得性也是选择时的重要条件。选择价格合理且容易获得的植物可以降低项目成本，提高项目的可行性。要确保所选植物的供应来源稳定可靠。

在景观设计中，选择多样性植物有助于提高设计的丰富性和生态稳定性。多样性的植物可以提供多种颜色、形态和功能，增加景观的趣味性和吸引力。

第二节　栽植技术及注意事项

一、园林植物栽植技术

（一）挖植坑的大小与深度

了解植株的根系特性是确定挖植坑大小和深度的前提。不同植物的根系结构差异很大，既有浅根系植物，也有深根系植物。通过了解植物的根系特性，可以确定植坑的适当深度和宽度，为植株提供最佳的生长环境。

一般来说，挖植坑的宽度应根据植株根系的扩展范围进行测量。理想情况下，植坑的直径应该是植株根球直径的 2 至 3 倍。这种宽度可以确保根系有足够的空间在植坑中舒展，有利于植株的稳定和吸收养分。

至于植坑的深度，通常应根据植株根球的深度来决定。植坑的深度应该与根球深度相同，或略微深一些，以确保植株可以稳固地种植在植坑中。如果植坑过深，植株可能会被埋得过深，不利于根系呼吸和吸收养分。

在挖植坑之前，首先要选择合适的地点进行种植。这个地点应该避开过于密集的树木或其他植被，以确保新植株有足够的生长空间。尽量选择阳光充足、排水良好的区域，以满足植物对光照和水分的需求。

在挖植坑的过程中，要注意避免过度压实植坑周围的土壤。压实的土壤会影响根系的生长和透气性。因此，尽量保持植坑周围土壤的松散，以促进根系的扩展。

在植坑挖好后，可以进行土壤改良。通过添加有机质或其他土壤改良剂，可以改善土壤的结构和养分状况，为植株提供更好的生长环境。在植坑中混合原土和改良土，以确保土壤均匀。

在种植过程中，植株的定植深度非常重要。植株应与原始生长的深度保持一致，确保根颈部位不被过度埋没。如果植株种植得过深，根系可能无法获得足够的氧气，影响植株的生长。

植株种植完毕后，填土要均匀地进行，同时适当压实，以确保植株稳固。避免过度压实，防止根系无法正常呼吸。填土完成后，浇水是必要的步骤。这有助于促进根系与土壤的结合，同时为植株提供生长所需的水分。

在挖植坑的大小和深度的基础上，根据不同植物的需求，适时施肥和进行其他养护工作是维持植株健康生长的关键。合理的浇水和修剪，可以促进植株的生长，维持园林景观的美观。

（二）根系修剪与拨开

根系修剪与拨开的目的在于促进植物根系的生长和适应。根系修剪可以去除受损、病变或过长的根，减轻植物在移植过程中的应激，促进新的根系生长。拨开根系则可以防止根系缠绕在一起，提高根系与土壤的接触面积，促进养分和水分的吸收。

在进行根系修剪与拨开时，首先要选择合适的工具，如剪刀或园艺刀。要注意清洁工具，以避免传播病原体。在进行根系修剪时，首先仔细检查根系，寻找受损、枯萎或病变的根。这些根应被剪去，以减少对植物的负担。根系过长的部分也可以适度修剪，以便于植物在新的土壤中更好地扎根。

拨开根系的操作步骤相对简单，但需要细心。将植物从容器中取出，或将根系暴露出来。轻轻将缠绕在一起的根系拨开，确保每根根系都能自由伸展。在拨开根系的过程中，要注意不要过度拉扯或损伤根系。必要时，可以使用水冲洗根系，清除泥土，以便更好地进行拨开。

在园林植物栽植中，根系修剪与拨开是重要的准备工作。经过修剪和拨开的根系可以更好地与新的土壤接触，加速扎根过程，促进植物生长。在栽植过程中，将植物放入挖好的种植坑中，使根系自然伸展，并用土填实。注意不要让根系弯曲或折叠。

根系修剪与拨开在园林植物栽植中的应用非常广泛，特别是在移植大型植物或多年生植物时。对于一些移植困难的植物，适度修剪根系可以减轻移植后的应激，促进根系重新生长。对于一些根系缠绕严重的植物，拨开根系可以避免根系自缠，提高移植后的成活率。

根系修剪与拨开还可以用于改善植物的生长习性。例如，在移植过程中，通过修剪和调整根系的方向，可以影响植物的生长方向和形态。这在园林设计中可以被用来塑造植物的外观，达到理想的景观效果。

需要注意的是，在进行根系修剪与拨开时，要根据不同植物的特性和需求进行操作。一些植物对根系修剪和拨开的敏感度较高，可能需要特别小心的处理。在操作过程中，要注意保护根系不受环境中的病原体和害虫的侵害。

(三) 定植与填土

1. 定植植物

在选择定植植物之前，需要首先了解当地的气候、土壤和生态环境。这些因素直接影响到植物的生长和适应性。因此，选择适合当地条件的植物是栽植成功的基础。应考虑植物的生长习性、体积和美观特性，以确保它们在园林中发挥最佳效果。

在选择植物之后，下一步是确定栽植地点。栽植地点应根据植物的光照、湿度和空间需求进行选择。确保所选择的地点满足植物的生长条件，可以提高定植的成功率。栽植地点应与整体园林设计相协调，考虑植物的视觉效果和与其他植物的搭配。

土壤准备是定植植物的重要步骤。根据不同植物的需求，可以通过添加有机物、调整pH值或改良土壤结构来准备种植地。例如，添加堆肥或腐殖质可以提高土壤的养分含量和保水性。整地和耕作则有助于改善土壤结构，为植物根系提供良好的生长环境。

在进行定植之前，应该仔细观察苗木或幼苗的质量。选择健康、无病虫害的苗木是确保栽植成功的关键。苗木的根系应该发达、无损伤，以确保在定植后迅速生长。定植前应将根系浸泡在水中，确保根系充分吸水。

挖掘定植坑是栽植技术中的关键步骤。定植坑的大小应根据苗木的根系大小进行确定。通常，定植坑的宽度和深度应该是苗木根球的两倍，以确保根系有足够的空间伸展。在挖掘定植坑时，应确保坑的底部平整，无大块土壤或石块。

定植时，应该将苗木的根系轻柔展开，然后放入定植坑中。确保苗木的根冠线与地面平齐，避免栽植过深或过浅。填土时，应分层填充，每填一层都要轻轻压实，以确保根系与土壤紧密接触。

定植完成后，及时浇水是确保苗木存活的关键。浇水可以帮助苗木根系与土壤充分接触，并减轻定植后的应激反应。定植后几周内，保持土壤湿润是确保苗木健康生长的重要措施。

为了确保植物的稳定性，定植后可以使用支撑物对苗木进行支撑，特别是对于较高的苗木。这有助于防止苗木在风雨中倾倒，并有助于根系迅速稳定。在支撑苗木时，应使用柔软的绑扎材料，避免对苗木造成损伤。

定植后，及时进行修剪和整形也是园林植物栽植技术中的重要环节。修剪可以促进植物的分枝和生长，同时保持植物的形态美观。通过修剪，可以控制植物的高度和形态，使其与整个园林的设计相协调。

定植后的养护管理是确保植物健康生长的重要部分。养护管理包括定期浇水、施肥、除草和病虫害防治等。通过合理的养护管理，可以确保植物在定植后迅速适应环境，并健康苗壮成长。

定植植物不仅涉及技术操作，还需要考虑生态平衡和可持续发展。通过选择本地原生植物，可以促进生物多样性和生态保护。在定植过程中应避免使用过多的化学肥料和农药，以减少对环境的负面影响。

在定植植物过程中，细致的规划和操作是确保栽植成功的关键。通过综合考虑植物的生长需求、园林设计和环境条件，可以实现高效、持久的园林效果。园林植物栽植技术不仅是一项科学，更是一门艺术，它为创造美丽、和谐的园林提供了无限可能。

2. 填土与压实

选择合适的填土材料是栽植成功的关键。填土材料应与原始土壤相似，具有良好的透气性和排水性能。若原始土壤质量较差，可根据需要进行改良，如添加有机质或砂子，提高土壤的质量和结构。

在填土过程中，分层填充是一个重要的原则。分层填充可以确保土壤在根系周围均匀分布，减少空隙和沉降。每填一层土，应适度压实，以消除气泡并提供稳定的基础。

压实的程度需要适中。过度压实可能导致土壤密度过高，影响根系的呼吸和吸收能力。而过于松散的填土可能导致植物不稳定，根系难以适应环境。因此，要确保土壤适度紧密但仍保持透气性。

在填土与压实过程中，要注意保护植物的根系。特别是幼苗的根系较为脆弱，过度压实或不当操作可能导致根系受损。小心填土和压实，确保根系周围的土壤不受挤压。

对于大型树木或灌木的栽植，支撑和固定可能是必要的。填土与压实后，可以使用支撑桩或其他固定装置确保植株稳定，防止因风或其他因素导致的倒伏。

对于苗木的定植，填土与压实的过程中要注意根颈的位置。根颈应位于土壤表面或略低于表面，以确保根系和茎的正常生长。如果根颈埋得过深，可能导致根系无法正常呼吸和生长。

在填土与压实后，及时浇水是一个重要步骤。浇水可以帮助土壤沉降，填充空隙，并使根系与土壤紧密接触。合理的浇水量和频率有助于植物在定植后的适应和生长。

在施工现场，确保工作环境的整洁和无障碍是关键。保持土壤干净，避免混入杂质和杂草，确保填土和压实过程的顺利进行。避免在雨天或过于潮湿的条件下进行填土与压实。

填土与压实的过程中，要注意不同植物的需求。不同植物对土壤和栽植条件的要求不同，了解植物的生长习性和特性有助于调整填土和压实策略。

在填土与压实后，进行定期的检查和维护是必要的。观察植物的生长状况，检查土壤的密度和沉降情况。如果发现问题，应及时采取措施，如重新填土或调整支撑装置。

在园林植物栽植技术中，填土与压实与整体景观设计的协调也是重要的。填土与压实后，确保植株与周围环境的和谐，包括地形、植被和景观元素。

二、园林植物栽植注意事项

(一) 避免强烈日照

当选择种植地点时，了解植物的光照需求是至关重要的。不同的植物对阳光的需求不同，有些植物喜欢阳光充足的环境，而其他一些植物则更适合在阴凉或半阴的环境中生长。因此，在选择种植地点时，要根据植物的特性来确定它们需要的光照条件。

为了避免强烈日照对植物的影响，合理选择种植区域是关键。为喜阴植物或半阴植物选择有遮荫的区域，例如建筑物旁、树下或其他阴凉处。这些区域可以提供较为适宜的光照条件，避免阳光直射。

利用自然遮荫或人工遮荫是保护植物的重要方法之一。自然遮荫可以通过在园林中种植高大乔木或其他遮荫植物来实现，这些植物可以为较矮的植物提供遮荫。在园林规划中，合理搭配不同高度和种类的植物，可以创造出层次丰富、生态平衡的景观，同时提供适当的遮荫。

在强烈日照期间，特别是夏季的中午时段，植物可能面临较高的温度和阳光暴晒。此时，使用人工遮荫设施，如遮阳网、遮阳伞或棚架，可以有效地降低阳光对植物的影响。这些遮荫设施可以临时安装在植物上方，提供适度的遮荫效果。

除了遮荫措施，保持土壤湿润也是避免强烈日照对植物影响的重要策略。充足的水分可以帮助植物抵御高温和阳光的压力。因此，定期浇水，特别是在阳光强烈的时段，可以确保植物在炎热的天气下保持健康。

对于一些特定植物，如新移栽的幼苗或脆弱的植株，可以采取额外的保护措施。例如，可以在种植初期为植株提供临时遮荫，逐渐适应阳光条件。通过逐步增加光照，可以帮助植物更好地适应环境。

在园林设计中，考虑阳光的变化是重要的。不同季节和时间段，阳光的强度和角度会发生变化。因此，在选择种植位置时，应该考虑全年阳光的变化情况，并根据植物的需求进行相应的安排。

合理的植株间距和密度也可以帮助避免强烈日照对植物的影响。过密种植可能导致植株间的竞争加剧，影响植物对光照和水分的获取。合理的间距可以促进空气流通，减少高温和阳光对植物的压力。

在园林植物栽植中，监测和调整是持续进行的工作。定期观察植物的生长情况，注意叶片是否有灼伤或黄化等阳光过强的迹象。如果发现问题，及时采取遮荫或调整措施。

（二）选择避风地点

风对植物的影响主要体现在物理损害、干燥和温度波动等方面。强风会对植物造成物理损害，如折断枝干或撕裂叶片，严重时甚至导致整株植物倒塌。风还会加速土壤水分的蒸发，导致植物干旱。风带来的温度波动也可能对植物产生应激反应，影响其生长。

在园林植物栽植中，选择避风地点的重要性在于减少风对植物的不利影响。通过选择相对避风的地点，可以保护植物免受强风的侵害，保持土壤水分，减少干旱风险。避风地点通常气温较稳定，有助于植物适应新的生长环境。

选择避风地点时，需要综合考虑周围环境和植物特性。要了解当地的气候特点和风向，特别是常见的风向和风速。根据这些信息，可以选择相对避风的区域，如建筑物、树篱或自然地形的背风面。要考虑植物的种类和习性。一些植物对风的敏感度较高，需要特别注意选择避风地点；而一些耐风性强的植物则可以在相对开放的环境中种植。

在选择避风地点的还可以采取一些辅助措施来进一步保护植物。树篱和屏风是常见的防风措施，可以减缓风速，保护植物。种植时要注意植物之间的间距，避免过于密集，以确保每株植物都有足够的空间生长，并减小风对整片区域的影响。

在园林植物栽植中，选择避风地点的注意事项包括土壤质量、水分管理和种植深度等方面。要确保选择的避风地点土壤质量良好，排水性好，不易积水。水分管理也很重要，在种植后要保持适度的浇水，以防止干旱。种植深度要适中，过深或过浅都会影响植物的生长和稳定性。

种植时要注意避免将植物种植在风口处，特别是在山谷或峡谷等地形。这样的地点容易形成强风，对植物造成更大的损害。在避风地点种植时，还可以选择一些耐风性强的植物作为风障，为其他植物提供额外的保护。

在园林植物栽植中的避风地点选择还需要考虑长期发展和可持续性。种植者可以通过观察和经验，了解哪些植物在特定环境中表现良好，并根据需要调整种植计划。通过科学合理的规划，可以在长期内保持园林的健康和美观。

选择避风地点是园林植物栽植中的重要环节，通过科学合理的选择，可以有效保护植物免受风害，提高植物的生长质量和寿命。随着园林技术和环境保护意识的不断发展，选择避风地点的技术和方法将继续改进，为园林植物栽植提供更好的支持。

（三）避免植物移植应激

1. 尽快完成栽植

选择合适的植物是栽植成功的基础。根据当地的气候、土壤、光照和湿度条件，选择适合的植物品种。适应当地环境的植物通常更容易生长，减少了定植后的管理难度。

在选择植物时，还应仔细检查苗木的质量。选择健康、无病虫害的苗木是确保栽植成功的关键。苗木的根系应该发达、无损伤，这样才能在定植后迅速扎根。

栽植前的土壤准备至关重要。确保土壤松软、透气、排水良好。根据植物的需求，调整土壤的pH值和养分含量。添加有机质，如堆肥或腐殖质，可以改良土壤，促进植物生长。

定植前，应提前浇水以湿润土壤。湿润的土壤有助于根系更好地与土壤接触，确保定植后植物能够迅速吸收水分和养分。

挖掘定植坑的大小应根据苗木的根球大小确定。定植坑应比根球宽两到三倍，以确保根系有足够的空间伸展。坑的深度也应与根球相当，避免栽植过深或过浅。

在定植时，确保苗木的根冠线与地面平齐。根冠线是苗木根系与主干交界的部位。如果苗木栽植过深，可能导致根系无法正常呼吸；如果过浅，根系可能暴露在空气中，导致干燥和受损。

填土时，分层填充土壤，每填一层都要轻轻压实，避免形成空隙。压实有助于根系与土壤紧密接触，促进根系扎根。

定植完成后，立即浇水以帮助植物适应新环境。及时浇水可以减轻定植后的应激反应，确保植物迅速吸收水分和养分。

定植后，使用支撑物对高大苗木进行支撑，防止倾倒。在支撑苗木时，使用柔软的绑扎材料，以避免对苗木造成损伤。

定植后的养护管理至关重要，包括浇水、施肥、修剪、除草和病虫害防治等。保持土壤湿润，特别是在干旱季节。根据植物的需求，合理施肥，促进健康生长。

在养护管理过程中，修剪是保持植物形态美观的重要环节。通过修剪可以控制植物的高度和形态，促进分枝和开花。

定植后要及时检查植物的生长情况，如发现任何病虫害迹象，应立即采取措施进行防治。及时除草有助于减少对植物的竞争，确保其获得足够的养分和水分。

在栽植过程中，应注意保护现有植被和土壤结构，避免破坏环境。选择适合的种植模式，合理布局，确保园林的整体美观和功能。

尽可能选择本地原生植物，因为它们通常更适应当地环境，并有助于维持生态平衡。避免引入可能成为入侵物种的外来植物，以保护当地生态系统。

2. 避免根系损伤

在开始栽植之前，选择健康、完好的苗木是避免根系损伤的首要条件。仔细检查苗木的根系，确保其没有病虫害、腐烂或机械损伤。健康的根系通常呈白色或淡黄色，且根毛发达。

在挖坑之前，确保坑的大小和深度适中。过浅的坑可能导致根系无法完全进入土壤，而过深的坑可能导致根颈被埋得过深，影响根系的呼吸和生长。坑的直径应比根球大约两倍，深度应与根球相当。

在挖坑时，小心避免损伤周围的根系。尤其是在已存在的园林环境中，操作要小心，避免影响其他植物的根系。使用适当的工具和技术，避免过度挖掘和搅动土壤。

在移植苗木时，保持根系的完整性是关键。尽量保留原土球，减少根系暴露在空气中的时间。根系暴露过久可能导致其干燥和受损。在运输和处理过程中，小心对待苗木，避免根系受到机械损伤。

如果苗木根系缠绕成团，应在栽植前进行处理。用剪刀小心剪断缠绕的根系，避免在土壤中形成根团，影响根系的吸收能力和稳定性。

在移植时，将苗木置于坑中后，确保根系自然展开，避免根系扭曲或重叠。根系应呈放射状分布，以确保其与土壤充分接触，利于吸收水分和养分。

在填土时，小心分层填充，避免一次性填满。每填一层土，应适度压实以消除空隙，但要避免过度压实，影响根系的呼吸和生长。分层填土可以确保根系周围土壤的均匀性和稳定性。

在定植后，及时浇水是避免根系损伤的重要措施。浇水可以帮助根系与土壤紧密接触，并促进根系生长。适度的浇水量和频率是关键，避免过度浇水导致根系腐烂或不足浇水导致根系干旱。

在定植初期，提供适当的支撑和保护措施可以减少根系受损的风险。支撑装置可以帮助植株保持稳定，减少风或其他因素对根系的影响。遮阳网或覆盖物可以保护根系免受阳光直射和干燥。

定期检查苗木的生长状况和根系的状态是必要的。观察苗木的叶片、茎干和根系，及时发现问题，如枯萎、黄叶或根系腐烂。如果发现问题，及时采取措施，如调整浇水或施肥策略。

在园林植物栽植中，避免根系损伤还包括合理选择和安排植物种类。了解不同植物的生长习性和特性，可以避免选择根系过于旺盛或侵略性的植物，影响其他植物的生长和根系健康。

在维护期间，避免过度耕作和翻土，以免影响根系。保持土壤适度松软，但不要过度扰动土壤结构。避免在根系周围过度踩踏，减少对根系的机械损伤。

第三节 移植技术及适应措施

一、园林植物移植技术

(一) 选择适当的移植时间

了解植物的生长周期。每种植物都有特定的生长周期，包括生长、休眠和开花结果等阶段。在选择移植时间时，要考虑植物的生长阶段。通常来说，植物在休眠期（秋季或早春）移植最为合适，因为此时植物的生长活跃度较低，根系的负担较小。

关注当地的气候条件。不同地区的气候条件各不相同，包括温度、湿度和降雨等因素。这些条件直接影响植物的生长和移植的成功率。在选择移植时间时，要考虑当地气候的季节变化，避免在高温、干旱或寒冷的天气下移植。

在考虑植物的适应性时，要注意不同种类的植物对移植时间的不同要求。例如，一些常绿植物在秋季或早春移植效果最好，而落叶植物则通常在休眠期移植更为合适。根据植物的种类和生长习性选择合适的移植时间，有助于提高移植成功率。

提前准备移植所需的工具和材料。移植前，要确保所需的工具（如铲子、剪刀、绳子等）和材料（如有机质、肥料、水分保持剂等）齐全。提前准备好这些物品可以减少移植过程中的时间和工作量。

移植前的准备工作是确保移植成功的关键。包括选择合适的种植位置、对新种植区域进行土壤改良，以及为移植后的植物提供必要的养护条件。通过提前规划和准备，可以确保植物在移植后的健康生长。

在移植过程中，要注意对植物根系的保护。尽量保持根系的完整性，避免根系受损。如果植物根系过长，可以适当修剪根系，但要保持根系的主要部分完整。根系修剪有助于促进新根的生长和定植。

确保移植过程中的谨慎操作。在将植物从原始位置移走时，要注意尽量保持根球的完整性。如果移植的植物较大，可以使用机械设备或其他工具来辅助移植过程，确保操作的稳定性和安全性。

在新种植区域中，将植物按照适当的深度和位置种植。确保植物与土壤的接触良好，并保持根颈部位与地面齐平。填土时要均匀、适量，并适度压实，确保植物稳固。

移植后的养护工作至关重要。移植后要及时浇水，保持土壤湿润，以帮助根系恢复。根据植物的需求，适时施肥和修剪，可以促进植物的生长和适应新环境。

移植后的观察和调整是确保植物在新环境中健康生长的重要环节。定期检查植物的生长状况，及时发现和处理可能出现的问题。如果发现植物出现黄化、萎靡等症状，要及时采取相应措施。

选择适当的移植时间在园林植物移植技术中至关重要。通过了解植物的生长周期和当地气候条件，提前准备移植工具和材料，以及采取科学合理的移植和养护措施，可以提高植物移植的成功率和适应性，确保园林植物的健康生长。

（二）妥善处理与固定

1. 植物支撑

植物支撑的目的是为移植后的植物提供额外的稳定性。移植后的植物根系还没有完全扎根，在风、雨或其他外界因素的影响下，容易发生倒伏或倾斜。通过支撑植物，可以保持其直立生长，保护根系免受损害，促进植物在新的环境中扎根和生长。

在进行植物支撑时，首先要选择合适的支撑材料和方法。常用的支撑材料包括竹竿、金属支柱或木桩等。这些材料需要坚固耐用，并且能够抵御风雨。根据植物的大小和形态，选择适当的支撑方式。例如，对于较小的灌木或乔木，可以使用竹竿或木桩作为支撑；对于较大的树木，可能需要使用多根支柱进行支撑。

具体操作时，要将支撑物牢固地插入土壤中，确保其稳固。支撑物的位置要与植物保持一定距离，避免对根系造成损害。将植物轻轻固定在支撑物上，确保其直立生长。固定时要使用柔软的材料，如布带或绳索，以免损伤植物的树皮或枝干。

在园林植物移植技术中，植物支撑的应用非常广泛。特别是在移植大型树木或乔木时，植物支撑是不可或缺的步骤。移植后的树木由于根系未扎根，容易在风雨中发生倾倒。通过支撑，可以有效减少倒伏风险，保护移植成功率。

除了树木之外，其他类型的园林植物，如灌木和藤本植物，也可以从植物支撑中受益。对于灌木，可以通过支撑保持其形态美观，防止枝干弯曲或倒伏。对于藤本植物，支撑提供了生长的方向和路径，帮助其攀爬和覆盖所需的区域。

植物支撑的维护也是移植过程中需要注意的事项。随着植物的生长，支撑物可能需要调整位置或更换，以适应植物的变化。要定期检查支撑物的稳固性和植物的固定情况，确保支撑效果良好。注意避免支撑物对植物造成不必要的压力或损害。

植物支撑在园林植物移植技术中起到重要作用，通过科学合理的操作，可以提高移植成功率和植物生长质量。随着园林技术的不断进步，支撑材料和方法也在不断改进，为种植者提供更多的选择和支持。特别是在移植大型树木和珍贵植物时，植物支撑是确保移植成功和植物健康生长的重要技术。

植物支撑是园林植物移植技术中的关键环节，通过合理的支撑操作，可以帮助植物在新的环境中稳定生长，减少移植后的应激反应，提高植物的成活率和生长质量。在进行植物支撑时，种植者要根据不同植物的特性和需求，选择合适的支撑材料和方法，并注意维护和调整支撑物，以确保植物的稳定和健康生长。

2. 固定土壤

在进行移植之前，首先要选择适合的移植时间。通常，春季和秋季是移植植物的最佳时间，因为此时气温适中，植物处于休眠或生长减缓阶段，这有助于植物更好地适应新环境。

在准备移植之前，需要充分了解植物的生长习性和根系特点。这将有助于确定移植时的操作方法和注意事项。例如，一些植物根系较浅，需要在移植时特别注意保护根系。

移植前，应提前准备好新的种植地。确保新的种植地土壤疏松、排水良好，并根据植物的需求调整土壤的pH值和养分含量。提前浇水湿润土壤，可以帮助移植后的植物更好地适应环境。

在挖掘植物时，必须小心操作，避免对根系造成损伤。挖掘时应尽可能保留完整的根球，并根据植物的大小确定合适的挖掘范围。挖掘后的根球应及时进行保护，避免暴露在阳光下或干燥环境中。

移植过程中，固定土壤是确保植物稳定的重要环节。在新的种植地挖掘定植坑时，确保坑的大小与根球相适应。定植坑的深度应与根球相当，避免栽植过深或过浅。

将植物移植到新的种植地时，应确保根冠线与地面平齐。根冠线是植物根系与主干交界的部位，保持根冠线与地面平齐有助于根系正常呼吸和生长。

在定植时，分层填充土壤，并轻轻压实。分层填充可以确保根系与土壤紧密接触，促进根系扎根。轻轻压实可以避免土壤过于松散，确保植物稳定。

定植完成后，及时浇水是帮助植物适应新环境的关键。浇水可以帮助根系与土壤充分接触，并减轻移植后的应激反应。保持土壤湿润，有助于植物更好地生长。

移植后的支撑措施对于高大或不稳定的植物是必要的。使用支撑物对植物进行支撑，可以防止倾倒，并有助于根系迅速稳定。在支撑植物时，应使用柔软的绑扎材料，避免对植物造成损伤。

在移植后，定期检查植物的生长情况，及时采取措施解决任何问题。例如，如果发现植物出现萎蔫或黄叶的情况，应及时调整浇水或施肥。

移植后的养护管理是确保植物健康成长的重要部分。养护管理包括浇水、施肥、修剪和病虫害防治等。根据植物的需求，合理安排养护计划，确保植物在新的环境中迅速适应和生长。

在移植过程中，尽量避免对现有植被和环境造成破坏。合理规划移植地点和路线，保护周围的植物和生态系统。选择合适的移植工具和方法，确保操作的精细和安全。

在园林植物移植的过程中，尽可能选择本地原生植物，因为它们通常更适应当地环境，并有助于维持生态平衡。避免选择可能成为入侵物种的外来植物，以保护当地的生态系统。

二、园林植物移植适应措施

（一）渐进性适应光照

植物移植后，要观察新地点的光照情况，并与原生长地进行比较。确定新环境的光照强度和持续时间，评估其与植物原本生长环境的差异。了解这些差异有助于制定渐进性适应光照的策略。

在移植初期，采取遮阴措施可以保护植物免受强烈阳光的影响。遮阳网或遮阳篷可以为植物提供适度的遮阴，减缓光照的强度。根据植物的需求和新环境的光照条件，选择适当的遮阴材料和方式。

逐渐增加光照是渐进性适应的重要策略。初期可以在植物周围提供较多的遮阴，随着植物适应新环境逐渐减少遮阴范围。这个过程可以根据植物的生长情况和适应程度进行调整。

注意选择合适的时间进行光照调整。通常在早晨或傍晚进行光照调整是理想的，因为此时的光照强度较低。避免在正午强光时段进行调整，以免植物因突然的光照变化而受到伤害。

在渐进性适应光照的过程中，要注意观察植物的反应。观察植物叶片的颜色、形态和生长速度等指标。若出现叶片变黄、灼伤或生长缓慢的情况，可能需要调整遮阴措施或光照强度。

适应光照的过程中，要根据不同植物的需求采取相应措施。不同植物对光照强度和持续时间的需求不同，了解植物的生长习性和特性是制定适应策略的基础。例如，耐阴植物需要更长时间的遮阴，而喜阳植物可能适应较强的光照。

在调整光照的要确保植物获得充足的水分和养分。移植初期，植物的根系可能尚未完全适应新土壤，水分和养分的吸收能力可能较弱。适度浇水和施肥可以帮助植物更好地应对光照变化。

在园林设计中，合理安排植物的位置可以减少光照适应的难度。根据植物的光照需求和新环境的光照条件，将植物安置在适合的位置。例如，将耐阴植物安置在树荫下，将喜阳植物安置在阳光充足的区域。

在多株植物的移植中，注意不同植物之间的光照需求差异。合理安排植物的位置，避免不同光照需求的植物相互竞争。例如，将耐阴植物和喜阳植物分别安置在不同的区域。

在移植后，持续监测和调整光照适应措施是必要的。随着植物的生长和季节变化，光照需求可能发生变化。定期检查植物的生长状况，及时调整遮阴措施和光照强度。

在渐进性适应光照的过程中，要避免过度频繁地调整遮阴措施。频繁的调整可能导致植物无法适应变化，增加应激反应。应根据植物的适应程度和生长情况进行合理的调整。

通过渐进性适应光照的措施，植物可以逐渐适应新环境的光照条件，减少应激反应，提高移植成功率。合理的遮阴和调整光照强度，可以为植物提供稳定、适宜的生长环境。

(二) 逐步调整水分管理

移植后的立即浇水是确保根系与土壤接触良好并减少移植应激的重要步骤。在将植物种植到新位置后，应立即浇水，确保根系周围的土壤充分湿润。这有助于植物根系迅速恢复，开始吸收水分和养分。

在早期阶段，定期监测土壤湿度是关键。移植后的初期，植物可能需要较高的水分以适应新环境。种植者可以使用土壤水分计或其他方法监测土壤的湿度，并根据需要进行浇水。避免土壤过干，以防止根系受损。

根据植物的种类和生长习性调整浇水频率和数量。不同植物对水分的需求不同，尤其是移植后的初期阶段。例如，一些喜湿的植物可能需要更多的水分，而耐旱植物则需要适量控制水分。根据植物的特性，制定相应的浇水计划。

避免过度浇水是保持土壤透气性的重要措施。过多的水分可能导致根系缺氧，影响植物的生长。过度浇水可能导致土壤板结，阻碍根系的扩展。因此，要避免土壤过于湿润，保持适度的湿度水平。

逐步减少浇水频率是帮助植物适应新环境的关键。移植初期可能需要较高的浇水频率，但随着植物根系的恢复和生长，浇水频率可以逐步减少。这有助于促进根系深入土壤，提高植物的抗旱能力。

在调整浇水管理的考虑季节和天气变化是必要的。在炎热干燥的季节，植物可能需要更多的水分，而在降雨较多的季节，则可能需要减少浇水。根据天气预报和当地气候条件，调整浇水计划。

保持土壤表层和根系周围的适当湿度。定期检查土壤表层和根系周围的湿度，确保土壤保持适度的湿润而不积水。这有助于根系的健康生长，避免水分过多或过少对植物的负面影响。

及时排水是防止土壤积水的关键。良好的排水系统可以避免植株根系受到积水的危害，特别是在降雨较多的季节或移植后的初期。确保种植区域的排水畅通，可以减少根系腐烂的风险。

在移植过程中，避免对根系造成过度伤害也是确保水分管理的关键。根系受损会影响植物吸收水分和养分的能力，因此在移植时要尽量保持根系的完整性。

移植后的观察和调整是确保水分管理效果的必要步骤。定期观察植物的生长状况，注意叶片的颜色和生长情况。如果发现植物出现黄化、萎蔫或叶片干枯等症状，可能需要调整浇水计划。

通过合理的水分管理，植物可以更好地适应新环境，提高成活率和生长速度。随着时间的推移，种植者可以根据植物的生长情况逐步调整浇水策略，以满足植物的需求。

总结来说，逐步调整水分管理是园林植物移植适应措施中的重要环节。通过科学合理地制定浇水计划，根据植物的特性和季节变化调整浇水频率和数量，可以确保植物在移植后的初期阶段健康生长，提高园林植物的适应性和成活率。

(三) 定期监测与养护

定期监测与养护的重要性在于及时发现移植后可能出现的问题，如病虫害、干旱、营养不良等。这些问题如果不及时处理，可能会对植物的生长和适应造成负面影响，甚至导致植物死亡。通过定期监测，可以了解植物的生长状态，及时采取相应的养护措施，确保植物在新的环境中顺利生长。

在进行定期监测时，要观察植物的多个方面，包括叶片、枝干、根系和整体生长状态。叶片的颜色和质地可以反映植物的健康状况，叶片发黄或枯萎可能是营养不良或水分不足的迹象。枝干是否坚挺、无损伤也是健康的标志。观察根系是否扎根稳固，可以通过轻轻摇动植物来判断。

定期监测还包括对病虫害的观察。移植后的植物可能由于应激反应而对病虫害更为敏感。要注意观察叶片和枝干上是否有害虫、病斑或异常生长。发现问题时要及时采取措施，如喷洒农药或生物防治。

除了监测植物的生长状态，还需要定期监测土壤的水分和养分状况。移植后的植物根系尚未完全扎根，对水分和养分的需求可能有所不同。通过定期测量土壤水分，可以调整浇水频率和量，保持适度湿润。土壤养分测试则可以帮助确定是否需要补充肥料，避免营养不良。

在定期监测的基础上，养护是确保园林植物移植成功的重要措施。适度的浇水是移植后养护的关键。要根据植物的需求和天气情况，保持土壤湿润，但不要过度浇水，以防根系腐烂。肥料的施用也需要根据植物的生长阶段和需求进行调整。初期可使用缓释肥料，后续根据需要补充养分。

修剪也是移植后养护的重要环节。适度修剪可以帮助植物保持良好的形态和健康状态。要根据植物的种类和生长习性，选择合适的修剪时间和方法，避免过度修剪造成的伤害。

防风措施在移植后的养护中也不可忽视。强风可能对植物造成物理损害和干旱。通过设置屏障或支撑物，可以减缓风速，保护植物的生长。特别是在移植大型树木时，支撑物的使用可以提高植物的稳定性。

定期监测与养护在园林植物移植中的应用至关重要。通过科学合理的监测和养护，可以帮助植物顺利适应新环境，提高移植成功率和植物的健康生长。随着园林技术的不断发展，监测和养护的方法和工具将继续改进，为园林植物移植提供更好的技术支持。

定期监测与养护是园林植物移植中不可或缺的重要措施，通过及时发现问题并采取相应措施，可以确保植物在新的环境中顺利生长，提高园林植物的健康和美观。种植者要根据不同植物的特性和需求，制定合理的监测和养护计划，为园林植物的成功移植打下良好的基础。

第四节 栽植后的管理与护理

一、园林植物栽植后的管理

（一）浇水的频率与量

浇水的频率应根据植物的种类、土壤类型和气候条件来确定。例如，干旱耐受性较强的植物通常不需要频繁浇水，而水分需求较高的植物则需要更频繁的浇水。沙质土壤排水良好，通常需要更频繁的浇水，而黏土土壤保水性强，浇水频率可以适当降低。

对园林植物来说，定植后最初几周的浇水尤为重要。这段时间内，植物根系尚未完全扎根，需要充足的水分来帮助其适应新环境。因此，在定植后的头两周内，浇水频率通常较高，以确保土壤始终保持湿润。

合理确定浇水量是确保植物生长的关键。浇水量应根据植物的生长阶段、根系深度和土壤含水量进行调整。在植物幼苗阶段，根系较浅，需要较少的水分。而成熟植物根系较深，可以吸收较多的水分，需要较大的浇水量。

在浇水时，应确保浇水深入土壤表层，使水分渗透到根系生长区域。过于表层的浇水可能导致根系无法吸收到足够的水分，影响植物的生长。避免在正午阳光最强烈的时间浇水，这样会增加水分蒸发，减少植物实际吸收的水分。

浇水的方式也很重要。使用喷灌或滴灌等方式可以提高浇水效率，并减少水分蒸发。滴灌可以将水分直接输送到植物根系附近，减少了水分的浪费。避免直接在叶片上浇水，可以减少病害的发生。

在不同的季节，浇水的频率和量也需要调整。春季和秋季是植物生长旺盛的季节，浇水需求较高。夏季气温较高，蒸发量大，需要增加浇水频率和量。冬季植物处于休眠阶段，浇水量可以适当减少。

在浇水过程中，要注意避免积水。过量的水分可能导致根系窒息，影响植物健康。积水还可能导致土壤盐分累积，对植物造成伤害。保持良好的排水系统，可以避免这些问题的发生。

通过观察植物的生长状态，可以及时调整浇水计划。如果发现植物出现萎蔫、叶片发黄或卷曲等症状，可能是水分不足或过多导致的。根据具体情况调整浇水频率和量，可以及时解决问题。

除浇水之外，配合施肥和修剪等养护管理，可以促进植物健康生长。合理的施肥计划可以提高土壤养分水平，满足植物的生长需求。而适当的修剪可以保持植物形态美观，促进通风透光。

在浇水的也要注意观察土壤的干湿程度。使用土壤水分计或简单的手指测试可以帮助判断土壤的湿度。根据土壤的干湿程度合理安排浇水计划，可以避免过多或过少的浇水。

在园林植物栽植后的管理中，浇水是关键的一环。通过合理安排浇水的频率与量，结合其他养护管理措施，可以确保植物在园林中健康茁壮成长，实现预期的景观效果。

（二）去除枯黄与病叶

在管理植物时，首先要定期检查植物的叶片状态。通过观察叶片的颜色和形态，可以识别出枯黄和病叶。枯黄的叶片通常呈现褪色或干枯状态，而病叶可能出现斑点、卷曲或枯萎等异常现象。

去除枯黄和病叶的过程需要使用适当的工具。园艺剪刀或剪枝剪是常用的工具，确保其锋利、清洁。锋利的剪刀可以确保切口整齐，减少对植物的伤害。

在去除枯黄和病叶时，要小心操作，避免损伤健康叶片和枝干。尽量保持剪刀与健康组织的距离，以免意外切断健康部分。剪切时要准确，避免留有残留部分。

对于枯黄的叶片，及时去除可以改善植物的美观度，并减少养分的浪费。枯黄的叶片已经失去功能，留在植物上只会消耗养分，影响其他部分的生长。

病叶的去除是预防病害传播的关键措施。病叶上可能附着病原体，若不及时去除，可能传播给其他健康叶片或邻近植物。通过及时去除病叶，可以减少病害的蔓延。

在去除枯黄和病叶后，及时处理掉这些叶片，以防止病原体在土壤中存活。可以将病叶放入密封袋中，避免其与其他植物或土壤接触。避免将病叶堆放在园林中或作为堆肥使用。

对于大面积病害的植物，去除枯黄和病叶后，可能需要进一步采取措施，如喷洒杀菌剂或杀虫剂。根据病害的类型和严重程度，选择合适的药剂和喷洒方法。

在去除枯黄和病叶的过程中，要注意观察植物的整体状况。若发现枯黄和病叶的数量较多，可能是植物受到环境压力或管理不当引起的。此时，需要查找原因并采取相应的调整措施。

去除枯黄和病叶后，观察植物的新叶生长情况。新叶的生长情况可以反映植物的健康状况。若新叶生长良好，说明去除措施有效，植物正在恢复。

对于新移植的植物，特别要注意去除枯黄和病叶。移植后的植物可能因为适应新环境而出现一些枯黄叶片，这些叶片的去除可以减少植物的负担，促进根系的生长。

在去除枯黄和病叶时，要注意不同植物的特性和需求。不同植物对修剪和去除措施的耐受性不同。了解植物的生长习性和修剪需求可以避免过度去除，影响植物的健康。

通过定期去除枯黄和病叶，可以提高园林植物的整体健康水平，减少病虫害的风险。健康的植物不仅美观，还能更好地抵御环境压力和病害。

（三）定期施肥

了解植物的养分需求是定期施肥的基础。不同种类的植物对养分的需求各不相同，包括氮、磷、钾以及微量元素等。在施肥前，要了解植物的生长习性和所需的养分，以制定合理的施肥计划。

根据土壤测试结果制定施肥策略。通过定期土壤测试，可以了解土壤中的养分含量和pH值，找出土壤中的营养缺乏点。根据测试结果，选择合适的肥料类型和施肥量，避免过量施肥或营养不均衡。

在植物的生长季节进行定期施肥。通常，植物在生长旺季对养分的需求较高，因此在春季和夏季是进行施肥的最佳时机。可以根据植物的生长周期，制定季节性施肥计划。

选择合适的肥料类型。常用的肥料类型包括速效肥、缓释肥和有机肥。速效肥可以迅速提供养分，但持续时间较短；缓释肥可以长时间释放养分，维持土壤中的营养水平；有机肥则可以改良土壤结构，提高土壤肥力。根据植物的需求和土壤条件，选择合适的肥料类型。

掌握合理的施肥量。过量施肥可能导致植物营养过剩，影响生长和健康。反之，施肥不足可能导致植物营养不良，生长不良。根据植物的需求和土壤条件，合理确定施肥量，避免过量或不足。

采取合适的施肥方法。常见的施肥方法包括根施和叶面喷施。根施是将肥料施入土壤中，供植物根系吸收；叶面喷施是将肥料喷洒在植物叶面上，供植物直接吸收。根据植物的种类和生长阶段，选择合适的施肥方法。

在施肥过程中，注意施肥的均匀性。无论是根施还是叶面喷施，都要确保肥料均匀分布，以避免局部营养过剩或不足。特别是在根施时，要确保肥料在植物根系周围均匀分布。

施肥前后，注意水分管理。在施肥前，应确保土壤适度湿润，以便肥料更好地被植物吸收。在施肥后，可以适量浇水，促进肥料的溶解和植物的吸收。

根据植物的生长阶段调整施肥策略。在植物的生长期，可以增加氮肥的施用，促进植株的生长；在开花和结果期，可以增加磷肥和钾肥的施用，促进开花和果实发育。

定期观察植物的生长状况是调整施肥策略的依据。通过观察植物的叶片、茎和花的生长情况，判断植物是否获得了足够的养分。如果发现植物出现黄叶、萎靡或生长缓慢等症状，可能需要调整施肥计划。

在进行定期施肥时，要注意避免肥料对环境的影响。过量施肥可能导致肥料流失，污染水源和土壤。因此，要遵循环境保护的原则，合理施肥，减少对环境的影响。

二、园林植物栽植后的护理

（一）病虫害防治

病虫害对园林植物的影响是多方面的。病害包括真菌、细菌和病毒等病原体引起的疾病，可能导致叶片枯萎、斑点、枯枝、根腐等问题。虫害包括各种害虫，如蚜虫、毛虫、甲虫等，它们会啃食叶片、茎干或根系，影响植物的生长和健康。病虫害的发生往往与环境条件、植物种类和生长状况有关。

在园林植物栽植后的护理中，及时发现和处理病虫害是关键。常见的病虫害种类包括蚜虫、红蜘蛛、白粉虱、叶斑病、霜霉病等。这些病虫害对不同的植物种类和品种影响不同。种植者需要通过定期检查和观察，及时发现植物上是否有病虫害的症状。

对于蚜虫、红蜘蛛和白粉虱等害虫，可以使用化学农药或生物防治方法进行处理。化学农药要选择针对性强、对环境友好的药剂，避免对其他生物和环境造成影响。生物防治包括引入害虫的天敌，如瓢虫、寄生蜂等，来自然控制害虫数量。

对于叶斑病、霜霉病等真菌病害，常见的防治措施包括修剪病枝、通风透光、使用杀菌剂等。修剪病枝可以减少病原体传播，通风透光有助于降低湿度，抑制病原体生长。使用杀菌剂时要根据病害的种类和严重程度选择合适的药剂，严格按照说明使用。

除了化学防治和生物防治外，园林植物栽植后的护理中还可以采取一些预防措施来减少病虫害的发生。合理的种植密度和布局可以减少病虫害传播的机会。保持土壤清洁和卫生，有助于抑制病原体和害虫的繁殖。选择抗病虫害能力强的植物品种也是一种有效的预防策略。

在病虫害防治过程中，种植者要注意选择合适的时间和方法进行处理。一般来说，早晨或傍晚是喷洒药剂的最佳时间，避免在炎热的中午进行处理，以免药剂蒸发过快或对植物造成伤害。喷洒药剂时要注意均匀覆盖，特别是叶片的正反两面。

在病虫害防治过程中，要避免盲目使用农药。过量使用农药可能导致害虫产生耐药性，并对环境和非目标生物造成危害。应根据具体情况选择合适的防治措施，并遵循农药使用的安全规定。

病虫害防治是园林植物栽植后护理的重要组成部分,通过及时发现和处理病虫害,可以保护植物的健康,提高园林的景观质量。在进行病虫害防治时,种植者要根据不同植物和害虫的特性,选择合适的防治方法,注重预防和综合治理。随着园林技术的发展和环保意识的提高,病虫害防治的方法和工具将继续改进,为园林植物的健康生长提供更好的支持。

(二) 生长监测

1. 定期观察植物生长

观察植物的生长状态是确保其健康的第一步。定期查看植物的叶片、茎干和根系,可以及时发现病虫害、营养不足或其他生长问题。健康的植物通常叶片翠绿、茎干坚挺,而出现萎蔫、变色或畸形等症状可能是问题的征兆。

观察植物的叶片是评估植物健康的重要指标。叶片的颜色、质地和形状可以反映植物的营养状况和病虫害感染情况。叶片发黄、枯萎或有斑点可能是缺乏养分、过度浇水或病虫害侵扰的表现。

在观察植物时,还应关注茎干的生长情况。茎干的坚挺度和颜色可以反映植物的生长势头和健康状况。茎干变软、弯曲或出现病斑可能是问题的迹象,需要及时采取措施。

根系是植物生长的基础,其健康状况直接影响植物的整体状态。观察根系时,检查其是否发达、无损伤,确保根系扎根良好。根系腐烂或生长受阻可能是水分过多或排水不良的结果。

定期观察植物的花朵和果实也可以帮助评估植物的生长情况。花朵和果实的数量、质量和形态可以反映植物的繁殖能力和营养状况。花朵凋谢过快或果实畸形可能是问题的征兆。

在观察植物的过程中,要注意环境因素对植物的影响。气候、土壤和光照等条件会对植物生长产生直接影响。例如,过强的阳光可能导致叶片灼伤,而过度荫蔽可能导致植物徒长。

定期记录观察结果可以帮助跟踪植物的生长情况,及时发现趋势变化。通过记录植物的生长速度、形态变化和问题发现,可以更好地制定养护计划和调整措施。

根据观察到的问题,及时采取相应的护理措施。例如,如果发现植物出现营养不足的迹象,可以及时施肥;如果发现病虫害感染,可以采取相应的防治措施。

在观察过程中,要注意避免过度干扰植物生长。尽量保持观察的客观性和科学性,避免过度修剪或操作对植物造成不必要的压力。

通过观察土壤的干湿程度和养分含量,可以确保植物获得充足的水分和养分。根据土壤测试结果调整浇水和施肥计划,可以提高植物的健康水平。

定期观察还包括检查支撑物和保护措施的状态。确保支撑物稳固,保护措施有效,可以避免植物受到风雨等外部因素的损害。

在定期观察植物生长的要密切关注园林整体的生态平衡。避免过度使用化学肥料和农药,选择生物防治或物理防治方法,以保护环境和生物多样性。

定期观察植物的生长状况是确保园林健康和美观的重要环节。通过持续监测和记录植物的生长情况，及时采取相应的护理措施，可以确保植物在园林中茁壮成长，实现预期的景观效果。

2. 调整管理策略

在栽植后，定期监测植物的生长状况是调整管理策略的基础。观察植物的叶片、茎干、根系和花朵等部位，了解其生长情况是否正常。及时发现问题并采取措施是维护植物健康的关键。

根据植物的生长表现调整浇水策略。不同季节和环境条件下，植物对水分的需求会有所变化。注意观察土壤湿度和植物叶片的状态，避免过度浇水或浇水不足。

施肥是园林植物栽植后护理的重要部分。根据植物的生长需求和土壤养分状况，选择适当的肥料类型和施肥时间。过度施肥可能导致营养过剩，而缺乏施肥可能导致植物生长不良。

通过修剪和整形可以维持植物的健康和美观。根据植物的生长特性，定期进行修剪，去除枯黄和病害部位，并保持植物的形态和结构。适度的修剪还能促进植物的生长和开花。

在护理过程中，密切关注病虫害是保护植物的重要措施。及时发现和处理病虫害问题，避免其蔓延和对植物造成更严重的损害。根据病虫害的种类和严重程度，采取相应的防治措施。

合理的土壤管理是确保植物健康生长的关键。定期检查土壤的质量和 pH 值，根据需要进行改良或调节。保持土壤的透气性和排水性能，防止土壤板结和积水。

通过调整植物的排列和密度，可以改善植物的生长环境。确保植物之间有足够的空间，避免过度拥挤和竞争。合理的间距有助于植物获得充分的阳光、水分和养分。

根据季节变化调整管理策略是确保植物持续健康生长的重要措施。不同季节对植物的生长影响不同，例如冬季可能需要采取保暖措施，夏季则需要提供遮阳和降温措施。

在栽植后的护理中，重视根系的健康是确保植物稳定生长的基础。避免对根系的过度扰动和损伤，定期检查根系的状态，确保根系与土壤的良好接触和吸收能力。

合理的施药策略是防治病虫害和促进植物生长的重要手段。根据植物的生长需求和病虫害状况，选择合适的农药和肥料，并注意施药的时间和剂量。

持续学习和了解新的园艺技术和知识是调整管理策略的重要途径。随着技术和知识的更新，可以更好地应对园林植物栽植后的护理挑战，提升园艺水平。

在护理过程中，保持与其他园艺专业人士的交流和合作也是有益的。通过分享经验和信息，可以获取新的观点和方法，改进管理策略。

第六章　园林植物的水肥管理

第一节　水分管理原则

一、园林植物水分需求的认识

(一) 植物水分的功能

一方面，水分是植物生理代谢的关键。植物的光合作用、呼吸作用和蒸腾作用都需要水分的参与。水分是光合作用中氧化还原反应的介质，它为植物提供了生长所需的有机物和能量。

另一方面，水分在植物体内起着传输营养的作用。水是溶解养分的重要介质，通过植物根系吸收后，水分将养分输送到植物的各个部分。这个过程对于植物的生长和健康至关重要。

在植物的细胞结构中，水分起着重要作用。水分是细胞内外物质交换和传输的媒介，维持着细胞的正常渗透压和形态。水分的缺乏会导致细胞萎缩，影响植物的生长。

水分还对植物的温度调节起作用。通过蒸腾作用，植物可以散热，保持适宜的体温。在炎热天气中，蒸腾作用有助于植物避免过热，从而保持生长活力。

植物对水分的需求受多种因素影响。其中包括植物的种类、生长阶段、气候条件、土壤特性以及种植环境等。不同种类的植物对水分的需求差异较大，了解这些差异有助于制定合理的浇水计划。

在生长阶段上，植物在生长期、开花期和结果期对水分的需求有所不同。在生长期，植物需要足够的水分来促进生长；在开花和结果期，适当的水分有助于花朵和果实的发育。

气候条件直接影响园林植物的水分需求。在炎热干燥的气候下，植物需要更多的水分来维持正常生理功能；在降雨丰富的地区，水分的管理要适度，避免过多水分导致的根系病害。

土壤特性对水分的保水能力有重要影响。砂质土壤排水性强，但保水能力差，植物需要更频繁的浇水；粘土土壤保水能力强，但排水不畅，可能导致根系积水。选择适合的土壤类型和改善土壤结构有助于保持适度的水分供应。

在种植环境中，如光照、风向和遮阴条件也会影响植物对水分的需求。阳光直射和强风会增加植物的蒸腾量，增加对水分的需求；遮阴环境下，水分的蒸发较慢，需根据实际情况调整浇水频率。

掌握科学的浇水方法可以满足园林植物的水分需求。常见的浇水方法包括漫灌、喷灌和滴灌。不同的浇水方法适用于不同的环境和植物种类。根据实际情况选择合适的浇水方法，确保植物获得均匀的水分供应。

在浇水时，注意避免土壤过于干燥或过于湿润。土壤过干会导致植物缺水，影响生长；过于湿润会导致根系呼吸受阻，甚至根系腐烂。合理掌握浇水量和频率，确保植物健康生长。

及时观察植物的生长状况是调整水分管理的重要依据。通过观察植物叶片、茎和花的生长情况，判断植物是否获得了足够的水分。如果发现植物出现萎蔫、黄叶或生长缓慢等症状，可能需要调整浇水计划。

(二) 水分与植物健康关系

水分对植物健康的影响主要体现在几个方面。水分是植物进行光合作用的重要原料之一，通过光合作用，植物将二氧化碳和水转化为氧气和葡萄糖，为自身生长提供能量。水分还在植物的营养吸收和运输过程中起到关键作用。根系通过吸收土壤中的水分，将养分输送到植物的各个部位，促进生长。水分有助于植物保持细胞的膨胀和结构稳定，确保植物保持直立和健康。

在园林植物水分需求的认识中，不同植物对水分的需求差异较大。一般来说，植物对水分的需求与其生长习性、种类和环境条件有关。例如，湿地植物对水分的需求较高，适合在湿润环境中生长；而沙漠植物则耐旱能力强，对水分的需求较低。了解不同植物对水分的需求有助于种植者合理安排浇水计划，提高水资源利用效率。

根据园林植物的水分需求，种植者可以制定科学的浇水计划。要根据植物的生长阶段和季节变化调整浇水量。幼苗期和生长期对水分的需求较高，需要保持土壤湿润；而成熟期和休眠期对水分的需求相对较低，可以减少浇水频率。要根据天气条件和土壤湿度调整浇水时间和频率。晴热天气下土壤水分蒸发较快，需要增加浇水频率；而阴雨天气下要避免过度浇水，以免造成根系腐烂。

在满足园林植物水分需求的还需要注意防止过度浇水和缺水。过度浇水可能导致土壤水分过多，造成根系缺氧或腐烂，影响植物健康。缺水则会导致植物萎蔫、枯萎，甚至死亡。因此，科学合理地管理浇水量和频率是确保园林植物健康生长的关键。

通过使用现代技术和工具，种植者可以更好地监测和管理园林植物的水分需求。例如，土壤湿度传感器可以实时监测土壤水分，帮助种植者及时调整浇水计划。滴灌和喷灌等智能灌溉系统可以根据土壤湿度和天气条件自动调整浇水量，节约水资源。

园林植物水分需求的满足也可以通过合理选择植物种类和布局来实现。选择耐旱植物可以减少浇水需求，降低水资源压力。在设计园林布局时，可以根据不同植物的水分需求将其合理分区，便于科学管理和维护。

在园林植物水分需求的认识中，种植者还需要注意保持土壤的良好结构和通透性。良好的土壤结构有助于保持适度的土壤湿度，促进根系的生长和营养吸收。通过合理施肥、添加有机质等方式，可以改善土壤结构，提高土壤保水能力。

水分与植物健康关系密切，了解园林植物对水分的需求可以帮助种植者科学合理地管理水资源，促进植物的健康生长和园林的整体美观。通过选择合适的植物种类、合理安排浇水计划以及使用现代技术工具，种植者可以更好地满足园林植物的水分需求，为园林植物提供良好的生长环境。随着技术的发展和水资源管理意识的提高，园林植物水分需求的满足将继续得到改善和优化。

（三）植物水分需求的特点

1. 不同植物的水分需求

植物的生长与水分息息相关，不同的植物对水分的需求也各有不同。在园林设计中，了解植物的水分需求至关重要，这有助于选择合适的植物种类，保证园林景观的健康与美观。从不同的角度来认识园林植物的水分需求，可以更好地指导园林规划与管理。

考虑到植物在自然环境中的生长条件，我们可以观察到不同植物对水分的适应能力。一些植物生长于干旱地区，它们通常具有较强的抗旱能力，能够有效地利用有限的水源。比如仙人掌和多肉植物，它们通过在叶表面减少水分蒸发或储存水分来适应干燥的环境。相反，生长在湿润环境中的植物，如水生植物或热带雨林中的植被，则对水分的需求更为旺盛。

不同植物的生长阶段也会影响其对水分的需求。在幼苗期和生长期，植物对水分的需求通常比成熟期更高。这是因为幼苗和生长期的植物需要更多的水分来支持其快速生长和发育。因此，在园林设计中，需要根据植物的生长阶段来调整水分供给，以满足其不同阶段的需求。

植物的生长环境也会对其水分需求产生影响。例如，生长在阳光充足的环境中的植物通常会更快地蒸发水分，因此需要更多的灌溉来补充水分流失。而生长在阴凉或半阴的环境中的植物则相对需水量较少。因此，在园林设计中，需要考虑到植物所处的具体环境条件，以确定合适的水分管理策略。

不同类型的土壤对植物的水分供应也有重要影响。土壤的排水性和保水性会直接影响植物根系的吸水能力。比如，沙质土壤通常排水性较好，但保水能力较差，而黏土土壤则相反。因此，在选择植物种植位置时，需要考虑土壤类型，并根据土壤特性调整灌溉频率和水分供应量。

2. 季节性水分调整

季节性水分调整对园林植物的生长至关重要。在不同的季节，园林植物对水分的需求也会有所变化。正确认识园林植物的水分需求，有助于合理调整水分供给，保障植物的健康生长。本文将从不同季节园林植物的水分需求、水分供给调整的方法等方面展开探讨。

春季是园林植物生长的关键时期，此时植物对水分的需求量明显增加。随着气温的回升，植物开始进入生长期，需要更多的水分来支持新的生长。因此，春季及时增加水分供给，保持土壤湿润，有助于植物茁壮成长。此时，及时进行浇水，确保植物充足的水分供给，对于植物的生长发育至关重要。

夏季是高温多雨的季节，园林植物的水分蒸发速度加快。在这个时候，植物需要更多的水分来抵御高温的影响，保持正常的生长状态。因此，夏季要加强对园林植物的水分供给，适时增加浇水频次，以确保植物不因水分不足而受到伤害。注意及时清除积水，避免根部窒息，保持土壤的透气性，有助于植物健康生长。

秋季是园林植物生长逐渐减缓的时候，此时植物对水分的需求也相应减少。在这个时候，需要逐渐减少浇水量，以防止过湿造成根系腐烂等问题的发生。但是，要注意及时观察植物的生长状态，根据实际情况调整水分供给，确保植物在秋季也能保持良好的生长状态。

冬季是园林植物休眠的时候，此时植物对水分的需求较低。在这个时候，要适当减少浇水频次，避免出现过湿导致的根部腐烂等问题。要注意保持土壤的排水性，防止因冬季多雨导致的积水情况发生，避免对植物造成不利影响。

二、园林植物水分管理的基本原则

（一）适时适量浇水原则

在园林植物的水分管理中，适时适量浇水是至关重要的原则。浇水时间的选择关系到植物的生长发育和水分利用效率。通常而言，清晨和傍晚是最佳的浇水时间段，因为这时温度较低，水分不易蒸发，有利于植物吸收水分。夜间浇水应尽量避免，因为植物吸收水分的能力在夜间较弱，容易引起根部病害。

在园林植物的水分管理中，适量浇水同样至关重要。过量的浇水会导致土壤积水，造成根部缺氧甚至腐烂，严重影响植物的生长。因此，需要根据植物的生长状态和季节变化，科学确定浇水量。一般来说，在植物生长旺盛的季节，如春夏季，浇水量可适当增加；而在植物生长较缓慢的季节，如秋冬季，浇水量则应适当减少，以避免造成水分过剩。

园林植物水分管理的原则之一是根据土壤湿度和植物需水量确定浇水频次。不同种类的植物对水分的需求不同，一些喜湿植物需要较频繁的浇水，而一些耐旱植物则可以较长时间不浇水。因此，在浇水前应该仔细观察土壤湿度，并结合植物的特性和生长环境来确定浇水频次，以确保植物能够获得适量的水分，而不至于过多或过少。

园林植物的水分管理中还要注意避免频繁地小范围浇水，而应该采取适当的区域浇水。频繁地小范围浇水容易造成土壤局部过湿或过干，不利于植物根系的健康生长。因此，应该选择适当的浇水方式，如整体浇水或滴灌，以保持土壤湿润均匀。

在园林植物的水分管理中，及时调整浇水量和频次是非常重要的。随着季节和气候的变化，植物对水分的需求也会发生变化，因此需要及时根据实际情况调整浇水量和频次，以确保植物能够获得充足的水分，保持良好的生长状态。

（二）土壤排水与通气

1. 保证良好的土壤排水

合理的浇水是保证园林植物健康生长的基础。当浇水量不足时，植物容易出现萎蔫、叶片干枯等情况。因此，及时、适量地给植物浇水至关重要。需要注意避免过量浇水，以免造成土壤积水，影响土壤排水效果。

选择合适的土壤类型也是确保良好土壤排水的重要因素之一。疏松、透气的土壤能够更好地促进水分渗透和排水，有利于植物根系的生长和发育。因此，在园林设计中应当优先选择适合植物生长的土壤类型，并确保土壤质地良好，有利于水分的渗透和排出。

合理设置排水系统也是保证土壤排水良好的重要手段之一。通过设计排水沟、排水管道等设施，及时将雨水和灌溉水从园林中排出，避免积水滞留，从而保持土壤排水通畅。在建设园林时，应当根据地势和土壤情况，合理设置排水系统，确保雨水能够迅速排出，不会影响植物的生长和生存。

加强土壤保水能力也是保证园林植物水分管理的重要措施之一。通过添加有机质或者覆盖地表，可以有效减少土壤水分的蒸发，提高土壤的保水能力。这不仅有利于减少浇水频率，还能够减少土壤水分的流失，提高园林植物的抗旱能力。

定期检查和维护排水系统也是保证土壤排水良好的关键。定期清理排水沟、检查排水管道是否畅通，及时修复漏水或堵塞的问题，可以有效预防因排水系统故障而导致的土壤积水问题。因此，在园林管理中应当建立健全的排水系统维护机制，确保排水设施的正常运行。

2. 保证土壤通气性

保证土壤通气性是园林植物水分管理的重要原则之一。良好的土壤通气性能够促进根系呼吸，有助于维持植物健康生长。在园林设计与管理中，我们需要采取一系列措施，确保土壤的通气性，从而提供良好的生长环境。

选择适合的土壤类型对于保证土壤通气性至关重要。不同类型的土壤具有不同的通气性能力。例如，疏松的沙壤土通气性较好，而黏土土壤则通气性较差。因此，在园林设计中，应根据植物的需求和生长环境选择合适的土壤类型，以确保土壤通气性能够满足植物的生长需求。

合理进行土壤改良是提高土壤通气性的有效途径之一。通过添加有机质或矿物质材料，可以改善土壤的结构，增加土壤的孔隙度，从而提高土壤的通气性。例如，添加腐叶堆肥或珍珠岩等材料可以改善土壤的排水性和通气性，有助于减少土壤密实度，促进根系生长。

合理进行土壤松土也是保证土壤通气性的重要手段之一。土壤松土可以疏松土壤，增加土壤的孔隙度，改善土壤的通气性。特别是在园林管理中，定期进行土壤松土工作可以有效地预防土壤板结，促进土壤中气体的交换，有利于植物根系的生长和呼吸。

合理控制土壤湿度也是保证土壤通气性的关键。过度浇水或土壤过湿会导致土壤中气孔被水填塞，从而影响土壤通气性。因此，在园林管理中，需要根据植物的需水量和土壤排水情况合理调整灌溉频率和水分供应量，以确保土壤保持适度湿润，但不过湿。

选择合适的植物品种也是保证土壤通气性的重要因素之一。一些植物具有较强的抗水湿能力，能够适应较潮湿的生长环境，而另一些植物则对土壤通气性要求较高。因此，在园林设计中，应根据土壤情况和环境特点选择适合的植物品种，以确保植物根系能够良好呼吸，保持健康生长。

第二节 肥料种类及施用方法

一、园林植物肥料种类介绍

（一）有机肥料

1. 腐熟堆肥

制作腐熟堆肥的过程是将各类有机废弃物如厨余垃圾、落叶、秸秆等堆积起来，经过一段时间的自然分解和发酵，形成黑色的腐熟有机物质。在制作过程中，要注意保持堆肥的适度湿润和通风，促进微生物的活动和有机物质的分解，以获得高质量的腐熟堆肥。

腐熟堆肥含有丰富的有机质和各种微量元素，对园林植物的生长有着显著的促进作用。它可以改善土壤结构，增加土壤的透气性和保水性，有利于植物根系的生长和发育。腐熟堆肥中的有机质可以被植物充分吸收利用，为植物提供所需的营养，促进植物的健康生长。

在园林植物的养护管理中，合理应用腐熟堆肥是非常重要的。通过将腐熟堆肥施入土壤中，可以有效改善土壤质地，提高土壤肥力，从而为园林植物的生长提供良好的生长环境。腐熟堆肥还具有调节土壤酸碱度的作用，有助于维持土壤的生态平衡，减少土壤的侵蚀和污染。

在园林植物的肥料种类中，有机肥料是一种非常重要的类型。相比于化学肥料，有机肥料更加环保，对土壤和植物都具有较好的安全性。而腐熟堆肥作为有机肥料的一种，具有天然的成分和丰富的营养，可以为园林植物提供全面的养分，促进其生长发育。

2. 鱼粉、骨粉等

园林植物的肥料种类中，有机肥料是一种重要的选择。有机肥料的种类繁多，其中包括了许多对植物生长有益的天然材料，如鱼粉、骨粉等。与化学肥料相比，有机肥料更加环保，对土壤生态环境的影响更小，因此备受园林景观设计者和园艺爱好者的青睐。

鱼粉是一种常见的有机肥料，它是由鱼类经过加工制成的粉状肥料。鱼粉富含蛋白质、氨基酸、微量元素等营养成分，对植物生长具有显著的促进作用。在园林植物的肥料管理中，适量使用鱼粉可以提高土壤的肥力，促进植物的健康生长，同时改善土壤结构，增加土壤通气性和保水性。

骨粉是另一种常见的有机肥料，它是由动物骨骼经过加工研磨而成的粉状物质。骨粉富含磷、钙等元素，对植物的根系生长和花果结果具有重要作用。在园林景观设计中，合理使用骨粉可以增加土壤的磷含量，促进植物的根系发育，增强植物的抗逆性，提高植物的品质和产量。

除了鱼粉和骨粉外，园林植物的肥料种类还包括了许多其他类型的有机肥料。例如，腐殖质肥料是一种常见的有机肥料，它是由植物残体、动物粪便等有机物质经过微生物分解而成的，富含有机质、微生物和土壤改良物质，对土壤肥力和生态环境有着重要的调节作用。厌氧堆肥、堆肥料等有机肥料也是园林植物肥料管理中常用的选择，它们通过有效利用农业废弃物和有机废弃物，减少了对化学肥料的依赖，降低了土壤和水体的污染风险，实现了循环利用和资源化利用的目标。

(二) 无机肥料

1. 氮磷钾复合肥

在园林植物的肥料管理中，氮磷钾复合肥是一种常用的无机肥料，对于促进植物生长、增强植物抗逆性具有重要作用。以下将就氮磷钾复合肥在园林植物中的应用、特点及注意事项等方面进行探讨，以帮助更好地理解这一肥料类型。

氮磷钾复合肥在园林植物中的应用广泛。氮、磷、钾是植物生长发育所必需的三大营养元素，它们对植物的各个生长阶段都至关重要。因此，采用氮磷钾复合肥可以为园林植物提供全面、均衡的营养供给，有利于促进其健康生长。

氮磷钾复合肥具有营养成分含量稳定、比例适当的特点。通过合理配比，氮磷钾复合肥可以在一定程度上满足植物不同生长阶段的营养需求，避免了单一肥料对植物生长的不利影响。这种均衡的营养供给有助于提高园林植物的抗病虫害能力，促进其健康成长。

氮磷钾复合肥的施用方式灵活多样。可以通过土壤施用、叶面喷施等方式向植物提供养分，根据不同植物的需求和生长环境的实际情况，选择合适的施肥方式，以达到最佳的施肥效果。这种灵活的施用方式，使得氮磷钾复合肥在园林管理中应用广泛且方便。

氮磷钾复合肥在提高土壤肥力和改良土壤结构方面也有一定作用。适量的氮磷钾复合肥施用可以促进土壤微生物活动，增加土壤有机质含量，改善土壤通气性和保水性，从而为园林植物的生长提供更好的土壤环境。

然而，需要注意的是，氮磷钾复合肥的施用量应根据具体情况进行科学控制。过量施用氮磷钾复合肥可能导致土壤中某些营养元素的积累，从而影响土壤环境的平衡，甚至对植物生长造成不利影响。因此，在使用氮磷钾复合肥时，应根据园林植物的品种、生长阶段和土壤情况等因素，科学确定施肥量，避免过量施肥。

2. 磷酸二氢钾、硫酸钾等

磷酸二氢钾作为一种无机肥料，在园林植物生长过程中具有重要作用。磷元素是植物生长发育所必需的重要营养元素之一，能够促进根系生长、提高植物抗逆性和增强果实质量。而钾元素则对植物的生长发育、抗逆性和光合作用等具有重要影响。磷酸二氢钾作为一种含有磷和钾的无机肥料，能够有效地满足植物对这两种元素的需求，促进植物健康生长。

硫酸钾也是一种常用的无机肥料，其主要成分为钾和硫。钾元素是植物生长发育中的重要营养元素之一，能够调节植物的渗透压、促进光合作用和提高植物的抗逆性。硫元素则是植物生长所必需的营养元素之一，能够影响植物的氮代谢、蛋白质合成和抗病能力。硫酸钾作为一种含有钾和硫的无机肥料，能够提供植物所需的这两种营养元素，促进植物的健康生长。

氯化钾是一种常见的含钾无机肥料，其主要成分为钾和氯。钾元素对植物的生长发育具有重要影响，能够促进植物的光合作用、调节渗透压和提高抗逆性。但是需要注意的是，氯元素在植物生长过程中也具有一定作用，但过量的氯元素可能会对植物生长造成不利影响。因此，在使用氯化钾作为无机肥料时，需要控制其使用量，以防止氯元素对植物的负面影响。

硫酸铵是一种含氮无机肥料，其主要成分为氮和硫。氮元素是植物生长发育中的重要营养元素之一，能够促进植物的叶绿素合成、提高植物的光合作用和增加产量。硫元素则是植物生长所必需的营养元素之一，能够影响植物的氮代谢、蛋白质合成和抗病能力。硫酸铵作为一种含有氮和硫的无机肥料，能够提供植物所需的这两种营养元素，促进植物的健康生长。

磷酸一铵是一种含磷无机肥料，其主要成分为氮和磷。氮元素是植物生长发育中的重要营养元素之一，能够促进植物的叶绿素合成、提高植物的光合作用和增加产量。而磷元素则是植物生长发育所必需的营养元素之一，能够促进植物的根系生长、提高抗逆性和增强果实质量。磷酸一铵作为一种含有氮和磷的无机肥料，能够满足植物对这两种营养元素的需求，促进植物的健康生长。

二、园林植物肥料施用方法

（一）有机肥料施用

1. 基质混合

在进行基质混合时，首先需要注意的是有机肥料的选择。不同类型的有机肥料具有不同的养分含量和释放速度，因此需要根据植物的需求以及基质的特性来选择合适的有机肥料。一些快速释放的有机肥料适用于短期植物生长需求，而一些缓释的有机肥料则更适合于长期养护。

有机肥料的施用方法之一是将其均匀撒布在基质表面。通过这种方式，有机肥料可以均匀地分布在植物的生长区域内，从而保证植物根系能够充分吸收养分。在施用有机肥料时，应注意避免将其集中在植物的茎部周围，以免造成茎部腐烂或根系烫伤。

除了表面施用外，有机肥料还可以通过混合基质的方式进行施用。这种方法适用于需要长期养护的园林植物，可以将有机肥料与基质充分混合，确保养分能够持续释放并满足植物的生长需求。在混合基质时，应根据植物的种类和生长阶段来确定有机肥料的投放比例，以达到最佳的施肥效果。

有机肥料还可以通过水溶液的形式进行施用。将有机肥料溶解在水中，然后通过灌溉系统或喷雾器均匀地施加到植物的根系周围。这种方式能够快速地将养分输送到植物的根系附近，提高施肥效率，并且可以避免基质中有机肥料的浪费。

2. 底肥与追肥

在园林植物种植过程中，底肥的施用至关重要。一种常用的方法是在植株栽入前，将有机肥料充分混合在土壤中。这种方式可以确保植物在整个生长周期内都能够充分吸收到养分，从而保证健康生长。

另一种常见的底肥施用方法是将有机肥料作为底肥覆盖在植物的根部周围。这种做法不仅能够提供养分，还能够保持土壤湿润度，促进土壤微生物的生长，有利于土壤的改良和植物的生长。

追肥是在植物生长季节中，根据植物生长情况和养分需求进行的补充施肥。有机肥料在这一阶段的施用同样十分重要。一种常见的追肥方法是将有机肥料溶解在水中，然后通过浇灌的方式施加在植物根部周围。这种方法可以迅速补充植物所需的养分，促进其生长。

还可以将有机肥料直接施加在植物的叶片表面。通过叶面喷施的方式，植物能够更直接地吸收到养分，从而提高施肥效率，加快植物生长速度。

在施用有机肥料时，需要注意合理控制施肥量，避免过量施肥造成土壤污染和植物生长不良。选择适合植物生长需求的有机肥料种类也是十分重要的。底肥与追肥的合理施用，以及有机肥料的选择和施用方法，将会为园林植物的健康生长提供有效保障。

(二) 无机肥料施用

1. 按季节施用

春季是园林植物生长的关键时期，此时施用适量的无机肥料对植物的生长至关重要。一种常见的方法是选择氮、磷、钾等元素含量较高的无机肥料，并按照包装上的说明进行施用。在春季初期，可以选择速效肥料，促进植物的迅速生长，而在春季中后期则应逐渐转向缓释肥料，以延长养分释放时间，保持植物长期生长的需要。

夏季是高温高湿的季节，植物容易出现生长退化的情况，因此在这个时候要特别注意肥料的施用方法。应避免在气温过高的时段施肥，以免造成肥料烧伤植物。可以选择在清晨或傍晚时段进行施肥，以减少对植物的刺激。夏季适宜使用含有微量元素的无机肥料，如铁、锌等，以补充植物在高温下容易流失的营养元素。

秋季是植物生长逐渐减缓的季节，此时适合进行有机肥料的施用，以促进植物的根系生长和养分的积累。可以选择腐熟好的有机物质，如腐熟的堆肥、腐殖土等，施用于植物的根部周围或者覆盖在土壤表层，利用秋季的雨水和温度适宜的气候条件，促进有机肥料中养分的释放和吸收。

冬季是园林植物休眠的季节，但并不意味着可以忽视对植物的营养供给。可以选择一些含有高磷和高钾的无机肥料，如磷酸二铵、硫酸钾等，以促进植物的抗寒性和越冬能力。冬季的施肥要注意避开寒冷的天气，选择气温较高的时段进行，并且避免过量施肥，以免影响土壤的微生物活动和植物的休眠状态。

在园林植物的肥料施用中，季节性的因素至关重要。通过科学合理地选择无机肥料，并结合植物生长的需要和季节特点，可以最大限度地促进植物的健康生长，使园林景观更加美丽。

2. 浇水后施用

一种常见的施肥方法是将无机肥料溶解在水中，然后浇灌到植物的根部周围。这种方法可以确保肥料均匀地分布在土壤中，植物的根系可以更好地吸收肥料中的养分，促进植物的生长和发育。

另一种施肥方法是将无机肥料直接撒在植物的根部周围。这种方法适用于一些速效性肥料，可以迅速为植物提供养分，促进植物的生长和发育。但需要注意的是，使用这种方法时要避免将肥料直接撒在植物的茎部或叶片上，以免引起烧伤。

还有一种施肥方法是将无机肥料混合在土壤中，然后与土壤一起施用到植物的根部周围。这种方法可以保持土壤的肥力和保水保肥能力，有助于植物长期吸收养分，促进植物的生长和发育。

还可以将无机肥料混合在有机物质中,如腐熟的堆肥或动物粪便中,然后施用到植物的根部周围。这种方法可以提高土壤的肥力和保水保肥能力,促进土壤微生物的生长和活动,有助于植物更好地吸收养分,促进植物的生长和发育。

还可以利用滴灌系统或喷灌系统将无机肥料溶解在水中,通过滴灌或喷灌的方式施用到植物的根部周围。这种方法可以实现精准施肥,减少肥料的浪费,提高施肥效果,促进植物的生长和发育。

第三节 营养元素的吸收与利用

一、园林植物营养元素的基本认识

(一) 主要营养元素

1. 氮(N)

氮是植物生长所必需的主要营养元素之一。作为蛋白质、酶、叶绿素和其他生物分子的组成部分,氮在植物体内扮演着关键的角色。它参与了植物体内许多生物化学过程,包括光合作用、呼吸作用和氮代谢等,直接影响着植物的生长和发育。

植物通过根系吸收土壤中的氮元素,但氮的有效吸收受到土壤条件、气候条件和植物品种的影响。一般来说,土壤中氮的含量越高,植物吸收的量就越大。但过量的氮会导致土壤酸化和水体污染,因此需要合理施肥以维持土壤氮的平衡。

氮的缺乏会导致植物生长迟缓、叶片黄化、叶片早衰等现象。在园林管理中,及时发现氮素缺乏的迹象并采取补充措施是至关重要的。通常可以通过施用氮肥料或者改良土壤来解决氮素缺乏的问题,以促进植物的正常生长。

然而,过量的氮对园林植物也会造成负面影响。氮过剩可能导致植物过度生长,而且可能会增加植物对其他营养元素的需求,从而导致其他营养元素的缺乏。氮过剩还会使植物更容易受到病虫害的侵袭,影响植物的整体健康。

为了合理利用氮肥料,园林管理者需要根据不同植物种类和生长阶段的需求来确定施肥量和施肥时机。一般来说,春季和夏季是植物生长旺盛的时候,这时适合施用氮肥料以促进植物生长。而在秋季,可以适量减少氮肥料的施用量,以避免冬季过量氮的积累。

2. 磷(P)

磷在园林植物中的作用多种多样。磷是 ATP(三磷酸腺苷)和 ADP(二磷酸腺苷)等能量分子的构成成分,参与能量代谢过程,是植物生长和代谢的重要能量来源。

磷还是 DNA 和 RNA 的组成部分,参与核酸的合成和细胞分裂过程。因此,磷对于植物的生长发育、细胞分裂和植物免疫力的提高都起到了至关重要的作用。

园林植物对磷的需求量较大,但是土壤中的磷含量通常较低,因此磷是园林植物生长过程中最容易缺乏的营养元素之一。因此,及时补充土壤中的磷元素对于促进园林植物的生长和发育至关重要。

园林植物对于磷的吸收主要通过根系进行。磷在土壤中以磷酸盐的形式存在,植物的根系通过主动吸收的方式将土壤中的磷酸盐吸收进入植物体内。

然而，磷在土壤中的有效性往往受到多种因素的影响。例如，土壤的pH值、温度、水分、有机质含量等都会影响磷的有效性和植物对磷的吸收利用率。

因此，在园林植物栽培中，合理调节土壤的pH值、提高土壤的有机质含量、合理施用磷肥等都是提高土壤中磷的有效性和促进园林植物生长的重要措施。

有机肥料中通常含有丰富的磷元素，因此选择合适的有机肥料也是一种提高土壤中磷含量的有效方法。有机肥料中的磷元素能够缓慢释放，为园林植物提供持续的营养供应，有助于植物长期健康生长。

(二) 次要营养元素与微量元素

1. 钙、镁、硫等

钙是植物生长过程中必不可少的营养元素之一，它在细胞壁的形成和细胞膜的稳定性中发挥着关键作用。钙还参与调节植物的生长发育和代谢过程，对于维持植物组织的结构和功能至关重要。缺乏钙会导致植物生长迟缓、叶片畸形，甚至发生生理性病变，因此及时补充钙元素是保证植物健康生长的必要措施之一。

镁是另一种植物生长所需的重要营养元素，它是叶绿素分子的组成成分之一，直接影响着植物的光合作用过程。镁还参与调节植物中的多种生物化学反应，如ATP的合成和碳水化合物的代谢等。因此，缺乏镁会导致植物叶片出现黄化、老化，影响植物的生长和产量。园林植物需要定期补充镁元素，以维持其正常生长和发育。

硫是植物体内的重要成分之一，它参与形成植物中的蛋白质、酶类和细胞壁等生物分子，对植物的生长发育和代谢具有重要影响。硫还参与植物的氮代谢和光合作用过程，对于提高植物的抗病能力和适应环境的能力具有重要作用。因此，硫的充分供应对于保证园林植物的健康生长至关重要，特别是在氮素充足的情况下，硫的缺乏往往会成为植物生长的限制因素。

除了上述几种元素外，园林植物还需要其他一些微量元素来维持其正常生长和发育。例如，锌、铁、锰等微量元素在植物体内参与各种生物化学反应，调节酶活性，促进光合作用和呼吸作用的进行。虽然微量元素在植物中所需量较少，但其作用却十分重要，缺乏微量元素会导致植物生长异常，影响植物的产量和品质。因此，在园林植物的养分供给中，微量元素的补充同样不可忽视。

2. 硼、锰、铜、锌等

硼是植物生长发育所必需的一种微量元素。硼对植物的根系生长、细胞分裂、花粉发育和果实结实等过程都有重要影响。在缺硼的情况下，植物的根尖会停止生长，叶片边缘会出现干枯，花粉发育异常，导致果实畸形或不结实。

锰是植物体内的另一种微量元素，它参与了植物的光合作用、呼吸作用和氮代谢等重要过程。锰的缺乏会导致植物叶片出现黄斑，叶片边缘焦枯，影响植物的光合作用，进而影响植物的生长和发育。

铜是植物体内的微量元素之一，对植物的光合作用、呼吸作用、酶系统的正常功能和氮代谢等过程都有重要影响。铜的缺乏会导致植物叶片出现褐斑或叶片变形，影响植物的生长和发育，降低植物的产量和品质。

锌是植物体内的微量元素之一，它参与了植物的光合作用、呼吸作用、酶系统的正常功能和生长调节等过程。锌的缺乏会导致植物叶片出现黄化或叶片变小，影响植物的生长和发育，降低植物的产量和品质。

这些微量元素虽然在植物体内所需量较少，但对植物的生长发育和代谢过程起到不可或缺的作用。因此，在园林植物的养护过程中，必须注意为植物提供充足的硼、锰、铜、锌等微量元素，以保证植物的健康生长。

二、园林植物营养元素的吸收与利用途径

（一）园林植物营养元素的吸收途径

1. 根系吸收

根系吸收营养元素的主要途径之一是活跃转运。在这种途径中，植物根系通过主动吸收、被动吸收和驱动转运等方式，将土壤中的营养元素吸收到根系细胞内部。这一过程需要能量的参与，通常通过细胞膜上的运输蛋白来实现。

除了活跃转运外，园林植物的根系还可以通过渗透压调节来吸收营养元素。在这种途径中，根系细胞利用渗透压的差异，通过渗透作用将水和溶解在土壤中的营养元素吸收到根系内部。

另一个重要的根系吸收途径是根际交换。在根际交换过程中，植物根系与土壤微生物、土壤胶体和土壤颗粒等之间发生物质交换，通过此过程植物可以吸收到土壤中难以直接利用的营养元素，如磷、钾等。这种途径促进了土壤与植物根系之间的相互作用，有助于植物吸收更多的营养元素。

除了根际交换，园林植物的根系还可以通过根分泌物质调节土壤中营养元素的有效性。植物根系分泌的有机物质可以改变土壤中的 pH 值、离子浓度和微生物活性等，从而影响土壤中营养元素的形态和可利用性。这种根分泌作用对于改善土壤环境、促进根际交换具有重要作用。

植物的根系还可以通过菌根共生来增强营养元素的吸收能力。菌根共生是指植物根系与真菌形成共生关系，真菌通过菌丝网络与植物根系相连，为植物提供养分，并帮助植物吸收土壤中的营养元素，特别是磷、氮等。这种共生关系不仅提高了植物对营养元素的利用效率，还增强了植物的抗逆性和生长发育能力。

2. 叶片吸收

叶片吸收是园林植物获取营养元素的主要途径之一。植物通过叶片表面的气孔吸收二氧化碳，并与阳光进行光合作用，生成有机物质。在这个过程中，叶片也同时吸收周围环境中的水分和溶解其中的营养元素，其中包括氮、磷、钾等多种矿质元素。

叶片表面的气孔是植物进行气体交换的关键结构，它们不仅能够吸收二氧化碳，还能够释放氧气和水蒸气。在气孔周围，存在着气孔导管和气孔周围细胞，这些结构为植物的水分和营养元素的吸收提供了通道和支持。

叶片表面的气孔是植物进行气体交换的关键结构，它们不仅能够吸收二氧化碳，还能够释放氧气和水蒸气。在气孔周围，存在着气孔导管和气孔周围细胞，这些结构为植物的水分和营养元素的吸收提供了通道和支持。

除了通过气孔吸收外，叶片的表面也具有一定的吸收能力。植物叶片表面通常覆盖着一层薄薄的叶蜡，这层叶蜡可以在一定程度上防止水分的蒸发，同时也能够吸附一部分溶解在空气中的营养元素，例如氮气和硫酸盐等。

一些微量元素也可以通过叶片表面的微小气孔直接进入植物体内。这种方式通常发生在植物叶片受到损伤或者病虫害侵袭时，植物为了加速修复损伤组织或者提高免疫力，会增加叶片表面的气孔开放度，从而增加微量元素的吸收量。

(二) 园林植物营养元素的利用与运输

1. 营养元素通过植物的维管束系统运输到各部位

植物的根系是吸收水分和养分的重要器官，也是营养元素进入植物体内的第一站。根系通过根毛和根细胞表面的根毛突触来吸收水分和离子，其中包括氮、磷、钾等营养元素。这些营养元素在土壤中以阳离子或阴离子的形式存在，通过主动吸收和被动进入根细胞，并通过植物的根压力系统被运输到根的内部。

一旦营养元素被吸收到根内，它们将通过植物的维管束系统进行内部运输。维管束系统包括了两种类型的维管束，木质部和韧皮部。在木质部，主要是通过 Xylem 进行水分和矿质元素的向上运输。这一过程主要受到毛细管作用和蒸腾驱动的影响。

在维管束系统中，营养元素的运输受到植物的生长状态、环境条件以及其他生理因素的调控。例如，植物的生长点会释放植物激素来调节维管束的活性，以适应植物的生长需求。环境因素如土壤水分、温度和光照等也会影响维管束的功能，进而影响营养元素的运输速率和方向。

一旦营养元素进入到植物的各个部位，它们将被用于植物的生长、代谢和功能维持。例如，氮元素用于合成氨基酸、蛋白质和核酸等生物分子，而磷元素则参与 ATP 的合成和细胞壁的形成。钾元素则调节植物的水分平衡和离子平衡，影响植物的抗逆性和生长发育。这些营养元素在植物体内的利用是维持其正常生长和功能的关键。

2. 多余的营养元素储存在根、茎、叶等部位

植物吸收的营养元素会首先被输送到植物的根部。在根部，这些营养元素会被吸收并储存在根系细胞中。根部不仅是营养元素的首要储存地，也是植物吸收和转运营养元素的主要部位之一。

除了储存在根部外，植物也会将多余的营养元素储存在茎部。茎部通常包含有维管束，这些维管束负责将水和营养元素从根部输送到植物的其他部位。在茎部，营养元素会被储存并随着需要进行运输到植物的不同组织和器官。

叶片是植物进行光合作用的主要场所，同时也是营养元素的重要储存和转运部位之一。植物会将多余的营养元素储存在叶片中，并在需要时通过维管束系统将其运输到其他部位。叶片中的营养元素不仅可以满足植物的生长发育需求，还可以在光合作用过程中提供能量。

除了根、茎、叶等地方之外，植物还会将多余的营养元素储存在根瘤中。一些植物与根瘤菌共生，这些根瘤菌能够固定大气中的氮，将其转化为植物可利用的形式。根瘤中的营养元素能够为植物提供额外的养分，促进植物的生长和发育。

第四节 水肥管理常见问题与解决方法

一、园林植物水肥管理常见问题

（一）浇水过多导致积水

浇水过多是园林植物水肥管理中常见的问题之一。过量的灌溉会导致土壤过于湿润，造成根系缺氧和腐烂，进而影响植物的正常生长。特别是在雨季或气候潮湿的地区，过度浇水很容易导致积水现象的出现，对园林植物的健康构成威胁。

浇水过多导致的积水问题不仅影响植物的生长，还可能引发土壤盐碱化。当土壤中积水过多时，会导致土壤中盐分的浓缩，进而影响土壤的结构和通透性，对园林植物的根系生长造成不利影响。长期下来，会导致土壤盐碱化，加剧了植物对盐分的耐受性，进而影响园林植物的生存状况。

除了影响土壤结构和植物根系生长外，浇水过多还可能引发根系疾病和真菌感染。植物的根系在长时间处于潮湿状态下容易受到真菌和细菌的侵袭，导致根腐病等疾病的发生。这些疾病会使植物的根系受损，影响其对水分和营养元素的吸收能力，最终影响植物的生长和发育。

浇水过多还可能导致土壤中微生物的失衡，影响土壤的生态平衡。土壤中的微生物对于植物的养分供应和土壤有机质的分解具有重要作用，过量的水分会导致土壤中微生物的活性降低，进而影响土壤中养分的循环和植物的生长。

为了解决浇水过多导致的积水问题，园林管理者可以采取一系列措施。需要合理控制灌溉水量，根据园林植物的需水量和土壤的排水情况来确定浇水量。可以通过改善土壤排水系统，增加排水沟和排水管道，提高土壤的排水性能，避免水分积聚。定期检查植物的生长状况和土壤湿度，及时调整灌溉量和频次，防止浇水过多。

（二）营养元素缺乏

一种常见的问题是氮元素缺乏。氮是植物生长所需的主要营养元素之一，它参与构建植物组织的蛋白质和核酸，促进叶片和茎的生长。氮元素缺乏会导致植物叶片变黄、生长缓慢，并且影响植物的整体健康。

另一个常见的问题是磷元素缺乏。磷是植物生长所需的另一种重要营养元素，它参与能量代谢和核酸合成过程，对于植物的生长发育和根系的形成至关重要。磷元素缺乏会导致植物根系生长不良、叶片变紫，甚至影响植物的开花和结果。

钾元素缺乏也是园林植物水肥管理中常见的问题之一。钾是植物生长所需的重要营养元素之一，它参与调节植物细胞的渗透压和水分平衡，促进植物的生长和抗逆能力。钾元素缺乏会导致植物叶片边缘焦枯、茎秆松软，影响植物的正常生长和发育。

钙元素缺乏也是园林植物水肥管理中的常见问题之一。钙是植物细胞壁的重要组成成分，参与细胞壁的形成和细胞分裂过程。钙元素缺乏会导致植物新生组织生长受阻、叶片出现歪曲或者变形，影响植物的正常生长和发育。

除了以上几种常见的营养元素缺乏外，微量元素缺乏也是园林植物水肥管理中的一个问题。例如，铁元素缺乏会导致植物叶片出现黄化症状，锌元素缺乏会影响植物的果实发育，硼元素缺乏会导致植物茎尖和叶尖死亡等。

因此，在园林植物的水肥管理过程中，及时监测植物的营养状况，根据需要进行施肥补充，是确保植物健康生长的关键。合理调节水肥比例，选择合适的肥料种类，以及根据植物生长需求进行施肥，都是预防营养元素缺乏的有效措施。

（三）土壤过酸或过碱

土壤过酸是园林植物水肥管理中常见的问题之一。过酸的土壤条件可能会导致土壤中铝、锰等重金属元素的释放，进而影响植物的生长和健康。过酸的土壤还会阻碍植物根系中一些关键元素如钙、镁的吸收，导致植物生长发育不良。针对土壤过酸的问题，可以采取一些措施进行调整，如施用石灰等碱性物质来中和土壤酸性，以提高土壤的 pH 值，创造适宜的生长环境。

相反，土壤过碱也是园林植物水肥管理中常见的问题之一。过碱的土壤条件会影响植物根系中铁、锌等微量元素的吸收，从而引起植物生长发育异常。过碱的土壤还可能导致土壤中一些重要养分如磷的有效性降低，限制植物的生长。解决土壤过碱的方法包括施用硫酸铁、石硫合剂等酸性物质来降低土壤的 pH 值，使其逐渐趋于中性或偏酸性，以改善土壤的生长环境。

除了土壤酸碱度的问题外，园林植物水肥管理中还存在着其他一些常见的问题。例如，过量施肥可能导致土壤中养分的积累，影响植物的生长和土壤的健康。不当的浇水方式也可能导致土壤中养分的流失和植物根系的窒息。针对这些问题，可以采取科学合理的施肥和浇水管理措施，如遵循适量施肥、定时定量浇水等原则，以保证植物生长的需要同时又不会对土壤环境造成负面影响。

土壤质地、排水状况、气候条件等因素也会影响园林植物的水肥管理效果。因此，在进行水肥管理时，需要充分考虑到土壤和环境的特点，采取相应的措施来解决问题。通过科学合理的水肥管理，可以有效提高园林植物的生长质量，创造出更加优美的园林景观。

二、园林植物水肥管理解决方法

（一）改善土壤排水

一种常见的方法是通过改善土壤结构来提高土壤的排水性能。针对重黏土质地的土壤，可以添加沙子、腐殖质等材料来改善土壤的通透性，增加土壤孔隙度，有利于水分的渗透和排水。这样可以有效避免水 logging 和根部腐烂等问题的发生。

另一种方法是选择适合排水性能的植物品种。对于土壤排水性能较差的区域，可以选择耐湿润、耐水 logging 的植物品种进行种植。这些植物具有较强的水分适应能力，能够在潮湿环境下良好生长，不易受到水 logging 的影响。

土壤排水性能的改善还可以通过合理的灌溉管理来实现。采取适量灌溉、分次灌溉等措施，可以避免过度灌溉导致土壤过于潮湿，从而减少水 logging 的发生。还可以利用滴灌、喷灌等技术，将水分精准地输送到植物根部周围，提高水分利用效率，减少水分流失的风险。

在水肥管理方面，需要注意避免过量施肥导致土壤肥力过高，从而影响土壤排水性能。合理施肥，选择适合植物需求的肥料种类和施用量，有助于维持土壤的适度肥力水平，保持良好的排水性能。

定期检查土壤排水情况，及时清理排水口和水槽等设施，确保排水畅通。及时清除积水和泥沙，防止土壤排水通道被堵塞，有助于减少水 logging 的发生，保持土壤的良好排水性能。

定期对园林植物进行观察和检查，及时发现并处理植物根部腐烂、叶片枯黄等问题。采取适当的措施，如修剪受损根部、清除病虫害等，有助于保持植物的健康生长状态，提高抗病虫害和逆境能力。

(二) 微量元素补充

了解园林植物对微量元素的需求是解决微量元素补充的第一步。微量元素通常包括铁、锌、锰、铜、钼等，它们在植物体内参与调节许多生理过程，如光合作用、氮代谢、水分调节等。因此，根据不同植物种类和生长环境，合理确定微量元素的补充需求是确保植物健康生长的关键。

选择合适的微量元素肥料进行补充是解决微量元素缺乏的关键。不同类型的植物对微量元素的需求不同，因此需要根据实际情况选择合适的微量元素肥料进行补充。常见的微量元素肥料包括螯合铁、硫酸锌、硫酸锰等，可以通过土壤施用或叶面喷施的方式进行补充。

园林植物的水肥管理中，要注意微量元素与其他营养元素的相互作用。有些微量元素与其他营养元素之间存在竞争吸收或促进作用，因此在补充微量元素时需要考虑到这些相互作用，以避免因过量或不足导致植物生长异常。

除了土壤施用外，叶面喷施是补充微量元素的有效方式之一。通过叶面喷施微量元素肥料，可以直接供给植物所需的微量元素，提高其吸收利用效率，尤其适用于紧急补充微量元素的情况。叶面喷施还能够减少微量元素与土壤中其他元素的竞争吸收，有助于提高植物对微量元素的利用率。

园林植物水肥管理中，要注意微量元素的施用量和施用频率。过量的微量元素施用可能会导致微量元素的积累，进而影响植物的生长和健康。因此，在补充微量元素时，需要根据植物的需求和土壤的养分状况，合理确定施用量和施用频率，以避免出现不良影响。

(三) 调整土壤 pH 值

了解土壤的 pH 值对于园林植物的生长至关重要。土壤的 pH 值反映了土壤中水溶液的酸碱程度，通常在 0 到 14 的范围内。中性土壤的 pH 值约为 7，如果土壤的 pH 值偏酸（低于 7）或偏碱（高于 7），都会影响植物根系的生长和营养元素的吸收。

对于土壤 pH 值偏酸的情况，一种常见的解决方法是施用石灰来中和土壤的酸性。石灰通常是以生石灰、石灰石或石灰粉的形式施用在土壤表面，通过与土壤中的酸性物质反应，将土壤的 pH 值调整至中性或接近中性，从而改善植物的生长环境。

有机肥料也可以帮助调节土壤的 pH 值。例如，施用含有大量有机质的堆肥或腐熟的动植物粪便，可以提高土壤的有机质含量，改善土壤结构，从而影响土壤的酸碱性，有利于园林植物的生长和发育。

选择适合的植物种类也是调节土壤 pH 值的重要因素之一。不同的植物对土壤 pH 值的要求不同，一些植物喜欢酸性土壤，而另一些则更适合生长在碱性土壤中。因此，在园林植物的选择和配置过程中，根据土壤的 pH 值和植物的生长需求进行合理搭配，可以最大限度地促进植物的健康生长。

　　定期检测土壤的 pH 值也是保持土壤环境稳定的重要措施之一。通过定期采集土壤样品，使用 PH 试纸或者 PH 计等工具进行测试，了解土壤的酸碱程度，及时发现并解决土壤 pH 值偏高或偏低的问题，从而保持园林植物的健康生长状态。

第七章　园林植物的修剪与整形技术

第一节　修剪的目的与原则

一、园林植物修剪的目的

(一) 刺激新梢生长

修剪园林植物的一个重要目的是控制植物的形态和尺寸。通过适时的修剪,可以控制植物的生长方向和枝干长度,使植物保持良好的形态和结构。这不仅有利于园林景观的美化,还有助于提高植物的抗风抗雨能力,减少因自然灾害而引发的损坏。

另一个重要目的是促进植物的新梢生长。通过修剪去除老旧的枝条和叶片,可以刺激植物产生更多的侧芽和新梢,促进植物的茂密生长。这对于一些高大乔木或灌木植物来说尤为重要,通过修剪可以让植物在生长季节内保持较为紧凑的生长状态,增加植物的观赏价值。

园林植物修剪还可以促进植物的花芽分化和开花。对于一些喜欢修剪的植物品种,适时的修剪可以刺激花芽的分化,使植物在下一个生长季节内产生更多的花朵,提升观赏效果。修剪还可以去除一些老弱病残的部分,提高植物的健康状况,增强其抗病能力,从而促进花朵的健康开放。

园林植物修剪还可以改善植物的通风透光性。通过去除植物内部过密的枝叶,可以增加植物内部的通风空间,减少病虫害的滋生,有利于植物的生长健康。适当的修剪还可以增加植物的透光性,使阳光更好地照射到植物的各个部位,促进光合作用的进行,提高植物的养分吸收效率。

园林植物修剪还可以延长植物的寿命。定期的修剪可以去除植物上的老枝老叶,减少植物生长过程中的自然衰老,延缓植物的老化速度。这有助于提高植物的生长质量和寿命,延长植物的使用周期,保持园林景观的长期美观。

(二) 去除老化和病损部分

去除老化和病损部分可以促进植物的生长更新。随着植物生长,一些老化的枝条、叶片或花朵可能会出现。这些老化部分会消耗植物的养分,影响植物的新梢生长和花果结实。通过及时修剪去除老化部分,可以刺激植物的新梢生长,促进植物的生长更新。

去除老化和病损部分可以防止疾病的传播和扩散。一些病害往往会在植物的老化或病损部分滋生繁殖，从而导致疾病的扩散。及时修剪去除这些受感染的部分，可以有效防止疾病的传播，保护植物的健康。

去除老化和病损部分还可以改善植物的外观和形态。老化的枝条、叶片或花朵往往会影响植物的整体美观性，给人一种凋零衰败的感觉。通过及时修剪去除这些老化部分，可以使植物焕发出新的生机，保持植物的良好外观和形态。

去除老化和病损部分还可以提高植物的抗逆性和抗病虫害能力。老化或病损部分往往会成为病虫害的温床，给植物带来更多的危害。通过及时修剪去除这些部分，可以减少病虫害的发生，提高植物的抗逆性和抗病虫害能力，保护植物的健康。

去除老化和病损部分还可以调整植物的生长方向和分枝结构。通过合理修剪，可以促使植物的生长方向更加匀称，分枝结构更加均衡，使植物更具美感和观赏价值。这有助于塑造园林景观的整体效果，提升园林植物的美学价值。

(三) 防止病虫害的侵害

植物修剪的目的之一是促进植物的健康生长。通过修剪去除枯死、病变或受损的枝条和叶片，可以减少植物体内营养的浪费，并为新的生长提供更多的养分和能量。这有助于植物保持健康状态，增强其抵抗病虫害的能力。

植物修剪可以调整植物的形态结构，促进植物的通风和光照。定期修剪可以控制植物的生长方向和形态，防止过度生长造成的拥挤和交叉。适当的修剪可以打开植物的内部空间，增加空气流通和阳光照射，降低潮湿和阴暗环境下病菌滋生的可能性。

植物修剪还可以促进植物的开花和结果。通过去除枝条上的老枝和过量的枝条，可以提高植物花芽的分化和通风，促进花芽的生长和开放。这有助于增加植物的观赏价值，同时也有利于果实的生长和发育。

除了促进生长和调整形态外，植物修剪还可以有效预防和控制病虫害的侵害。及时修剪和清除植物上的受感染部位，可以防止病菌和虫害在植物体内的扩散和传播。通过修剪保持植物的健康状态和充足的通风，可以减少病虫害的滋生和繁殖。

定期修剪还可以提高植物的抗逆性和自然免疫力。适度的修剪可以刺激植物的新生长和代谢活动，增强其抵抗外界环境压力和病虫害侵害的能力。这有助于提高园林植物的整体健康水平，降低病虫害对园林植物造成的损害。

二、园林植物修剪的原则

(一) 适时适度原则

园林植物修剪的适时性十分重要。不同类型的植物在不同的季节和生长阶段具有不同的修剪时间。例如，多数落叶乔木和灌木通常在冬季进入休眠期时进行修剪，而常绿植物则可以在春季或夏季进行修剪。适时的修剪可以最大限度地减少对植物生长的干扰，促进植物健康生长。

园林植物修剪的适度性也至关重要。适度的修剪意味着不过度修剪，不破坏植物的生长点和整体结构。一般来说，修剪时应该遵循"去死去枯、去弱去旺、去拥去密、去乱去垃"的原则，即去除死枝、枯枝和病枝，修剪弱势枝条和过于密集的枝叶，保持植物的整体形态和健康生长。

在进行园林植物修剪时，需要根据不同植物的生长习性和品种特点采取不同的修剪方法。例如，对于乔木和灌木类植物，常采用整形修剪、疏除修剪和短截修剪等方法，以保持植物的整体形态和健康生长；而对于藤本植物和攀援植物，则通常采用缩短修剪和添架修剪等方法，以促进植物的茂密生长。

在园林植物修剪过程中，需要注意保护植物的生长点和叶片，避免过度修剪导致植物生长受损。修剪工具应该保持锋利，修剪过程中要注意修剪面的光滑和整齐，避免裂口和伤口的出现，以减少植物的感染和疾病发生。

还需要考虑园林植物的生态环境和功能需求，在修剪过程中尽量保留植物的自然形态和生态功能。例如，在修剪公园景观中的乔木时，需要考虑到树冠的整体形态和树下的野生植被，尽量避免过度修剪造成生态环境的破坏。

（二）遵循植物生长习性原则

园林植物修剪的原则之一是根据植物的生长习性进行修剪。不同植物的生长习性各异，有的植物喜欢茂密生长，有的植物则偏爱稀疏生长。因此，在进行修剪时，需要根据植物的生长特点来确定修剪的力度和方式，避免过度修剪或不足修剪，以保证植物的生长健康。

园林植物修剪的原则之一是注重修剪的时机。植物在不同的季节有不同的生长特点和需求，因此修剪的时机至关重要。一般来说，春季是进行修剪的最佳时机，因为这个时候植物生长迅速，修剪后有利于促进新梢的生长。而夏季则应避免进行过多修剪，以免影响植物的生长和抗逆能力。

第三，园林植物修剪的原则之一是注意修剪的方式和技巧。不同的植物需要采用不同的修剪方式，例如，对于乔木类植物，可以采用"开心剪"、"半开心剪"等方式，使树冠更加均匀；而对于灌木类植物，可以采用"打蓬"、"修边"等方式，使植物更加紧凑。

园林植物修剪的原则之一是注意保持修剪的连续性和系统性。修剪不是一次性的活动，而是需要持续进行的。定期的修剪可以保持植物的健康生长和良好形态，避免因过度生长而导致植物失衡。修剪还应该具有系统性，按照一定的规划和顺序进行，以确保修剪的效果和一致性。

园林植物修剪的原则之一是注重修剪后的养护和管理。修剪后的植物需要得到适当的养护和管理，包括及时清理修剪后的残枝残叶，给予适量的水肥供应，以及注意防治病虫害等。这样可以帮助植物更快地恢复生长，保持良好的健康状态。

园林植物修剪的原则之一是尊重植物的自然生长规律。植物有着自己的生长规律和节律，修剪时应该尊重这些规律，避免过度干预和破坏植物的生长节奏。只有在必要的情况下进行适当的修剪，才能保证植物的生长健康和生态平衡。

第二节　常见修剪方法与技巧

一、园林植物常见修剪方法

（一）削顶修剪

削顶修剪是通过去除植物的顶部生长点来控制植物的高度和形态。这种修剪方法适用于树木、灌木等高大植物，可以促使植物侧枝的生长，增加植物的密度和丰满度，改善植物的整体形态，提高植物的观赏性。削顶修剪通常在植物生长旺盛的季节进行，通过去除顶部生长点来控制植物的高度和形态，使其更符合园林设计的要求。

除了削顶修剪之外，还有树形修剪这一常见的园林植物修剪方法。树形修剪是通过修剪植物的分枝和叶片来调整植物的形态和结构，使其呈现出符合设计要求的树形。这种修剪方法适用于树木、灌木等各种植物，可以根据设计要求进行不同形态的修剪，如球形、圆锥形、伞形等，使植物更加整齐美观。

还有树干整形修剪这一常见的园林植物修剪方法。树干整形修剪是通过修剪树木的主干和侧干来调整树干的形状和结构，使其更加符合设计要求的形态。这种修剪方法适用于树木、灌木等各种植物，可以根据需要进行树干的整形修剪，如平顶、倒梯形、垂直削尖等，使植物的树干更加挺拔、匀称。

还有花卉修剪这一常见的园林植物修剪方法。花卉修剪是通过修剪花草植物的枝条、叶片和花朵等部分来控制植物的生长和开花，使其更加美观和健康。这种修剪方法适用于各种花草植物，可以根据不同的花期和品种进行相应的修剪，如去除枯黄叶片、修剪花梗等，促进植物的新梢生长和花朵的开放。

还有整形修剪这一常见的园林植物修剪方法。整形修剪是通过修剪植物的整体形态和结构来调整植物的外观和形态，使其更加整齐美观。这种修剪方法适用于各种园林植物，可以根据设计要求进行不同形态的整形修剪，如修剪成球形、圆锥形、扇形等，使植物更加整洁有序。

（二）平顶修剪

平顶修剪是一种常见的修剪技术，适用于许多种类的园林植物。这种修剪方法通过修剪植物的顶部枝条，使其形成平坦的顶部或整齐的线条，从而控制植物的高度和形态。平顶修剪可以应用于树木、灌木、篱笆等不同类型的植物，适用范围广泛。

平顶修剪的主要目的是控制植物的高度和形状，使其更符合设计要求和观赏需求。通过定期进行平顶修剪，可以控制植物的生长，防止其过度生长和失控。这有助于保持园林景观的整体平衡和协调，提高园林植物的美观效果。

平顶修剪还可以促进植物的分枝和新生长。修剪植物的顶部枝条可以刺激植物的侧枝生长，增加植物的分枝密度和覆盖面积。这有助于提高植物的观赏价值和绿化效果，使园林景观更加丰富多样。

平顶修剪还可以改善植物的透光性和通风性。通过修剪植物的顶部枝条，可以减少植物的密度和阻挡面积，增加阳光的透射和空气的流通，有利于植物的光合作用和气体交换，提高其健康状态和生长质量。

在进行平顶修剪时，需要注意以下几点。选择合适的修剪工具和技术，保证修剪效果的准确和整齐。根据植物的生长习性和设计要求，合理确定修剪的高度和形状。再者，避免过度修剪和伤害植物的生长点，以免影响植物的正常生长和发育。

（三）侧面修剪

1. 整形修剪

整形修剪通常在植物生长的早春季节进行，此时植物刚刚进入生长季节，修剪后有利于植物迅速生长并形成新的枝条。在进行整形修剪时，首先要对植物整体的形态进行评估和规划，确定需要修剪的部位和修剪的幅度。

整形修剪的目标之一是修剪去除植物的枯枝、死枝和病枝，以保持植物的整体健康。这些无生命的枝条不仅影响植物的美观，还可能成为病虫害的隐患，及时去除可以防止疾病的传播和扩散。

另一个目标是修剪弱势枝条和过密枝叶，以促进植物的茂密生长和通风透光。弱势枝条通常生长在植物的内部或底部，修剪后可以让光线更好地照射到植物的整体，促进植物的健康生长。

整形修剪还包括修剪植物的过长枝条和不良生长部位，以保持植物整体的均衡和美观。过长的枝条可能导致植物过度倾斜或者不稳定，修剪后可以使植物的整体形态更加匀称和稳定。

在进行整形修剪时，需要使用锋利的修剪工具，如修剪剪、修枝剪等，以保证修剪面的光滑和整齐，减少植物的损伤和感染。修剪后的切口应该平整，避免留下尖锐的边缘或裂口，这有助于减少病虫害的入侵。

在整形修剪过程中，需要特别注意植物的生长点和叶片，避免对其造成伤害。生长点是植物生长的关键部位，对于植物的正常生长和发育至关重要，因此修剪时要避免剪伤生长点，以免影响植物的生长。

整形修剪也可以结合植物的特性和功能需求进行，例如对于围栏、篱笆等边界植物可以进行修剪成形，以强调其装饰和界限功能；对于景观树木可以进行树形修剪，使其具有更好的观赏效果。

2. 稀疏修剪

稀疏修剪是园林植物修剪中常见的一种方法。该方法旨在去除植物冠层中过密、交叉和病弱的枝条，保持植物树冠的透光性和通风性，促进植物的健康生长。稀疏修剪的操作步骤包括首先确定修剪的目标和范围，然后逐个去除冠层中的过密和不需要的枝条，使植物树冠更加通透和整洁。

开心修剪是另一种常见的园林植物修剪方法。该方法旨在修剪植物的主干和主要分支，使植物树冠更加宽阔和开敞。开心修剪的操作技巧包括首先确定修剪的方向和幅度，然后逐个修剪冠层中的枝条和分支，使植物树冠呈现出开心的形态，增加植物的观赏价值。

打蓬修剪是一种常见的园林植物修剪方法，主要用于修剪灌木类植物。该方法旨在通过修剪去除植物树冠中过密、繁杂和老化的枝条，保持植物树冠的透明度和整洁度，促进植物的新梢生长。打蓬修剪的操作步骤包括首先确定修剪的高度和幅度，然后逐个修剪冠层中的枝条和叶片，使植物树冠更加清爽和通风。

修边修剪是一种常见的园林植物修剪方法，主要用于修剪树丛和灌木丛的边缘。该方法旨在通过修剪去除植物树冠边缘的杂乱和过密的枝条，使植物树冠更加整齐和美观。修边修剪的操作技巧包括首先确定修剪的边界和形状，然后逐个修剪树冠边缘的枝条和叶片，使植物树冠呈现出清晰和平整的轮廓。

形状修剪是一种常见的园林植物修剪方法，主要用于修剪形状独特的植物，如球形植物和锥形植物。该方法旨在通过修剪塑造植物树冠的形状和轮廓，使植物呈现出特定的外形和特征。形状修剪的操作步骤包括首先确定修剪的形状和大小，然后逐个修剪植物树冠中的枝条和叶片，使植物呈现出所需的形状和轮廓。

二、园林植物修剪技巧

(一) 选择锋利工具

选择适合的修剪工具是关键。针对不同类型的植物和修剪需求，可以选择不同种类的修剪工具，如修枝剪、修枝锯、剪刀等。修枝剪适用于修剪较小直径的树枝和叶片，修枝锯适用于修剪较大直径的树枝，而剪刀则适用于修剪花草植物的枝叶和花朵。选择合适的修剪工具可以提高修剪效率，减少对植物的伤害。

保持修剪工具的锋利是至关重要的。使用钝锋的修剪工具会增加对植物的伤害，并降低修剪效率。因此，在进行修剪前，务必确保修剪工具的锋利度良好。定期对修剪工具进行磨刀和保养，保持其锋利度，可以确保修剪过程更加顺畅，减少植物受伤情况的发生。

掌握正确的修剪姿势和技巧也是至关重要的。在使用修剪工具时，应保持身体稳定，双手握稳修剪工具，用力均匀，避免过度用力或姿势不正确造成手部疲劳或受伤。要根据修剪的具体部位和形状，选择适当的修剪角度和方式，以确保修剪效果准确、整齐。

另一方面，要根据不同植物的特点和生长习性，采用适当的修剪方法。例如，对于落叶乔木，可以采用"开放式修剪"方法，即在修剪时尽量保持树冠的开敞，有利于光线的穿透和通风；对于常绿灌木，可以采用"整形修剪"方法，即根据植物的生长方向和形态，修剪出整齐美观的外形。

要注意在修剪过程中保持修剪工具的清洁卫生。使用前应清洁修剪工具，避免将病菌传播到植物上，造成植物疾病的发生。修剪完毕后，应及时清理修剪工具，并进行消毒处理，以保证下次使用时的卫生安全。

需要谨慎对待修剪工作，尤其是在对大型植物进行修剪时。在进行高空修剪或对植物进行大范围修剪时，应采取安全措施，如使用安全带、登高设备等，确保工作安全。遵循园艺规范和安全操作流程，保证修剪工作的顺利进行，同时确保自身和他人的安全。

(二) 正确使用工具

选择适合植物类型和修剪需求的工具至关重要。不同类型的植物和修剪任务需要不同种类的工具，如修枝剪、修枝锯、剪刀等。修枝剪适用于修剪较小直径的树枝和叶片，修枝锯适用于修剪较大直径的树枝，剪刀则适用于修剪花草植物的枝叶和花朵。选择适合的工具可以提高修剪效率，减少对植物的伤害。

保持工具的锋利是非常重要的。使用钝锋的工具会增加对植物的损伤，并且降低修剪效率。因此，在进行修剪之前，务必确保工具的锋利度良好。定期对工具进行磨刀和保养，保持其锋利度，可以确保修剪过程更加顺畅，减少植物受伤的情况发生。

掌握正确的使用姿势和技巧也是至关重要的。在使用工具时，应保持身体稳定，双手握稳工具，用力均匀，避免过度用力或使用姿势不正确造成手部疲劳或受伤。根据修剪的具体部位和形状，选择适当的修剪角度和方式，以确保修剪效果准确、整齐。

另一方面，要根据不同植物的特点和生长习性，采用适当的修剪方法。例如，对于落叶乔木，可以采用"开放式修剪"方法，即在修剪时尽量保持树冠的开敞，有利于光线的穿透和通风；对于常绿灌木，可以采用"整形修剪"方法，即根据植物的生长方向和形态，修剪出整齐美观的外形。

要注意在修剪过程中保持工具的清洁卫生。使用前应清洁工具，避免将病菌传播到植物上，造成植物疾病的发生。修剪完毕后，应及时清理工具，并进行消毒处理，以保证下次使用时的卫生安全。

需要谨慎对待修剪工作，尤其是在对大型植物进行修剪时。在进行高空修剪或对植物进行大范围修剪时，应采取安全措施，如使用安全带、登高设备等，确保工作安全。遵循园艺规范和安全操作流程，保证修剪工作的顺利进行，同时确保自身和他人的安全。

（三）分阶段修剪

分阶段修剪的第一个阶段是初步修剪。在植物生长的早期阶段，进行初步修剪可以帮助控制植物的基本形态和结构。这包括修剪过长的枝条、去除病弱或死去的枝叶以及调整植物的整体形状。初步修剪的目的是为后续的精细修剪和形态塑造打下基础，确保植物的健康生长和美观效果。

分阶段修剪的第二个阶段是夏季修剪。夏季是植物生长旺盛的季节，也是进行修剪的适宜时机之一。在夏季修剪中，主要可以针对植物的繁茂部分进行精细修剪，如修剪过密的枝叶、疏除杂乱的生长以及整理植物的整体形态。夏季修剪有助于保持植物的整体美观和通风透光，促进植物的健康生长。

分阶段修剪的第三个阶段是秋季修剪。秋季是植物生长的收缩期，也是进行修剪和整理的重要时机之一。在秋季修剪中，可以进一步修剪植物的杂乱生长部分，如修剪过长的枝条、整理植物的形态结构以及清除积累的落叶和杂草。秋季修剪有助于为植物进入冬眠期做好准备，保持植物的健康状态和整洁外观。

分阶段修剪的第四个阶段是冬季修剪。冬季是植物生长的休眠期，也是进行重要修剪和整形的时机之一。在冬季修剪中，可以重点对植物的结构进行调整和修整，如修剪不规则的树形、整理杂乱的枝叶以及去除枯死或受损的部分。冬季修剪有助于为植物的新生长和来年的生长季节做好准备，促进植物的健康生长和繁茂发展。

在进行分阶段修剪时，需要注意以下几点。根据植物的生长特点和季节变化，合理安排修剪时间和方式，避免影响植物的正常生长和发育。选择合适的修剪工具和技术，确保修剪效果的准确和整齐。再者，避免过度修剪和伤害植物的生长点，以免影响植物的健康状态和整体美观。

第三节　形态整形技术及实例分析

一、园林植物形态整形技术

(一) 自然形态修剪

自然形态修剪是园林植物形态整形技术中的一种重要手段，旨在通过修剪和整理，使植物保持自然生长的形态特征，同时兼顾美观和功能需求。这种修剪技术强调尊重植物的自然生长规律，以达到优化景观效果和生态环境的目的。

自然形态修剪强调植物的原生态和野性美，注重保持植物天然生长的姿态和形态特征。在进行自然形态修剪时，首先要观察植物的自然生长状态和形态特征，了解植物的生长习性和枝叶分布，然后有针对性地进行修剪，保持植物的天然形态。

自然形态修剪强调修剪的渐进性和轻微性，不过度干预植物的生长，尽量减少对植物的创伤和压力。修剪时要选择合适的时间和修剪工具，如修剪剪、修枝剪等，确保修剪面的光滑和整齐，减少植物的损伤和感染。

自然形态修剪的目标之一是优化植物的整体形态，使其更具观赏价值和美感。通过去除杂乱和过密的枝叶，调整植物的分支结构和树形比例，使植物的形态更加优美和谐，增强景观效果。

另一个目标是提升植物的生态功能和环境适应性。自然形态修剪不仅要考虑到植物的外观美观，还要兼顾植物的生态功能和适应环境的能力。通过适度修剪，可以促进植物的通风透光和水分蒸发，增强植物的抗风抗雨能力，提高植物的生态适应性。

自然形态修剪还可以结合植物的生长环境和功能需求进行。例如，在修剪景观树木时，可以根据景观设计要求和周围环境进行修剪成形，强调植物的装饰和景观效果；在修剪边界植物时，可以根据边界功能和美观要求进行修剪整理，增强边界的界限感和视觉效果。

在进行自然形态修剪时，需要根据植物的生长特性和修剪的目标选择合适的修剪方法和技术。例如，可以采用逐级修剪、局部修剪和点对点修剪等方法，根据植物的需要进行有针对性的修剪，使植物保持自然生长的形态特征。

(二) 规则形态塑造

规则形态塑造的原理是根据植物的生长规律和形态特点，采取一系列科学合理的修剪措施，使植物呈现出符合设计要求的形态和轮廓。这需要园艺工作者充分了解植物的生长习性、分枝方式和叶片分布等特点，以便确定修剪的目标和方法。

规则形态塑造的方法包括了开心剪、刨心剪、圆锥剪、球形剪等多种技术手段。其中，开心剪是一种常用的方法，通过修剪植物的顶端和侧枝，使植物树冠呈现出开敞和宽阔的形态。刨心剪则是通过去除植物树冠内部过密和交叉的枝条，使植物树冠呈现出中空和通风的效果。圆锥剪和球形剪则是通过修剪植物树冠的周围和顶部，使植物呈现出圆锥形和球形的形态，增加植物的观赏价值。

规则形态塑造的过程中还需要注意修剪的时机和力度。一般来说，春季是进行形态整形的最佳时机，因为这个时候植物生长迅速，修剪后有利于促进新梢的生长。而夏季则应避免进行过多修剪，以免影响植物的生长和抗逆能力。修剪的力度应该适度，避免过度修剪导致植物失衡或受损。

规则形态塑造的应用范围非常广泛，不仅适用于各种乔木、灌木和草本植物，还可以用于形态各异的植物景观，如盆景、绿篱和花坛等。通过规则形态塑造，可以使植物呈现出各种艺术形态和造型效果，为园林景观增添一道亮丽的风景线。

规则形态塑造的实施需要园艺工作者具备一定的专业知识和技能。他们需要熟悉植物的生长习性和修剪技术，具备良好的审美观和动手能力，才能完成修剪工作。园艺工作者还需要根据具体的园林设计要求和植物生长状况，合理制定修剪方案和操作步骤，确保修剪的效果和质量。

(三) 植物细节处理

1. 细枝修剪

细枝修剪的技术要点之一是选择合适的修剪时间。一般来说，最佳的修剪时间是在植物生长旺盛期和休眠期之间，避免在植物处于生长停滞期或高温季节进行修剪，以免影响植物的生长和恢复。在选择修剪时间时，还应考虑植物的特性和修剪的目的，以确保取得最佳的修剪效果。

细枝修剪的技术要点之二是选择合适的修剪工具。通常情况下，细枝修剪需要使用修枝剪或修枝剪，这两种工具都能够精准地修剪植物的细枝和叶片，但修枝剪适用于修剪较小直径的树枝和叶片，修枝剪则适用于修剪较大直径的树枝。选择合适的修剪工具可以提高修剪效率，减少对植物的伤害。

细枝修剪的技术要点之三是掌握正确的修剪角度和方式。在进行细枝修剪时，应根据植物的生长方向和形态，选择适当的修剪角度和方式，以确保修剪效果准确、整齐。通常情况下，应采用 45 度左右的斜剪角度，沿着树枝生长的方向修剪，避免斜剪或垂直剪等不当修剪方式，以免影响植物的生长和形态。

另一方面，细枝修剪的技术要点之四是注意修剪力度和频率。在进行细枝修剪时，应控制修剪力度，避免过度修剪造成植物受伤和形态失衡。应根据植物的生长速度和修剪需求，合理确定修剪频率，避免频繁修剪影响植物的生长和健康。

细枝修剪的技术要点之五是及时清理修剪后的枝叶。修剪完毕后，应及时清理落叶和修剪下来的树枝，避免阻塞排水口和植物生长点，影响植物的正常生长和发育。清理工作应及时进行，以保持植物周围的整洁和通风。

细枝修剪是园林植物形态整形中的重要技术之一。通过选择合适的修剪时间、工具和方式，掌握正确的修剪力度和频率，以及及时清理修剪后的枝叶，可以有效地调整植物的形态和结构，使其更加整齐美观，增强园林景观的观赏性和艺术性。

2. 叶片修剪与调整

叶片修剪与调整是园林植物形态整形中不可或缺的一部分。叶片是植物的主要器官之一，其形态和排列方式直接影响着植物的整体外观和观赏效果。通过精细的修剪和调整，可以控制叶片的大小、形状和密度，从而塑造植物的整体形态，增加其美观度和艺术感。

叶片修剪与调整的方法多样，可以根据植物的生长特点和设计要求选择合适的修剪方式。常见的叶片修剪与调整方法包括剪叶、削叶、拉叶、疏叶等。剪叶是指修剪过长或过密的叶片，以减少植物的叶片密度和阻挡面积；削叶则是将叶片边缘修剪成特定的形状，以增加植物的观赏效果；而拉叶则是将叶片朝同一方向拉伸，使植物呈现出流线型的外观，增强其视觉效果。

叶片修剪与调整需要注意保持植物的整体平衡和自然形态。在进行修剪时，应充分考虑植物的生长习性和自然特点，避免过度修剪和破坏植物的生长平衡。尤其是在修剪叶片时，应保留足够的叶片面积和叶片排列方式，以维持植物的光合作用和养分吸收功能。

叶片修剪与调整还需要根据季节和气候条件进行合理安排。在植物生长旺盛的季节，如春季和夏季，可以适当修剪和调整叶片，以控制植物的生长和形态；而在生长减缓的季节，如秋季和冬季，可以进行精细修剪和整形，以提高植物的观赏效果和冬季景观的质量。

叶片修剪与调整不仅可以美化园林景观，还可以促进植物的健康生长。通过修剪和调整叶片，可以增加植物的通风透光和光合作用面积，提高其生长质量和抗逆性，减少病虫害的发生和传播，有利于植物的健康生长和发育。

叶片修剪与调整是园林植物形态整形中重要的技术手段，通过精细的修剪和调整，可以塑造植物的整体形态，提高园林景观的美观度和艺术效果。需要根据植物的生长特点和设计要求，选择合适的修剪方法，并注意保持植物的整体平衡和健康生长。

二、园林植物形态整形实例分析

（一）球形植物的整形

1. 使用锋利的修枝剪

修剪球形植物的第一步是选择合适的时间。一般来说，球形植物的修剪时间通常选择在早春或秋末，这是植物生长较为缓慢的时候，有利于减少修剪后的生长反应和创口愈合。在这个时候进行修剪，有助于植物迅速适应新的生长状态。

修剪球形植物时，首先要确定修剪的目标和形态设计。球形植物的修剪目标通常是保持其整体圆润、匀称，让植物呈现出紧凑、立体的球形。因此，在进行修剪之前，需要对植物的整体形态和分支结构进行仔细观察和评估，确定需要修剪的部位和程度。

使用锋利的修枝剪是修剪球形植物时的关键工具之一。锋利的修枝剪能够在修剪过程中轻松地切断植物的枝条，减少切口的裂伤和损伤，有助于植物快速愈合。因此，在进行球形植物的修剪时，务必选择锋利的修枝剪，并确保修剪面的光滑和整齐。

修剪球形植物时，需要注意修剪的幅度和力度。修剪的幅度应该适中，不宜过度修剪，以免影响植物的健康和生长。一般来说，修剪时应该去除过长和杂乱的枝条，保持植物的整体形态和紧凑度，但要注意保留足够的叶片，以保证植物的光合作用和营养供给。

在修剪球形植物时，要注意保护植物的生长点和叶片。生长点是植物生长的关键部位，对于植物的正常生长和发育至关重要。因此，在修剪时要避免剪伤生长点，尽量选择离生长点较远的位置进行修剪，以减少对植物的伤害和干扰。

修剪球形植物时，还需要注意整体的均衡和对称。在修剪过程中要注意调整植物的分支结构和枝条长度,使植物的整体形态更加匀称和美观。修剪后要及时调整植物的形态,确保植物呈现出理想的球形。

修剪球形植物是保持其美观外形和健康生长的重要手段之一。使用锋利的修枝剪、选择合适的修剪时间和力度,注意保护植物的生长点和叶片,以及保持整体的均衡和对称,都是实现修剪效果的关键。通过正确的修剪方法,可以让球形植物保持健康的生长状态,呈现出优美的外观。

2. 从植物的上部开始逐层修剪

从植物的上部开始逐层修剪是球形植物整形的基本原则之一。确定植物的整体形状和所需的球形轮廓。从植物的顶部开始,逐层修剪植物的分枝和叶片,使植物树冠逐渐呈现出球形的形态。修剪时应注意保持修剪的连贯性和均匀性,避免出现不均匀或不自然的形状。

球形植物整形修剪的时机通常选择在春季或早秋季节进行。春季是植物生长旺盛的时期,适合进行修剪以促进新梢的生长和形成球形树冠;而早秋季节修剪则有助于整形植物树冠并保持其形态至冬季。避免在夏季高温或冬季严寒时进行修剪,以免影响植物的生长和恢复能力。

在进行球形植物整形修剪时,需要注意修剪的方式和技巧。从植物的顶部开始修剪,逐渐向下逐层进行修剪。修剪时要选择尖锐、干净的修剪工具,如修枝剪或修剪刀,以确保修剪的准确和平整。要注意修剪的力度和幅度,逐渐调整修剪的力度,以避免过度修剪或削弱植物的生长势头。

球形植物整形修剪的关键是保持植物的整体平衡和比例。在修剪过程中,需要根据植物的生长状态和形态特点,合理调整修剪的幅度和密度,保持植物的树冠均匀和紧凑。还需要留意植物树冠的通风透光情况,避免修剪过密导致植物内部透气不畅或光照不足。

球形植物整形修剪后需要进行适当的养护和管理。及时清理修剪后的残枝残叶,保持植物树冠的整洁和通风;给予适量的水分和养分供应,促进植物的生长和恢复;注意防治病虫害,确保植物的健康生长。这些措施有助于保持修剪后植物树冠的形态和健康。

从植物的上部开始逐层修剪是球形植物整形的基本原则,修剪时机选择在春季或早秋季节,修剪方式注重保持植物的整体平衡和比例,修剪后需进行适当的养护和管理。只有遵循这些原则和技巧,才能确保球形植物整形修剪的效果和质量,使植物树冠呈现出整齐、紧凑的球形形态,增加园林景观的美观度和观赏价值。

(二) 篱笆状植物的整形

1. 使用修枝锯和修枝剪

准备工作非常重要。在开始修剪之前,应清理植物周围的杂草和杂物,确保工作区域清洁。准备好所需的修枝锯和修枝剪,并确保它们的锋利度良好,以便进行精确的修剪。

确定修剪的目标和范围。根据植物的生长情况和设计要求,确定需要修剪的部位和形态。通常情况下,篱笆状植物需要修剪成整齐的直线或曲线形状,保持植物的高度和密度均衡一致。

使用修枝锯对较粗的树枝进行修剪。修枝锯适用于修剪较大直径的树枝,可以帮助我们精确地控制修剪的力度和角度。在修剪过程中,应根据植物的生长方向和形态,选择适当的修剪位置和方式，以确保修剪效果准确、整齐。

使用修枝剪对细枝和叶片进行修剪。修枝剪适用于修剪较小直径的树枝和叶片，可以帮助我们精细地调整植物的形态和结构。在修剪过程中，应根据植物的生长情况和设计要求，选择适当的修剪角度和方式，确保修剪效果均匀一致。

要注意修剪后的枝叶处理。修剪完成后，应及时清理修剪下来的枝叶，避免阻塞植物生长点和排水口，影响植物的正常生长和发育。清理工作应及时进行，以保持植物周围的整洁和通风。

进行修剪后的植物护理。修剪完成后，应给植物适当的养分和水分补充，促进植物的新梢生长和恢复。定期检查修剪后植物的生长情况，及时进行必要的调整和维护，确保植物的健康生长。

2. 从植物的顶部和侧面开始

从植物的顶部开始整形是篱笆状植物整形的第一步。在整形过程中，可以使用修剪工具对植物的顶部进行修剪，使其形成平整的顶部或者特定的形状。修剪植物的顶部可以控制植物的高度和形态，使其更符合设计要求和观赏需求。在修剪时，可以根据设计要求和植物的生长情况，选择合适的修剪高度和形状，以达到最佳的修剪效果。

从植物的侧面开始整形是篱笆状植物整形的另一个重要步骤。在整形过程中，可以对植物的侧面进行修剪和整理，使其呈现出清晰的线条和平整的表面。修剪植物的侧面可以控制植物的宽度和厚度，调整植物的整体形态和层次感。在修剪侧面时，需要注意保持修剪线条的平直和整齐，避免出现断裂或不均匀的情况，以确保整形效果的美观和一致。

在进行篱笆状植物的整形时，需要考虑到植物的生长习性和修剪原则。不同类型的植物具有不同的生长习性，有些植物生长迅速而且枝繁叶茂，而有些植物则生长缓慢且密度较低。在进行整形时，需要根据植物的生长特点和修剪原则，选择合适的修剪方式和方法，以保持植物的健康生长和良好状态。

整形篱笆状植物还需要考虑到整体的比例和均衡。在进行整形时，需要注意保持植物的整体比例和均衡，避免出现过高或过宽的情况，以确保整形效果的和谐和统一。可以通过适当的修剪和整理，调整植物的各个部分，使其更符合设计要求和园林景观的整体风格。

整形篱笆状植物还需要定期进行保养和维护。在整形完成后，需要定期检查植物的生长状况和修剪效果，及时对新生的枝叶进行修剪和整理，保持植物的整体形态和线条清晰。还需要注意及时除去植物上的枯枝败叶和病虫害，保持植物的健康生长和良好状态。

第四节　修剪后的养护管理要点

一、园林植物修剪后的养护管理要点

（一）保持修剪切口的清洁

园林植物修剪后的养护管理至关重要，它直接影响到植物的生长状态和修剪效果的持

久性。保持修剪切口的清洁是修剪后养护管理的重要要点之一，这有助于预防病虫害的侵袭，促进切口的愈合和植物的健康生长。

修剪后立即清洁修剪工具是保持修剪切口清洁的第一步。在进行修剪过程中，修剪工具可能会沾染植物的分泌物或病原体，如果不及时清洁，这些污染物可能会传播到其他植物上，引发病害。因此，修剪后应立即用消毒剂或清水彻底清洗修剪工具，以保持其清洁卫生。

修剪后，及时清除修剪下来的残枝残叶也是保持修剪切口清洁的重要措施之一。残枝残叶上可能残留着病原体或虫卵等，如果不及时清除，可能会成为病虫害的潜在来源。因此，修剪后要及时清理修剪下来的残枝残叶，可以选择焚烧或深埋等方法彻底处理。

在修剪后，对修剪切口进行处理也是保持其清洁的关键步骤之一。修剪切口通常会暴露植物的内部组织，如果不及时处理，容易受到病原体的侵袭。因此，修剪后可以使用树脂封口剂、白乳胶或硫磺粉等防治剂对切口进行涂抹，以减少病菌感染和干燥裂口。

除了保持修剪切口的清洁外，适当的养护管理也是修剪后植物健康生长的关键。及时给予修剪后的植物适量的水分和营养是至关重要的。修剪后的植物可能会经历一段生长适应期，此时需要加强对植物的水分和营养供应，以促进切口的愈合和新枝条的生长。

定期观察修剪后的植物，注意及时发现并处理可能出现的问题。修剪后的植物可能会受到病虫害或其他外界因素的影响，因此需要定期检查植物的生长状态，如有异常情况应及时采取措施进行处理，以防止问题扩大影响植物的生长。

适当的修剪后管理也包括对植物周围环境的维护和保护。修剪后的植物可能需要更多的阳光和空气流通，因此需要及时修剪周围的杂草和枯枝，保持植物周围环境的整洁和通风，有利于植物的生长和健康。

定期对修剪后的植物进行病虫害防治也是保持修剪切口清洁的重要环节。修剪后的植物可能会成为病虫害的易感部位，因此需要定期喷洒杀菌剂或灭虫剂，预防病虫害的侵袭，保持植物的健康生长状态。

(二) 观察植物的生长情况

观察植物的生长情况可以及时发现修剪后可能出现的异常情况。这包括植物新梢的生长情况、枝条的生长方向、叶片的颜色和形态等方面。通过仔细观察，可以发现修剪不当导致的枯黄、萎缩、过密等问题，及时采取相应的措施加以处理，避免问题扩大影响植物的健康生长。

观察植物的生长情况有助于调整养护管理措施。根据观察到的植物生长状态，可以调整水肥管理、病虫害防治、通风透光等养护措施，以满足植物的生长需求。例如，如果发现植物新梢长势不佳，可以增加施肥量或增加浇水频次，促进植物的新梢生长；如果发现植物叶片出现黄化或枯萎现象，可以加强病虫害防治，确保植物的健康状态。

观察植物的生长情况有助于评估修剪效果和制定下一步的修剪计划。通过比较修剪前后植物的生长状态，可以评估修剪的效果和影响，及时调整修剪策略和方法。例如，如果发现修剪后植物树冠密度过大或不均匀，可以适时进行局部修剪或适当稀疏修剪，以改善植物的整体形态和结构。

在进行园林植物修剪后的养护管理时，还需要注意以下几个要点。保持修剪后的植物树冠整洁和通风。及时清理修剪后的残枝残叶，保持植物树冠内部通风良好，有助于减少病虫害的发生和传播。合理施肥浇水，保障植物的养分供应。根据植物的生长需求和季节特点，科学施肥浇水，确保植物根系的健康生长。定期检查和防治病虫害，及时发现并处理植物可能出现的病虫害问题，保护植物的健康生长。

（三）适时补充营养

在园林植物修剪后的养护管理中，适时补充营养是至关重要的。修剪会消耗植物的能量和养分，影响其生长和发育。因此，及时补充营养可以促进植物的新梢生长和恢复，保持植物的健康状态。以下是园林植物修剪后养护管理的要点。

根据植物的生长特点和修剪后的需求，选择合适的营养补充方式。常见的营养补充方式包括施肥、喷施叶面肥和土壤改良等。施肥可以为植物提供充足的营养元素，促进植物的生长和发育；喷施叶面肥可以迅速被植物吸收，补充植物所需的微量元素，提高植物的抗病虫害能力；土壤改良可以改善土壤结构，增强植物的抗逆性和生长环境。

掌握适时施肥的原则。一般来说，园林植物在生长旺盛期和开花结果期需要更多的营养，因此在这些时期应及时施肥。修剪后的植物需要适量的营养补充来促进新梢生长和恢复，因此修剪后的一周内可以适时进行施肥，以帮助植物尽快恢复生长。

注意施肥的方法和技巧。在进行施肥时，应根据植物的需求和土壤的情况，选择适当的肥料种类和施肥剂量。通常情况下，可以选择有机肥料或复合肥料，根据植物的生长情况和所需的营养元素进行施用。要注意均匀施肥，避免过量施肥或局部施肥，以免对植物造成伤害。

喷施叶面肥也是一种有效的补充营养的方式。叶面肥可以迅速被植物吸收，补充植物所需的微量元素，提高植物的抗病虫害能力。在进行喷施叶面肥时，应选择适当的叶面肥品种和浓度，按照说明进行稀释和喷施，确保叶面肥均匀覆盖植物叶片表面。

及时进行土壤改良也是园林植物养护管理的重要环节。通过添加有机物质、矿质肥料和土壤改良剂等，可以改善土壤的通气性、保水性和保肥性，提高土壤的肥力和透水性，促进植物的根系生长和营养吸收。在进行土壤改良时，应根据土壤的类型和质地，选择适当的改良方法和材料，确保土壤改良的效果。

密切关注植物的生长情况，根据需要进行及时的调整和维护。修剪后的植物可能会出现新梢生长缓慢、叶片黄化等现象，这时需要及时调整施肥剂量和施肥时间，以满足植物的营养需求。要定期检查植物的根系和叶片，发现问题及时处理，保证植物的健康生长。

二、园林植物修剪后的管理建议

（一）定期检查修剪效果

定期检查修剪效果是保持植物整形的重要步骤。在修剪后的几天内，需要定期检查植物的生长状况和修剪效果，确保修剪线条的平直和整齐，避免出现断裂或不均匀的情况。定期检查修剪效果有助于及时发现并处理修剪不当或未完成的部分，保持植物的整体美观和修剪效果的一致性。

保持修剪线条的清晰和整洁是园林植物管理的关键。在修剪后的生长季节，需要定期修剪和整理新生的枝叶，保持修剪线条的清晰和整洁，避免出现过度生长和杂乱生长的情况。可以通过适时修剪和整理，调整植物的形态和线条，使其更符合设计要求和观赏需求。

及时处理植物的枯枝败叶和病虫害是保持植物健康的关键。在修剪后的管理过程中，需要定期检查植物的枝叶和叶片，及时除去枯枝败叶和感染病害的部分，防止病害的扩散和传播。还需要采取有效的防治措施，控制病虫害的发生和侵害，保持植物的健康生长和良好状态。

注重植物的养护和营养是保持植物健康生长的关键。在修剪后的管理过程中，需要给予植物充足的水分和养分，保持土壤的湿润和肥力，促进植物的根系生长和营养吸收。可以通过定期浇水和施肥，补充植物所需的水分和养分，保持植物的生长状况和健康状态。

定期对植物进行整体检查和维护是保持园林植物健康的重要措施。在修剪后的管理过程中，需要定期对植物进行整体检查和维护，包括检查植物的生长状况、修剪效果和病虫害情况等，及时发现并处理植物的问题，保持植物的健康生长和良好状态。

定期检查修剪效果并采取相应的管理措施是保持园林植物健康生长和良好状态的关键。通过注重修剪线条的清晰和整洁、及时处理枯枝败叶和病虫害、保持植物的养护和营养以及定期进行整体检查和维护，可以确保园林植物修剪后的管理效果，提高园林景观的整体品质和美观程度。

(二) 处理修剪遗留物

园林植物修剪后的管理至关重要，它直接影响到植物的生长状态和修剪效果的持久性。处理修剪遗留物是修剪后管理的重要环节之一，它包括清理修剪下来的残枝残叶、处理修剪切口以及对修剪后植物周围环境的维护等。

清理修剪下来的残枝残叶是修剪后管理的首要任务之一。修剪过程中产生的残枝残叶不仅影响植物的美观，还可能成为病虫害的潜在来源。因此，修剪后应立即清理修剪下来的残枝残叶，彻底清除并妥善处理，可以选择焚烧、深埋或堆肥等方法进行处理。

处理修剪切口是修剪后管理的另一个重要环节。修剪切口通常会暴露植物的内部组织，如果不及时处理，容易受到病原体的侵袭。因此，在修剪后应该对切口进行处理，可以选择涂抹树脂封口剂、白乳胶或硫磺粉等防治剂，以减少病菌感染和干燥裂口。

对修剪后植物周围环境的维护也是修剪后管理的重要内容之一。修剪后的植物可能需要更多的阳光和空气流通，因此需要及时修剪周围的杂草和枯枝，保持植物周围环境的整洁和通风，有利于植物的生长和健康。

在处理修剪遗留物时，要注意选择合适的处理方法。对于修剪下来的残枝残叶，可以进行焚烧处理，但要注意遵守当地的环保法规，选择合适的时间和地点进行焚烧。也可以选择深埋或堆肥处理，将其变废为宝，有助于土壤的改良和植物的生长。

在处理修剪切口时，要注意选择合适的防治剂进行涂抹，以保护切口不受病原体的侵袭。树脂封口剂可以形成一层保护膜，防止水分流失和病菌感染；白乳胶具有抗菌作用，可以有效预防病菌感染；硫磺粉则可以杀灭病菌，减少病害的发生。

在维护修剪后植物周围环境时，要注意保持环境的清洁和整洁，及时清理杂草和枯枝，保持空气流通和阳光充足，有利于植物的健康生长。还可以适时进行施肥和浇水，为修剪后的植物提供充足的营养和水分，促进其健康生长。

（三）环境调控与保护

1. 优化生长环境

为了优化生长环境，首先需要注意给植物提供充足的阳光。阳光是植物进行光合作用的能源，对于植物的生长至关重要。因此，在修剪后的管理中，应尽量保证植物树冠的通风透光，避免过度遮荫或阻挡阳光。可以适时修剪周围的遮荫植物或建筑物，以增加植物的阳光照射时间和强度，促进其健康生长。

保持适宜的土壤湿度和通气性也是优化生长环境的重要措施之一。植物根系对土壤湿度和通气性有着较高的要求，过度干燥或过度潮湿的土壤都会影响植物的生长。因此，在修剪后的管理中，应根据植物的生长需求和土壤状况，科学浇水和排水，保持土壤湿润但不积水，保证植物根系的正常呼吸和水分吸收。

合理施肥也是优化生长环境的重要手段之一。植物在生长过程中需要吸收多种营养元素来维持正常的生理活动，因此，定期施肥可以为植物提供所需的营养元素，促进其健康生长。在修剪后的管理中，可以选择有机肥料或复合肥料，根据植物的生长阶段和需求进行适量施用，确保植物的养分供应充足。

定期检查和防治病虫害也是优化生长环境的重要措施之一。病虫害是影响植物健康生长的主要因素之一，会导致植物叶片枯黄、干枯甚至死亡。因此，在修剪后的管理中，应定期检查植物是否受到病虫害的侵害，及时采取相应的防治措施，如喷洒杀虫剂、施用杀菌剂等，保护植物的健康生长。

注意及时清除植物周围的杂草和落叶，保持修剪后的植物周围环境整洁。杂草和落叶不仅会影响植物的生长，还容易滋生病虫害，导致植物受到感染。因此，定期清除杂草和落叶，保持植物周围环境清洁，有利于植物的健康生长和管理。

定期对修剪后的植物进行整形修剪和调整，保持植物树冠的整洁和形态。随着植物的生长，其树冠形态会逐渐变化，可能需要定期进行修剪和整形，以保持植物的美观和形态。在进行整形修剪时，应根据植物的生长情况和设计要求，选择合适的修剪方法和时机，调整植物的树冠形态，提升园林景观的美观度和观赏价值。

2. 防治病虫害

定期检查植物的健康状况是预防病虫害的关键。在修剪后，应定期检查植物的叶片、枝条和根系，发现任何异常情况，如叶片变色、卷曲、变形，枝条出现溃疡、腐烂等。及时发现并处理这些异常情况，可以有效防止病虫害的发生和扩散。

加强园林植物的养分供应，增强其抗病虫害能力。在修剪后，植物需要更多的养分来恢复生长和修复受损组织。因此，应适时施肥，给植物提供充足的营养元素，增强其抗病虫害的能力。注意合理施肥，避免过量施肥造成植物的营养失衡，反而促进病虫害的发生。

采取物理防治措施，减少病虫害的传播和侵害。在园林植物周围设置物理隔离屏障，如网罩、挡风板等，可以有效阻止病原体和害虫的侵入。定期清理园林环境，清除枯叶、枯枝等废弃物，减少病虫害的滋生源，有助于降低病虫害的发生率。

选择抗病虫害的园林植物品种，有助于减少病虫害的发生和传播。在进行园林植物的选择和配置时，应优先选择抗病虫害的品种，降低病虫害的发生风险。多样化植物配置，避免大面积种植同一种或同一类植物，有助于减少病虫害的扩散和传播。

再者，注意修剪工具和作业的卫生消毒。在进行修剪工作前，应确保修剪工具的清洁和消毒，避免将病原体和害虫传播到植物上。修剪完毕后，及时清理修剪下来的枝叶和残余物，并对修剪工具进行消毒处理，以保证下次使用时的卫生安全。

加强园林植物的监测和管理是防治病虫害的有效手段。定期巡查园林植物的健康状况，发现病虫害的早期症状，及时采取措施进行防治。在园林管理中，建立健全的病虫害监测和管理体系，加强对植物的定期检测和数据记录，及时发现和处理病虫害问题，保护园林植物的健康和生长。

加强园林植物的护理和维护工作，提高植物的抗病虫害能力。定期修剪、适时除草、保持通风透光等护理措施，有助于保持植物的健康状态，增强其抗病虫害能力。注意植物的生长环境和生长条件，提供适宜的生长环境，有助于提高植物的生长健康水平，减少病虫害的发生。

第八章 园林植物病虫害防治

第一节 病虫害的种类及识别方法

一、园林植物虫害种类中的鳞虫类及识别方法

（一）棉蚧（植物表面出现白色绒毛状虫体）

鳞虫类虫害的特征主要表现为植物表面出现白色、棉絮状的虫体。这些虫体常常附着在植物的叶片、枝条或茎部，形成白色绒毛状的覆盖物，给人一种棉絮覆盖的感觉。在鳞虫类虫害严重的情况下，植物的生长会受到明显影响，叶片逐渐干枯萎缩，严重影响植物的观赏价值和生长健康。

识别鳞虫类虫害的方法包括观察植物表面的虫体形态和颜色。鳞虫类虫害的虫体呈现为扁平的片状或盾状，通常为白色或棕色，并且密集附着在植物表面，形成白色绒毛状的覆盖物。在观察时，可以用手轻轻碰触虫体，如有粉状物质掉落，则表明可能是鳞虫类虫害。

可以通过检查植物的叶片、枝条和茎部来确认鳞虫类虫害的存在。在受害部位，常常可见白色或棕色的虫体密集分布，严重影响植物的生长和观赏效果。还可以通过放大镜或显微镜对虫体进行观察，进一步确认鳞虫类虫害的种类和数量。

针对鳞虫类虫害，可以采取一系列的防治措施来控制其侵害。可以选择合适的农药进行喷洒或喷涂，以杀死鳞虫类虫害。在选择农药时，需要根据植物的种类和鳞虫类虫害的程度来确定合适的药剂和浓度，确保防治效果和安全性。

可以通过物理方法来控制鳞虫类虫害的侵害。例如，可以用手或刷子将鳞虫类虫体从植物表面轻轻刷除，然后用清水冲洗植物表面，以减少虫害的数量和侵害程度。还可以利用高压水枪或气体喷射器对受害部位进行冲洗和清除，以彻底消灭鳞虫类虫害。

可以采取生物防治的方法来控制鳞虫类虫害。例如，引入天敌昆虫或天然寄生虫来捕食和寄生鳞虫类虫害，以降低其数量和侵害程度。还可以利用植物性杀虫剂或昆虫诱杀剂来诱导鳞虫类虫害死亡，达到防治的目的。

（二）介壳虫（植物表面出现坚硬的褐色或黑色壳）

鳞虫类害虫包括茶木介壳虫、桃介壳虫、棕榈介壳虫等。茶木介壳虫幼虫呈淡黄色，成虫呈暗褐色，体长约3毫米。桃介壳虫幼虫呈粉红色或红色，成虫呈淡黄褐色，体长约

2毫米。棕榈介壳虫成虫体长约3至5毫米，形状呈卵形，背部有纵纹和环状条纹，颜色为暗褐色至黑色。

识别鳞虫类害虫的方法主要包括外部形态特征和寄生部位等方面。鳞虫类害虫的外部形态特征为体型较小，通常为扁平状或半球状，表面覆盖有坚硬的壳，壳表常有状似鳞片的突起。鳞虫类害虫通常附着在植物的叶片、枝干或果实表面，形成群体或散布，有时也会附着在植物的根部或茎部。

鳞虫类害虫的寄生部位也有所不同，可通过观察寄生部位来进行识别。例如，茶木介壳虫常寄生在茶树的叶片和枝干上，桃介壳虫常寄生在桃树的叶片和果实上，棕榈介壳虫则常寄生在棕榈树的叶片和叶柄上。因此，通过观察鳞虫类害虫的寄生部位，可以初步判断其种类。

鳞虫类害虫的危害表现也有所不同，可以通过观察植物受害情况来进行识别。例如，茶木介壳虫幼虫吸食茶树的汁液，导致叶片黄化、卷曲和脱落；桃介壳虫吸食桃树的汁液，导致果实畸形和减产；棕榈介壳虫吸食棕榈树的汁液，导致叶片黄化、枯萎和死亡。因此，通过观察植物的受害情况，也可以初步判断鳞虫类害虫的种类。

二、园林植物虫害种类中的蚜虫类及识别方法

（一）烟粉虱（植物表面出现黑色或白色小斑点）

要识别蚜虫类，特别是烟粉虱，需要注意观察植物表面出现的异常现象。烟粉虱常会在植物叶片的背面或嫩枝上聚集，形成白色或黑色的小斑点，严重时可导致叶片黄化、卷曲和脱落。烟粉虱还会分泌甜蜜的蜜露，引起植物叶片发霉或发黑，吸引蚜虫类等其他害虫，形成复合害虫问题。

识别烟粉虱还可以通过观察植物生长点和叶片的形态。烟粉虱主要寄生在植物的嫩枝和嫩叶上，喜欢吸食植物汁液，导致叶片畸形和生长受阻。因此，当发现植物生长点受损或叶片出现畸形、卷曲等现象时，可能是烟粉虱造成的结果。

识别烟粉虱还可以通过观察植物表面和植物体内的虫害症状。烟粉虱在植物表面产生的白色或黑色小斑点是其繁殖的显著特征，而在植物体内，烟粉虱的存在通常伴随着叶片黄化、卷曲和生长受阻等症状。检查植物叶片的背面，可以看到烟粉虱的成虫和若虫，进一步确认虫害类型。

针对烟粉虱这类蚜虫类害虫，有一些常见的防治措施和方法。可以通过人工采摘和清除的方式，将植物上的烟粉虱及时清除，减少害虫的数量。可以喷洒有针对性的杀虫剂，如有机磷类或拟除虫菊酯类杀虫剂，对烟粉虱进行防治。在喷洒杀虫剂时，要注意按照产品说明进行稀释和施用，避免对植物和环境造成不良影响。

引入天敌也是一种有效的防治烟粉虱的方法。某些天敌，如瓢虫、蚜虫寄生蜂等，是烟粉虱的天然天敌，可以帮助控制烟粉虱的数量。因此，可以考虑在园林中适当引入这些天敌，建立生态平衡，减少烟粉虱的繁殖。

加强植物的管理和养护，提高植物的抗病虫害能力，也是预防烟粉虱等蚜虫类害虫的重要措施之一。合理施肥、适量浇水、保持植物的健康状态，可以增强植物的抗逆性和抗病虫害能力，降低病虫害发生的概率。

要识别蚜虫类，特别是烟粉虱，可以通过观察植物表面的异常现象、生长点和叶片的形态，以及植物体内的虫害症状等方面进行判断。针对烟粉虱这类蚜虫类害虫，可以采取人工清除、喷洒杀虫剂、引入天敌等多种防治措施，保障园林植物的健康生长。

(二) 蚜虫（植物叶片上出现粘液状分泌物）

蚜虫种类繁多，常见的包括绿色蚜、黑色蚜、棕色蚜等。绿色蚜多见于叶片的背面，其体色呈浅绿或黄绿色，体形较小而细长，一般约为2-4毫米长；黑色蚜体色较暗，呈黑色或深褐色，体形相对较大，约为3-5毫米长；棕色蚜的体色呈棕色或深褐色，体形较短而圆胖，一般约为2-3毫米长。

蚜虫的识别方法主要包括观察体色、体形、体表纹路和生活习性等特征。绿色蚜的体色明亮而鲜艳，体形较细长，体表常有纵向的细纹，喜欢聚集在植物的嫩叶、嫩枝或芽头上吸食汁液；黑色蚜的体色较暗，体形较大，体表常有短而粗的毛刺，多见于植物的叶背或嫩叶部位；棕色蚜的体色呈棕色或深褐色，体形较短而圆胖，体表常有横向的细纹，多见于植物的茎部或叶片上。

蚜虫的发生与季节有一定的关系，一般在春夏季节较为多见。春季气温升高，植物生长迅速，适宜蚜虫的繁殖，因此春季是蚜虫易发生的季节之一。夏季气温高湿度大，有利于蚜虫的繁殖和传播，因此夏季也是蚜虫多发的季节之一。在这些季节，应加强对园林植物的监测和防治，及时发现并处理蚜虫，避免其扩散和危害。

蚜虫的危害主要表现为叶片变黄、萎缩、卷曲等症状，叶片表面常有粘液状分泌物，有时还会引发霉菌和黑胎菌的滋生，严重影响植物的生长和观赏价值。因此，一旦发现蚜虫的存在，应立即采取有效的防治措施，以免造成更严重的损害。

防治蚜虫的方法主要包括生物防治和化学防治两种。生物防治主要是利用天敌、捕食者和寄生蜂等天然生物控制蚜虫的数量，如瓢虫、蚁类、蜈蚣等对蚜虫有一定的天敌作用；化学防治则是利用农药等化学药剂对蚜虫进行喷洒或灭治，常用的有杀虫剂、杀蚜剂等，但应注意药剂的选择和使用方法，避免对环境和生态系统造成污染和破坏。

定期清理园林环境，保持植物的健康生长状态，是预防蚜虫发生和传播的重要措施。定期清理落叶、杂草等废弃物，保持园林环境的清洁和整洁，减少蚜虫的滋生源和传播途径，有助于降低蚜虫的发生率和危害程度。

第二节 预防与防治措施

一、园林植物虫害中鳞虫类的虫害预防与防治

(一) 定期清洗植物

定期清洗植物可以有效预防鳞虫类虫害的侵害。通过定期清洗植物表面，可以清除植物叶片、枝条和茎部的灰尘、污垢和杂物，减少鳞虫类虫害的生存和繁殖条件。定期清洗可以降低鳞虫类虫害的发生率，保护植物的健康生长和观赏效果。

定期清洗植物可以及时发现和处理鳞虫类虫害的早期症状。在清洗植物表面的过程

中，可以仔细观察植物的叶片、枝条和茎部，发现鳞虫类虫害的虫体和危害痕迹。及时发现虫害的存在可以采取相应的防治措施，避免虫害的进一步扩散和侵害。

定期清洗植物还可以提高防治鳞虫类虫害的效果。在清洗植物表面的过程中，可以采用清水冲洗、擦拭或喷洒清洁剂等方法，彻底清除植物表面的灰尘、污垢和虫害卵。清洗后的植物表面干净整洁，有利于后续防治措施的施行和效果的提高。

定期清洗植物还可以改善植物的生长环境，促进植物的健康生长。清洗植物表面可以增加植物的光合作用面积和通风透光性，提高植物的光合作用效率和气体交换速率。这有利于植物的营养吸收和生长发育，减少虫害的发生和侵害。

定期清洗植物需要注意一些相关的注意事项。选择适当的清洗时间和方法，避免在高温、强风或强光的环境下进行清洗，以免影响植物的生长和健康。使用温和的清洁剂和工具进行清洗，避免对植物造成伤害或刺激。再者，定期清洗植物时应注意避免损伤植物表面的嫩叶和嫩枝，以免影响植物的正常生长和发育。

定期清洗植物在预防和防治鳞虫类虫害中起着重要的作用。通过清洗植物表面可以预防虫害的侵害、及时发现虫害的存在、提高防治效果以及改善植物的生长环境。但在清洗植物时需注意选择适当的时间和方法，并注意避免对植物造成伤害。

（二）使用生物防治剂

在园林植物虫害的预防与防治中，针对鳞虫类害虫的管理至关重要。鳞虫类害虫常常侵袭园林植物，给植物健康和生长带来严重影响。为了有效预防和控制鳞虫类害虫，可以采取多种综合防治措施，其中包括生物防治剂的使用。

生物防治剂是一种环保友好型的防治方法，通过利用天敌、寄生性微生物等天然生物资源，对害虫进行生物防治，以减少化学农药的使用量，降低环境污染，保护生态系统的平衡。在园林植物的虫害预防与防治中，生物防治剂具有独特的优势和重要的作用。

生物防治剂可以有效控制鳞虫类害虫的数量和传播速度。通过引入天敌或寄生性微生物，生物防治剂可以降低鳞虫类害虫的种群密度，减少其对园林植物的危害。例如，引入鸟类、蜻蜓等天敌捕食鳞虫类害虫，可以有效控制其种群数量。

生物防治剂对环境友好，不会对土壤、水体和非目标生物造成污染和危害。相比化学农药，生物防治剂在使用过程中不会留下有害残留物，不会破坏生态系统的平衡，对人体健康和环境安全更加有利。

生物防治剂具有针对性强和持续时间长的特点。生物防治剂往往针对特定的害虫种类或生物阶段进行防治，具有较高的针对性，可以减少对非目标生物的影响。生物防治剂的防治效果持续时间较长，可以长期控制害虫的种群数量。

在园林植物虫害的预防与防治中，使用生物防治剂需要注意以下几点。选择适合当地环境和害虫特性的生物防治剂。不同地区和不同害虫种类可能需要选择不同的生物防治剂，应根据实际情况进行选择和应用。

控制生物防治剂的使用浓度和频率。生物防治剂的使用浓度和频率应根据害虫种群密度和防治效果进行合理调整，避免过度使用或频繁使用，以免影响生物防治剂的防治效果和环境安全。

定期监测和评估生物防治剂的防治效果是保证防治效果的重要措施。应定期对园林植物进行观察和检测，及时评估生物防治剂的防治效果，根据实际情况调整防治措施，确保害虫的有效控制和园林植物的健康生长。

二、园林植物虫害中蛾类的虫害预防与防治

（一）设置粘虫板

了解蛾类虫害的特征及其发生规律对于预防和防治至关重要。蛾类的幼虫通常以植物叶片为食，它们的食量惊人，可能造成植物大面积的叶片被啃食。蛾类的发生具有一定的季节性，通常在春夏季节活动最为频繁，因此，及早采取预防措施对于控制蛾类虫害的发生具有重要意义。

针对蛾类虫害，设置粘虫板是一种简单而有效的防治方法。粘虫板是一种涂有粘性物质的板状器具，可以吸引并固定害虫，防止其对植物造成危害。在园林中，可以根据植物的种类和周围环境情况，适时设置粘虫板，以阻止蛾类幼虫的爬行和活动。

选择合适的粘虫板类型和放置位置也是预防和防治蛾类虫害的关键。一般来说，粘虫板的颜色应该选择对蛾类具有吸引力的颜色，如黄色或蓝色，以增加吸引效果。粘虫板的放置位置应该考虑到蛾类的活动规律和植物的生长状况，通常放置在植物周围或植物茎干上方，以增加捕捉害虫的机会。

定期检查和更换粘虫板也是预防和防治蛾类虫害的重要步骤之一。由于粘虫板上的粘性物质会随着时间的推移而逐渐失效，因此，需要定期检查粘虫板的粘性情况，及时更换损坏或失效的粘虫板，保持防治效果的持续性和稳定性。

除了设置粘虫板外，还可以采取其他预防和防治蛾类虫害的措施。例如，可以适时清除园区内的落叶和杂草，减少蛾类的藏身和滋生地；定期修剪植物，保持植物树冠的通风透光，减少蛾类幼虫的栖息和活动空间；引入天敌，如寄生蜂、天牛等，帮助控制蛾类虫害的数量。

健康植物的养护和管理也是预防和防治蛾类虫害的重要手段之一。通过合理施肥、适量浇水、定期修剪等措施，提高植物的抗病虫害能力，增强其生长力和免疫力，减少蛾类虫害的发生和危害程度。

（二）喷洒杀虫剂

加强生态调控是预防蛾类虫害的重要手段之一。通过合理的植物配置和生态环境营造，可以提高园林植物的自然抗虫能力。例如，选择具有抗病虫害能力的植物品种，增加植物多样性，培育天敌昆虫等自然天敌，建立生态平衡系统，从而减少蛾类虫害的发生。

文化防治在园林植物蛾类虫害防治中也占有重要地位。及时清除枯萎、虫害和病害的植物部分，减少虫害的传播和扩散。保持园林环境的清洁整洁，及时清除落叶、落果和枯枝，消除虫害滋生的场所，降低虫害发生的可能性。

物理防治也是有效控制蛾类虫害的重要手段之一。利用物理隔离、屏障等方法，阻止蛾类虫害的入侵和扩散。例如，设置粘虫板、虫网和隔离带等防护设施，防止蛾类成虫进入园林范围，减少虫害的危害。

采用生物防治技术也是有效控制蛾类虫害的重要手段之一。通过引入天敌昆虫或微生物防治剂，控制蛾类虫害的发生和扩散。例如，利用天敌昆虫如天蛾等控制蛾类虫害的数

量,或者利用具有杀灭虫害微生物的生物制剂进行防治。

化学防治是园林植物蛾类虫害防治的一种辅助手段,但需要慎重使用。选择低毒、高效、环保的农药,并根据虫害种类和程度合理施用,以最小化对环境和生态系统的影响。在使用化学防治时,应严格遵守施药时间、剂量和方法,避免对人体和非目标生物造成伤害。

三、园林植物虫害中蚜虫类的虫害预防与防治

(一) 加强植物健康管理

园林植物的健康管理对于预防和防治虫害至关重要,其中蚜虫是常见的虫害之一。加强植物健康管理,针对蚜虫类虫害的预防与防治,需要采取一系列综合措施,以保护植物的生长和健康。

建立健全的监测体系是预防蚜虫类虫害的重要基础。定期对园林植物进行检查和监测,发现蚜虫的早期症状和虫害发生情况。特别是在蚜虫多发的季节和繁殖高峰期,应加强监测频次,及时发现并控制蚜虫的繁殖和传播。

加强园林植物的生态调控,营造良好的生长环境,提高植物的抗病虫害能力。选择适宜的园林植物品种,根据植物的生长特性和环境条件进行合理配置和布局,避免单一植物种植造成病虫害的集中爆发。合理管理土壤和施肥,保持土壤的肥力和通气性,提高植物的生长健康水平。

加强园林植物的护理和养护管理,提高植物的抗病虫害能力。定期修剪、适时除草、保持通风透光等护理措施,有助于保持植物的健康状态,增强其抗病虫害能力。注重植物的水肥管理,合理施肥和浇水,保持植物的生长旺盛状态,提高其对蚜虫的抵抗力。

采取物理防治措施,减少蚜虫的传播和侵害。在园林植物周围设置物理隔离屏障,如网罩、挡风板等,可以有效阻止蚜虫的侵入和传播。定期清理园林环境,清除枯叶、枯枝等废弃物,减少蚜虫的滋生源,有助于降低蚜虫的发生率和危害程度。

引入天敌和天然控制剂进行生物防治,减少蚜虫的数量和危害。一些天敌和捕食者,如瓢虫、蚁类、蜈蚣等,对蚜虫有一定的天敌作用,可以通过引入和培育这些天敌,控制蚜虫的数量和扩散。利用一些天然控制剂,如生物杀虫剂等,对蚜虫进行灭治,有助于减少蚜虫的危害。

采取化学防治措施,对严重的蚜虫虫害进行喷洒或灭治。选择合适的杀虫剂或杀蚜剂,根据蚜虫的种类和数量确定施药剂量和施药时间,以达到有效的防治效果。应注意化学药剂的选择和使用方法,避免对环境和生态系统造成污染和破坏。

(二) 使用生物农药

生物农药在预防和防治蚜虫类虫害中具有显著的效果。与化学农药相比,生物农药具有更环保、更安全的特点,不会对人体健康和环境造成危害。生物农药主要通过植物提取物、微生物和昆虫天敌等天然物质制成,对蚜虫类虫害具有较好的控制效果,并且不会对植物和其他生物造成不良影响。

选择合适的生物农药是预防和防治蚜虫类虫害的关键。在选择生物农药时,需要考虑到植物的种类、虫害的种类和程度以及环境因素等因素,选择适合的药剂和方法进行防

治。常见的生物农药包括拟除虫菊素、菊酯类等，可以根据实际情况选择合适的产品进行使用。

使用生物农药需要注意正确的施药方法和时机。在防治蚜虫类虫害时，可以采用喷雾、喷涂、灌溉或烟雾等方式进行施药，覆盖植物表面和植株内部，以达到彻底控制虫害的目的。施药的时机通常选择在蚜虫类虫害发生的早期阶段或虫害密度较低时进行，以提高防治效果和减少虫害的传播扩散。

使用生物农药还需要注意一些相关的注意事项。在施药前需要对植物和环境进行全面评估，选择适当的药剂和浓度，以避免对植物和其他生物造成不良影响。在施药过程中需要遵守使用说明书上的使用方法和安全措施，正确配制药液和控制施药量，以确保施药效果和安全性。

定期监测虫害的发生和防治效果是使用生物农药的重要环节。在施药后，需要定期观察植物的生长状况和虫害的发生情况，评估防治效果并及时调整防治措施。如果虫害仍然存在或者防治效果不佳，可以考虑调整药剂和浓度，增加施药次数或者采取其他防治措施，以提高防治效果和控制虫害的范围。

第三节　常见病虫害的防治技术

一、病害的防治技术

（一）定期巡查田间

定期巡查田间的方法包括目视观察、病害标本采集和病害记录等。可以通过目视观察植物的生长状态和叶片表面，注意观察叶片颜色、形态和表面是否有异常现象，如叶片变黄、枯萎、斑点等。可以采集植物的病害标本，将受感染的叶片、枝条或果实等样本采集回实验室进行分析鉴定。将观察到的病害记录下来，包括发现的时间、地点、病害类型和程度等信息，有助于制定针对性的防治措施。

定期巡查田间时要注意以下几点。选择适当的时间和天气进行巡查。一般来说，早晨或傍晚气温较低、湿度较高的时候是病害发生的高峰期，适合进行巡查观察。要对田间的植物进行全面、系统的巡查，不放过任何一个角落。要特别注意病害易发生的部位，如植物的叶片、枝条、果实等。

针对不同的病害，可以采取不同的防治技术。对于真菌性病害，可以采用化学防治剂进行喷洒，如杀菌剂、拮抗菌剂等，有效控制病原菌的生长和传播。也可以采用生物防治剂，如微生物制剂、生物杀菌剂等，促进植物自身的防御机制，降低化学农药的使用量，减少环境污染。

对于病毒性病害，由于病毒无法直接治疗，因此防治主要以预防为主。可以通过及时清除带病植株、消毒工具和土壤等措施，减少病毒的传播。选择抗病品种和健康种苗，提高植物的抗病能力，降低病毒侵染的风险。

对于细菌性病害，可以采用化学药剂进行喷洒，如抗生素、铜剂等，有效控制细菌的生长和扩散。也可以采用生物防治剂，如益生菌制剂、植物激素等，增强植物的自身免疫力，提高抵抗力，减少病害的发生。

（二）使用生物或化学试剂进行病原体检测

生物试剂是一种常用的病原体检测方法。生物试剂主要包括对病原体特异性的生物标记物，如抗体或DNA探针。通过与目标病原体特异性结合，可以形成稳定的复合物，并通过染色或荧光标记等方式进行检测和观察。生物试剂检测方法具有高灵敏度和高特异性的优势，可以准确快速地检测出目标病原体的存在。

化学试剂也是常用的病原体检测方法之一。化学试剂主要包括特定的染色剂或荧光探针，可以与目标病原体特异性结合，产生显色或发光反应，从而实现对病原体的检测和定量分析。化学试剂检测方法具有操作简便、成本较低的特点，适用于大规模的病原体检测和筛选。

针对不同的植物病害，可以采取不同的防治技术和策略。对于由真菌或细菌引起的病害，常见的防治方法包括化学药剂喷雾、生物防治剂的应用以及植物抗性品种的选育。化学药剂可以有效地控制病原体的生长和繁殖，但也存在环境污染和抗药性产生的风险。生物防治剂则通过引入天敌或益生菌来控制病原体的数量，具有环保和可持续发展的优势。而选育抗病性品种则是一种长期有效的防治措施，通过育种和遗传改良，培育出对特定病原体具有抗性的植物品种，降低病害的发生和危害程度。

对于由病毒引起的病害，由于病毒的特殊生物学特性，常规的化学药剂和生物防治剂往往不够有效。此时，可以采取物理方法，如剪除植物感染部位、热处理或辐射处理等，来控制病毒的传播和扩散。重视病毒病的检测和监测也是防治病毒病的重要措施，及时发现病毒的存在，可以采取有效的隔离和控制措施，防止病毒的进一步传播。

除了针对具体病害的防治技术，还需要加强植物的健康管理和养护工作，提高植物的抗病能力。合理施肥、适量浇水、定期修剪等措施可以增强植物的免疫力，降低病害的发生概率。加强植物的监测和检测工作，及时发现和诊断植物病害，有助于采取及时有效的防治措施，保障植物的健康生长和景观效果。

生物或化学试剂的使用可以实现对植物病害的快速检测和定量分析。针对不同的病害类型，可以采取不同的防治技术和策略，包括化学药剂喷雾、生物防治剂的应用、植物抗性品种的选育等。加强植物的健康管理和养护工作，提高植物的抗病能力，也是预防和防治植物病害的重要手段。

（三）选择抗病品种

了解园林植物的抗病特性和品种特点是选择抗病品种的基础。不同的园林植物品种具有不同的抗病特性，有些品种对特定的病害具有较高的抗性，而有些品种则较为敏感。因此，应通过对园林植物品种的了解和研究，选取具有较高抗病能力的品种用于园林建设。

选择抗病品种时应考虑植物的生长环境和生长条件。不同的生长环境和生长条件对植物的健康状态和抗病能力有一定的影响。例如，一些品种适合生长在湿润的环境中，而另一些品种则适合生长在干燥的环境中。因此，在选择抗病品种时，应根据园林植物生长环境和生长条件进行合理搭配，以提高植物的抗病能力。

选择抗病品种时要考虑其美观性和观赏价值。园林植物除了具有抗病特性外，还应具备良好的观赏效果，能够为园林景观增添美感。因此，在选择抗病品种时，应综合考虑其外观特点、花色、花期等因素，选取既具有抗病特性又具有良好观赏效果的品种。

选择抗病品种时还应考虑其适用性和易栽培性。一些抗病品种可能对特定的病害具有较高的抗性，但在栽培过程中可能需要较高的管理技术和成本，不太适合广泛推广和应用。因此，在选择抗病品种时，应综合考虑其适用性和易栽培性，选择适合当地生长条件和管理水平的品种。

选择抗病品种还需要进行实地考察和试种验证。在实际应用过程中，不同地区和不同环境下的园林植物可能表现出不同的抗病特性和品种适应性。因此，应通过实地考察和试种验证，了解园林植物品种的实际表现和抗病能力，从而选择最适合当地环境和需求的抗病品种。

二、虫害的防治技术

（一）定期更换化学农药以防止虫害产生抗性

定期更换化学农药的原因在于防止虫害产生抗性。虫害在长期接触同一种化学农药后，往往会逐渐产生对该农药的抗性，导致农药的防治效果降低甚至失效。为了避免这种情况的发生，定期更换化学农药成为一种必要的措施。通过不断更换不同类别或不同机制的化学农药，可以减少虫害对单一农药的适应性，延缓虫害产生抗性的过程，保持化学防治的有效性。

定期更换化学农药需要根据具体情况制定合理的操作方案。在选择化学农药时，需要考虑到虫害的种类、发生程度、防治效果以及环境因素等因素，选择合适的农药品种和使用方法。可以根据不同的生长季节、虫害的生命周期和防治需求，确定化学农药的使用时间和频率，以达到最佳的防治效果。

定期更换化学农药还需要注意一些相关的注意事项。在更换化学农药时需要遵循安全使用的原则，严格按照农药的使用说明书进行操作，正确配制药液和控制施药量，避免对植物和环境造成不良影响。需要定期监测虫害的发生和防治效果，评估不同化学农药的防治效果，及时调整防治措施以确保防治效果的持续性和稳定性。

定期更换化学农药还需要考虑到经济性和可持续性的因素。在选择化学农药时，需要综合考虑化学农药的价格、效果、剂型以及使用成本等因素，选择性价比较高的产品进行使用。还需要注意减少农药残留和环境污染的风险，采取合理的施药方法和安全措施，确保防治效果的同时最大限度地减少对环境和人体的影响。

（二）使用粘虫板、虫害陷阱等

粘虫板是一种常见的虫害防治工具，通常由黄色或蓝色的板材涂覆有黏性物质制成。其工作原理是吸引害虫飞到板上，然后被黏性物质固定，无法逃脱。粘虫板适用于控制飞行虫害，如蚜虫、白蝇、飞虱等。将粘虫板悬挂于植物周围或虫害易发生的区域，可以吸引并捕捉害虫，起到控制害虫数量的作用。

虫害陷阱是一种利用性信息和化学诱集物质吸引害虫进入，并通过特殊设计的结构使其无法逃脱的装置。虫害陷阱根据害虫种类和生活习性，选择合适的诱集物质和设计结构。例如，对于果蝇，可以使用果蝇陷阱，将成熟的水果放入容器中，加入一些酵母或糖水，吸引果蝇进入并被困。对于昆虫，可以使用性信息素吸引物吸引雄性成虫，将其引入陷阱而达到防治目的。

生物农药是一种以天然生物杀灭或控制害虫的植物保护剂，是一种安全环保的虫害防治方法。常见的生物农药包括微生物制剂、植物提取物、昆虫性信息素等。它们通过影响害虫的生理过程或行为，达到控制害虫数量的目的，与化学农药相比，生物农药对人畜无害，不会残留在环境中，是一种理想的虫害防治方法。

植物营养调节剂是一种能够改善植物生长环境和提高植物抗逆性的植物保护剂。通过喷施植物营养调节剂，可以增强植物的免疫力和抗逆性，降低害虫侵害的风险。植物营养调节剂的主要作用包括促进植物生长、增强植物的抗病能力、改善土壤环境等。

生物工程防治技术是一种利用生物学原理和技术手段对害虫进行防治的方法。通过改良植物基因，提高植物的抗虫能力，或者利用生物工程技术培育出对害虫具有天然免疫力的新品种，从而实现对害虫的防治目的。生物工程防治技术具有针对性强、安全环保等优点，是未来植物虫害防治的重要发展方向。

化学防治是一种传统的虫害防治方法，通常采用化学农药进行喷施或喷洒，以杀灭或控制害虫的数量。化学防治虽然效果显著，但也存在着一些不利因素，如对环境的污染、对非目标生物的危害、易产生抗药性等问题。因此，在使用化学防治方法时，应注意选择合适的药剂、控制使用量和频次，避免对环境和生态系统造成不良影响。

第四节 病虫害应急处理与防控策略

一、病虫害的应急处理策略

（一）手工摘除受害部分

手工摘除受害部分是一种物理性的应急处理方法，适用于各种类型的病虫害。通过手工摘除受害部分，可以迅速清除植物上的受害组织，减少病虫害的传播和扩散，有助于保护植物的健康生长。这种方法简单易行，无需使用化学药剂，对环境友好，适用于各种场合和植物品种。

手工摘除受害部分的操作方法相对简单，但也需要注意一些细节和注意事项。需要使用清洁锋利的剪刀或剪刀进行摘除，避免伤害植物健康组织。要对受害部分进行适当的处理，可以选择直接丢弃或进行消毒处理，以防止病虫害的再次传播。需要及时清理和处理剪除的受害部分，避免受害组织残留在植物周围，成为病虫害的新源头。

针对不同类型的病虫害，手工摘除受害部分的具体操作方法略有不同。对于由真菌或细菌引起的病害，如叶斑病、疮痂病等，可以通过摘除受害的叶片或植物器官来阻断病原体的传播途径，减少病害的发展。对于由昆虫引起的病害，如蚜虫、卷叶虫等，可以摘除受害的部分植物组织，同时采取物理或化学防治措施，控制害虫的数量和活动。

手工摘除受害部分的应急处理策略不仅可以应对已经发生的病虫害，还可以预防病虫害的进一步扩散和危害。在园林管理中，建议定期对植物进行检查和观察，及时发现并处理可能存在的病虫害问题。加强植物的健康管理和养护工作，提高植物的抗病虫能力，也是预防病虫害的重要手段。

除了手工摘除受害部分外，还可以采取其他应急处理措施，如喷洒化学药剂、引入天敌、修剪整形植物等。化学药剂可以快速有效地控制病虫害的发展，但也存在对环境和人体健康的潜在风险，因此应谨慎使用。引入天敌可以有效地控制害虫的数量，减少病虫害的发生，是一种生物防治的有效手段。修剪整形植物则可以调整植物的结构和形态，降低病虫害的发生概率，提高植物的健康状况和抗逆能力。

（二）使用隔离网或罩子防止病虫害扩散

及时发现和识别病虫害是应急处理的第一步。园林植物病虫害的早期发现和识别，有助于采取及时有效的控制措施，防止病害扩散和危害。因此，园林管理人员和工作人员应定期对园林植物进行检查和监测，发现异常情况及时报告和处理。

使用隔离网或罩子对受到病虫害侵袭的园林植物进行隔离和保护。隔离网或罩子可以有效地防止病原体和害虫的侵入和传播，减少病虫害的扩散和危害。在发现园林植物受到病虫害侵袭时，应立即采取隔离措施，将受害植物覆盖或包裹起来，防止病虫害传播至周围健康植物。

采取物理防治措施，对病虫害的传播途径和滋生源进行清理和消毒。定期清理园林环境，清除枯叶、枯枝等废弃物，减少病虫害的滋生源和传播途径。在发现病虫害传播途径和滋生源时，应及时采取物理防治措施，如剪除受害部位、清除虫卵等，以阻断病虫害的传播链条。

采取化学防治措施，对病虫害进行喷洒或灭治。选择合适的杀虫剂或杀菌剂，根据病虫害的种类和严重程度确定施药剂量和施药时间，以达到有效的防治效果。在使用化学药剂时，应注意药剂的选择和使用方法，避免对环境和生态系统造成污染和破坏。

加强园林植物的养护管理，提高植物的抗病虫能力，也是应急处理的重要措施。定期修剪、适时施肥、加强管理等护理措施，有助于提高植物的健康水平和抗病虫能力，减少病虫害的发生和危害程度。密切关注植物的生长情况，发现问题及时处理，做到早发现、早报告、早处理。

加强园林植物的监测和管理，建立健全的病虫害监测和管理体系，有助于及时发现和应对病虫害的紧急情况。定期对园林植物进行监测和检查，收集病虫害的信息和数据，制定相应的应急处理方案，提高园林植物病虫害的应对能力和管理水平。

（三）生物防治

1. 释放天敌或天然捕食者

释放天敌或天然捕食者的原理是利用天敌捕食病虫害，从而控制其数量和传播。在自然界中，存在着各种各样的天敌和捕食者，它们与病虫害之间存在着复杂的食物链和生态关系。通过释放适当的天敌或天然捕食者，可以增加病虫害的天敌压力，减少其数量，从而达到控制病虫害的目的。

释放天敌或天然捕食者需要根据病虫害的种类和数量制定合理的操作方案。在选择天敌或捕食者时，需要考虑到病虫害的生物特性、生态环境和防治需求等因素，选择适合的天敌或捕食者进行释放。常见的天敌包括昆虫、鸟类、蜘蛛等，可以根据具体情况选择合适的天敌种类和数量进行释放。

释放天敌或天然捕食者需要注意一些相关的注意事项。在释放前需要对病虫害的发生和传播情况进行全面评估，确定释放天敌或捕食者的时间、地点和数量等信息。需要选择健康、活跃和适应性强的天敌或捕食者进行释放，以提高释放效果和防治效果。

释放天敌或天然捕食者还需要注意选择合适的释放方法和技术。可以采用点源释放、区域释放或大面积释放等方式进行释放，根据病虫害的分布和传播情况选择合适的释放技术。在释放过程中需要注意保护天敌或捕食者的生存环境，避免因环境因素或其他生物的干扰而影响释放效果。

定期监测释放效果和防治效果是释放天敌或天然捕食者的重要环节。在释放后，需要定期观察和监测病虫害的数量和传播情况，评估释放效果和防治效果。如果释放效果不理想或防治效果不明显，可以考虑调整释放策略和增加释放次数，以提高防治效果和控制病虫害的范围。

2. 使用有益微生物进行生物防治

有益微生物生物防治的原理是利用有益微生物与病原微生物之间的生物学竞争关系来控制病害的发生。有益微生物通过分泌抑制剂、产生抗生素或竞争营养资源等方式，抑制病原微生物的生长繁殖，从而减少病原微生物对植物的危害。有益微生物生物防治的核心是利用生物之间的竞争优势，建立健康的植物生态系统。

有益微生物生物防治的方法主要包括菌剂施用、土壤改良、生物肥料施用等。可以选用适当的有益微生物菌剂，如拮抗菌制剂、促生菌制剂等，根据病害类型和发生程度进行喷施或灌溉，将有益微生物引入植物生长环境，增强植物的抗病能力。可以通过土壤改良措施，如添加有机质、调整土壤pH值等，促进有益微生物的生长繁殖，提高土壤的健康水平。也可以通过施用含有有益微生物的生物肥料，如复合菌肥、固氮菌肥等，增加土壤中有益微生物的数量和种类，有利于植物生长和健康。

有益微生物生物防治的应用范围广泛，适用于各种类型的病虫害防治。对于真菌性病害，可以选择具有抗真菌能力的有益微生物，如拮抗真菌、生物硫菌等，进行喷施或灌溉，控制真菌病害的发生和传播。对于细菌性病害，可以选择具有抗细菌能力的有益微生物，如拮抗细菌、生物杀菌菌等，进行喷施或灌溉，控制细菌病害的发生和传播。对于昆虫性病害，可以选择具有杀虫或驱虫作用的有益微生物，如拮抗昆虫、生物防治剂等，进行喷施或灌溉，控制昆虫病害的发生和传播。

有益微生物生物防治的应急处理策略包括快速响应、紧急施治和持续监测。在发现病虫害紧急情况时，应立即采取行动，选择合适的有益微生物菌剂进行喷施或灌溉，控制病虫害的发生和传播。应密切监测植物的生长状态和病虫害的变化，根据实际情况调整防治措施，确保防治效果和植物健康。

二、病虫害的防控策略

（一）预防为主

1. 良好的栽培管理

保持植物生长环境的清洁和整洁是预防病虫害的重要措施之一。定期清除园区内的落叶、杂草和枯枝，可以减少病原菌和害虫的滋生和藏身地，降低病虫害的发生概率。保持植物周围环境通风良好，有助于减少潮湿和阴暗环境，不利于病原菌和害虫的生长和繁殖。

选择抗病虫性强的植物品种进行栽培，是预防病虫害的有效手段之一。抗病虫性强的植物品种具有较强的抗逆能力和免疫力，可以降低受病虫害侵害的概率。在进行植物品种选择时，可以参考植物的抗病虫性能评价和相关文献资料，选择适合当地环境和管理要求的植物品种。

定期检查和监测植物的健康状况，及时发现病虫害的早期症状，也是预防病虫害的重要措施之一。通过定期巡查和观察，可以及时发现植物叶片的变色、枯黄、卷曲等异常现象，判断是否受到病虫害的侵害。一旦发现异常情况，应及时采取相应的防治措施，避免病虫害的进一步发展和危害。

针对不同类型的病虫害，可以采取相应的防治措施和技术。对于由真菌引起的病害，如霜霉病、白粉病等，可以采用化学药剂喷雾、生物防治剂的应用以及植物抗性品种的选育等方法进行防治。化学药剂喷雾可以有效地控制真菌的生长和繁殖，但也存在对环境和人体健康的潜在风险，应谨慎使用。生物防治剂则通过引入天敌或益生菌来控制病原菌的数量，具有环保和可持续发展的优势。

2. 定期检查与清洁

定期检查园林植物的健康状况是防控病虫害的重要手段。园林管理人员和工作人员应定期对园林植物进行检查和监测，包括叶片、枝条、茎部等各个部位的健康情况。通过仔细观察植物的生长状态、叶片的颜色、形态和纹路等特征，可以及时发现植物受到病虫害侵袭的迹象。

定期清理园林环境和植物周围的杂草、落叶等废弃物是防控病虫害的重要措施。废弃物是病虫害的滋生源和传播途径，定期清理可以减少病虫害的滋生源，阻断病虫害的传播链条。清理园林环境还能够改善植物的生长环境，提高植物的健康水平。

定期修剪园林植物是防控病虫害的重要措施之一。定期修剪可以促进植物的生长和更新，增强植物的抗病虫能力。通过及时修剪枯枝、病叶等受害部位，可以减少病虫害的滋生源，防止病害扩散。定期修剪还能够调整植物的形态结构，美化园林景观。

定期喷洒药剂是防控病虫害的重要手段之一。根据园林植物的生长季节和病虫害的严重程度，选择合适的杀虫剂或杀菌剂，定期喷洒到园林植物的叶片、枝条等易受到病虫害侵袭的部位。定期喷洒药剂可以有效地杀灭病虫害，预防病虫害的发生和扩散。

定期监测病虫害的发生情况是防控病虫害的重要手段之一。通过建立健全的病虫害监测体系，收集园林植物病虫害的信息和数据，及时掌握病虫害的发生趋势和变化情况。定期监测可以帮助园林管理人员和工作人员及时制定相应的防控措施，减少病虫害的损失。

（二）轮作种植、间作和混作

轮作种植是指在同一块土地上轮流种植不同的作物。通过轮作种植，可以改变土壤中的养分含量和土壤微生物群落结构，减少病虫害的滋生和传播。在选择轮作作物时，可以选择具有不同生长习性和生物特性的作物，如根系深浅不同、生长周期长短不同等，以增加土壤的多样性，降低病虫害的发生风险。

间作是指在同一块土地上同时种植两种或多种不同的作物。通过间作种植，可以充分利用土地资源，增加作物的多样性，减少病虫害的传播和发生。在选择间作作物时，需要考虑到作物之间的相互关系和竞争关系，选择适合的作物组合，实现互补和协调，提高土壤生态系统的稳定性和抗逆性。

混作是指在同一块土地上同时种植两种或多种不同的作物，并且将它们混合在一起生长。通过混作种植，可以增加土地的利用效率，减少病虫害的传播和发生。在选择混作作物时，需要考虑到作物之间的相互作用和竞争关系，选择适合的作物组合，实现互利共生，提高土地的生产力和经济效益。

轮作种植、间作和混作还需要注意一些相关的注意事项。在选择作物组合时需要考虑到土壤类型、气候条件、地理位置和农业生产需求等因素，选择适合的作物种类和种植方式。需要合理安排作物的轮作、间作和混作顺序和比例，根据实际情况确定种植方案，提高作物的产量和品质。需要定期监测土壤和作物的生长状况，评估种植效果和防控效果，及时调整种植方案和防控措施，保持农田生态系统的稳定性和健康性。

（三）利用物理隔离、生物防治等技术

物理隔离是一种简单而有效的病虫害防治技术，其主要原理是通过建立物理障碍，阻断病原体或害虫与植物的接触。常见的物理隔离手段包括使用遮阳网、覆盖膜、网室等，将植物置于隔离区域内，防止病原体或害虫的侵入。例如，在果园中，可以搭建覆盖膜或网室，将果树隔离起来，防止果实被果蝇、蚜虫等害虫侵害；在蔬菜种植中，可以利用遮阳网覆盖作物，防止病原体通过风雨传播，减少病害的发生。

生物防治是一种环保、可持续的病虫害防治技术，其主要原理是利用有益微生物或天敌来控制害虫或病原体的数量，从而保护植物健康。有益微生物包括拮抗菌、促生菌、昆虫天敌等，它们通过竞争、捕食、寄生等方式，有效地降低害虫或病原体的数量，减少病虫害的发生。例如，可以利用拮抗菌喷施或灌溉，抑制真菌性病害的发生；可以引入天敌，如蜻蜓、捕食性昆虫等，控制昆虫性病害的传播。

物理隔离和生物防治技术在病虫害防控中的应用有以下几个优势。这两种技术都是环保的，不会对环境和生态系统造成污染或破坏，有利于维护生态平衡。它们都是可持续的，可以长期使用而不会产生抗药性或适应性，有助于保持防治效果的持久性。这两种技术都是相对安全的，对人畜无害，不会留下有害残留物，符合现代农业可持续发展的要求。

在实际应用中，物理隔离和生物防治技术常常结合使用，以达到更好的防治效果。例如，在蔬菜大棚中，可以先利用物理隔离手段隔离作物，然后再通过生物防治手段，如喷施拮抗菌制剂或引入天敌，进行综合防治，从而全面控制病虫害的发生。这种综合应用的策略可以充分发挥物理隔离和生物防治技术的优势，提高防治效果，降低防治成本，保护植物健康生长。

第九章 园林植物的季节性养护

第一节 园林植物春季养护

一、园林植物春季养护的重要性

(一) 清除冬季积累的害虫和病菌

清除冬季积累的害虫和病菌,是春季养护园林植物的重要一环。随着气温回暖,许多害虫和病菌开始活跃,它们可能会对植物造成严重危害。因此,及时清除这些潜在威胁,有助于保持植物的健康生长。

春季养护园林植物的重要性不仅在于清除害虫和病菌,更在于为植物提供良好的生长环境。在冬季,植物可能会受到寒冷天气的影响,生长受限。而春季正是植物重新恢复生长的时候,及时给予适当的养护,有助于促进植物茁壮成长。

除了清除害虫和病菌外,春季养护园林植物还包括修剪和疏通。在冬季,植物的枝叶可能会因寒冷而枯萎或受损,及时修剪这些枯死的部分,有助于促进新梢的生长,使植物焕发出勃勃生机。

春季是园林植物生长的关键季节,因此充分利用这个时机进行适当的养护至关重要。在清除害虫和病菌的还应注意为植物补充必要的养分,以确保它们有足够的营养支持健康生长。

园林植物的春季养护工作不仅关乎植物本身的健康,也关系到整个园林景观的美观与整洁。通过及时清除害虫和病菌,修剪整理植物,可以使园林景观焕然一新,展现出勃勃生机的春日风采。

(二) 加强植物的抗病抗虫能力

加强植物的抗病抗虫能力是园艺工作者们日常不可忽视的重要任务。在现代农业和园艺中,化学农药的使用虽然可以在一定程度上控制病虫害,但长期以来的滥用已经导致了环境污染和生态平衡的破坏。因此,通过科学的方法和合理的养护措施来增强植物的自身免疫力显得尤为重要。

要加强植物的抗病抗虫能力,首先要从土壤开始着手。保持土壤的健康和富饶是预防病虫害的首要条件。通过施用有机肥料和微生物制剂,可以增加土壤中有益微生物的数量,促进植物的生长发育,从而提高植物对病虫害的抵抗力。

合理的园林植物春季养护也是增强植物抗病抗虫能力的关键。在春季，气温回暖，植物开始进入生长期，此时要及时清理落叶、杂草等杂物，保持园林环境整洁。及时修剪植物，促进植物的新梢生长，有助于植物形成健康的树形结构，减少病虫害的滋生和传播。

选择适合当地气候和土壤条件的植物种植也是增强抗病抗虫能力的重要举措。在园林规划和设计中，应该充分考虑到植物的生长习性和抗病能力，选择那些适应性强、抗逆能力高的品种，减少病虫害的发生。

除了以上方法外，定期监测和防治病虫害也是保持园林植物健康的必要手段。通过定期巡查和观察，及时发现病虫害的迹象，并采取相应的防治措施，可以有效地控制病虫害的发生和传播，保护园林植物的生长和发展。

二、园林植物春季养护方法

（一）清除老化和不育的土壤

清除老化和不育的土壤对园林植物的春季养护至关重要。我们需要采取措施清除土壤中的杂草和枯枝，以确保植物有足够的空间和养分生长。可以考虑施用有机肥料来改善土壤的质地和肥力，这有助于植物在春季茁壮成长。在土壤表面覆盖一层有机覆盖物，如木屑或草皮，可以减少水分蒸发和杂草生长，保持土壤湿润和肥力。

在进行园林植物的春季养护时，及时修剪是至关重要的一步。修剪可以帮助植物形成健康的枝条和叶片，促进新的生长。修剪还可以促使植物保持良好的形态和结构，使园林更加美观。但需要注意的是，修剪过多或过少都可能对植物造成不良影响，因此务必掌握适当的修剪技巧和时机。

除了修剪外，及时浇水也是春季园林植物养护中不可或缺的一环。春季气温逐渐升高，植物对水分的需求也随之增加。因此，要确保植物的根系充分获得足够的水分供应，特别是在早晨或傍晚时分进行浇水，有助于减少水分蒸发，提高利用率。

定期施用适量的肥料也是保持园林植物健康生长的必要手段。在春季，植物的生长旺盛，对养分的需求也比较高。选择合适的有机或化学肥料，按照包装上的说明进行施用，可以为植物提供所需的营养元素，促进其茁壮成长。

除了以上的基本养护措施外，还要密切观察园林植物的生长情况，及时发现并处理可能出现的病虫害问题。可以通过定期检查叶片和枝干，注意观察植物的生长状态，一旦发现异常情况，应及时采取相应的防治措施，以防止病虫害对植物造成严重影响。

要注意园林植物的环境保护和生态平衡。在进行养护时，尽量选择对环境友好的方法和材料，减少化学农药和化肥的使用，保护土壤和水资源的生态环境。也要注意保护野生动物和植物的生存空间，促进生态系统的健康发展，营造出更加美丽和宜人的园林环境。

（二）去除枯枝败叶

春季来临，园林植物的春季养护显得尤为重要。在这个时节，及时去除枯枝败叶是必不可少的。园林工作者们需要逐株检查，将枯死的树枝、落叶及时清理，保持园林的整洁与美观。

为了保证植物的生长和发展，及时修剪也是春季园林养护的关键步骤之一。适当修剪可以促进植物的新梢生长，增强植株的通风透光性，有助于植物健康生长。

在春季园林养护中,植物的施肥也是至关重要的。合理施肥可以为植物提供充足的营养,促进植物的生长发育,增强植物的抗病能力,提高植物的抗逆性。

春季是植物生长的旺季,也是病虫害滋生的高发期。因此,在园林植物的春季养护中,预防病虫害的发生至关重要。可以采取合理的防治措施,如喷洒生物农药、设置黏虫板等,有效控制病虫害的发生。

除了对植物本身的养护外,园林环境的整治也是春季养护的一项重要任务。及时清除杂草、修剪草坪、修整花坛,使园林环境整洁美观,营造出舒适宜人的环境氛围。

还需要注意对水培植物的养护。春季气温逐渐回暖,水培植物的水分蒸发速度加快,需要增加浇水频次,保持土壤湿润,确保植物生长所需的水分供应。

第二节 园林植物夏季养护

一、园林植物夏季养护的挑战

(一)高温容易导致植物蒸腾增加

高温季节的到来,常常给园林植物的养护带来一系列的挑战。高温容易导致植物蒸腾增加,这会使得植物更容易失水。在这样的环境下,保持植物的水分供应成为了重中之重。

在夏季养护中,温度的上升也给病虫害的防治带来了一定的困难。高温多湿的环境容易滋生各类病菌和害虫,对园林植物的健康造成威胁。因此,及时有效地进行病虫害防治显得尤为重要。

夏季阳光充足,但植物也更容易受到过度曝晒的影响。这会导致植物叶片烧伤、干枯等问题,影响植物的美观和生长。因此,需要采取有效的措施,如搭建遮阳棚、适时浇水等,保护植物不受过度曝晒的伤害。

除了外部环境的影响,夏季还常常伴随着降雨不均和强风等极端天气。这些天气现象会给园林植物的生长和发育带来一定的冲击,容易造成植物倒伏、折断等问题。因此,及时做好园林植物的支撑工作,防止其受到极端天气的影响,显得尤为重要。

在夏季养护中,合理的施肥也是至关重要的一环。高温天气下,植物的生长速度加快,对养分的需求也相应增加。因此,及时补充植物所需的各类营养物质,保持其生长旺盛,是夏季养护的重要任务之一。

(二)病虫害活跃

夏季是园林植物养护的挑战期,病虫害活跃,给园林管理带来了诸多困难。高温多湿的气候条件为病虫害的滋生提供了良好的环境,各种病菌和虫害开始大量繁殖,对园林植物的健康构成了严重威胁。

在夏季园林植物的养护中,及时进行病虫害防治至关重要。夏季气候炎热,各种病菌和虫害容易迅速繁殖,给植物带来严重危害。因此,定期喷洒生物农药或者采用生物防治的方法,可以有效地控制病虫害的发生和扩散,保护园林植物的生长和健康。

除了病虫害的防治外，夏季还要注意做好园林植物的水肥管理。高温天气下，植物水分蒸发快，容易造成土壤干旱，影响植物的正常生长。因此，要合理浇水，保持土壤湿润，并在适当的时候施加有机肥料，补充植物所需养分，增强植物的抗病抗虫能力。

夏季还要注意做好园林植物的修剪和整形工作。适当的修剪可以促进植物新梢的生长，调整植物的形态，增强其抗病抗虫能力。及时清理枯枝败叶等杂物，保持园林环境整洁，减少病虫害的滋生和传播。

夏季园林植物养护中，防止病虫害的发生和传播是至关重要的一环。通过提高园林管理人员的防范意识，加强巡查监测，及时发现和处理病虫害，可以最大程度地减少病害对园林植物的危害，保护园林植物的健康和生长。

二、园林植物夏季养护方法

（一）水分管理

夏季是园林植物生长迅速、水分需求旺盛的时节。因此，有效的水分管理是夏季园林植物养护的关键。要根据不同植物的生长习性和水分需求，合理安排浇水时间和频率。一般而言，早晨和傍晚是较为适宜的浇水时段，避免在炎热的中午时分浇水，以免水分蒸发过快，浪费水资源。

要注意为园林植物提供充足但不过量的水分。过度浇水容易导致土壤积水，影响植物根系呼吸和生长，还容易引发病虫害的滋生。因此，要根据土壤湿度和植物的实际需求来控制浇水量，避免水分过剩或不足的情况发生。

在夏季高温的环境下，土壤的蒸发速度加快，植物易因水分流失而出现萎蔫现象。为了减少水分蒸发，可以在土壤表面覆盖一层有机覆盖物，如木屑或草皮，以减缓土壤水分的流失速度，保持土壤湿润。还可以在园林植物周围种植一些耐旱植物或铺设透水性较好的铺地材料，以减少土壤表面的水分蒸发。

夏季园林植物养护中，除了及时浇水外，还要注意保持良好的通风和透气环境。高温潮湿的气候容易造成植物病菌和真菌的滋生，引发病害问题。因此，要保持园林植物周围的空气流通畅通，避免植物叶片过密，有利于降低病虫害的发生率。

夏季是园林植物生长迅速、营养消耗较大的时期，适当施用肥料可以为植物提供所需的营养元素，促进其苗壮生长。选择合适的有机或化学肥料，按照植物的生长情况和肥料的使用说明进行施用，可以有效提高植物的抗病虫害能力，增强其生长活力。

（二）土壤与营养管理

夏季的到来，意味着园林植物需要更加细心的夏季养护，其中土壤与营养管理是至关重要的一环。合理施肥是夏季养护中不可或缺的一部分。通过科学施肥，可以为植物提供充足的营养，促进其健康生长，增强其抗逆性，使植物在夏季高温天气下更加苗壮成长。

在夏季养护中，适时的浇水也是至关重要的。由于夏季气温高，蒸发速度快，园林植物容易因水分不足而枯萎。因此，园林工作者需要根据植物的生长需求，科学合理地控制浇水频次和用水量，保持土壤湿润，确保植物生长所需的水分供应。

夏季是园林植物生长旺盛的季节，也是病虫害滋生的高发期。因此，在夏季养护中，及时采取防治措施，防止病虫害的发生对于保护植物的生长至关重要。可以通过定期巡查、喷洒生物农药、设置黏虫板等方式，有效控制病虫害的发生和扩散。

除了对植物本身的养护外，土壤管理也是夏季园林养护的重要内容之一。夏季气温高，土壤水分蒸发快，容易导致土壤干燥和贫瘠。因此，园林工作者需要及时对土壤进行管理，保持土壤的湿润度和肥力，可以通过覆盖物、增加有机质等方式改善土壤质地，为植物提供良好的生长环境。

第三节　园林植物秋季养护

一、园林植物秋季养护的准备工作

（一）清理落叶与枯枝

秋季清理枯枝也是为了保持园林植物的整洁和美观。枯枝不仅影响植物的美观度，还可能成为病害的传播源。因此，及时清理枯枝不仅有利于植物的生长，还能有效防止病害的传播，提高园林景观的品质。

除了清理落叶与枯枝外，秋季还需要对园林植物进行修剪和整形。适当的修剪可以促进植物的生长，塑造出更加美观的形态。通过修剪可以清除病虫害的受害部位，有助于植物的健康生长。

秋季也是进行园林植物的疏枝疏叶的好时机。通过疏枝疏叶，可以增强植物的透气性和透光性，有利于植物的养分吸收和光合作用，提高其抗病虫害的能力，促进其健康生长。

在进行清理落叶与枯枝的还需要注意对园林植物的保水保温工作。随着气温的逐渐降低，植物的水分蒸发速度减缓，但土壤的湿度仍需保持在适宜范围。因此，及时为园林植物浇水、覆盖保温层以及增加有机质的施入都是必要的措施。这些措施不仅有助于植物的生长，还能在寒冷的秋季为其提供良好的生长环境。

在清理落叶与枯枝的过程中，也要注意安全问题。尤其是对于高大树木的清理工作，需要谨慎行事，避免发生意外。可以采取安全防护措施，如佩戴安全帽、使用安全绳索等，确保园林养护工作的顺利进行同时保障工作人员的安全。

（二）对植物进行适当的修剪和整形

园林植物的秋季养护是为了帮助植物度过寒冷的冬季，为来年的生长打下良好的基础。在这个季节，对植物进行适当的修剪和整形是秋季养护的重要准备工作之一。通过修剪和整形，可以促进植物的新梢生长，调整植物的形态结构，提高其抗病抗虫能力，为其良好的越冬和来年的生长做好准备。

秋季是园林植物新梢生长的黄金季节，因此适时进行修剪非常重要。通过修剪去除枯枝烂叶、过密的枝条和交叉生长的部分，有利于空气流通和光线透射，促进植物内部的通风和光照，防止病菌和虫害的滋生。适当修剪还可以促进植物新梢的长势，增强植物的抗病抗虫能力，有利于植物在冬季的安全越冬。

除了修剪外，整形也是秋季园林植物养护的重要工作之一。通过整形，可以调整植物的形态结构，使其更加美观、匀称。整形还可以促进植物的新梢生长，有利于植物的健康生长。在整形过程中，要根据植物的生长习性和特点，合理选择修剪的方式和方法，避免过度修剪造成植物的损伤和影响生长。

秋季园林植物养护的准备工作还包括加强植物的营养管理。在这个时候，要适当施肥，补充植物所需的养分，为其生长提供充足的营养支持。选择适合植物生长需求的有机肥料和微量元素肥料，通过根部施肥或者叶面喷施的方式，增强植物的抗病抗虫能力，提高其抵抗逆境的能力。

秋季还要做好园林植物的水分管理。在这个季节，天气渐凉，植物水分蒸发减少，但仍需保持适当的湿润度。因此，要根据植物的生长需求，合理浇水，避免水分过量或者不足，保持土壤湿润但不过湿，为植物的健康生长提供良好的环境条件。

二、园林植物秋季养护方法

（一）为植物施用富含有机物的肥料

秋季是园林植物进行能量储备、生长调整的关键时期，为植物施用富含有机物的肥料是秋季养护中的一项重要措施。有机肥料含有丰富的有机物质，可以改善土壤结构，增加土壤的肥力和保水性，有利于植物的根系生长和养分吸收。因此，选择适合植物种类和生长状况的有机肥料进行施用，可以为植物提供所需的营养元素，促进其在秋季的生长和发育。

秋季园林植物养护中，及时修剪也是一项重要的措施。通过适当修剪植物的枝条和叶片，可以促进植物的新梢生长和分枝，使植物保持良好的形态和结构。修剪还可以清除枯黄的叶片和枝条，减少病虫害的滋生，有助于提高植物的抗病虫能力，为其顺利度过秋季创造良好的生长环境。

在秋季园林植物养护中，除了施肥和修剪外，还要注意保持土壤的湿润和通风透气。尤其是在气温开始下降、降雨增多的秋季，要确保植物根系充分获得足够的水分供应，同时及时清除积水，避免根部受潮腐烂。要保持园林植物周围的空气流通畅通，避免植物叶片过密，有利于减少病虫害的发生率，提高园林植物的生长健康状况。

秋季还是园林植物进行能量储备和生长调整的关键时期，适当控制浇水量和频率也是秋季园林植物养护的重要内容之一。根据土壤湿度和植物的实际需求，合理安排浇水时间和频率，避免水分过剩或不足的情况发生，有助于保持土壤湿润和植物根系的健康生长，为植物顺利度过秋季提供必要的保障。

（二）在土壤表面覆盖有机物或覆盖物

秋季的到来，标志着园林植物进入了一个新的生长季节，而在秋季养护中，对土壤的管理尤为重要。覆盖有机物或覆盖物是秋季园林养护中常用的一种方法。通过在土壤表面覆盖有机物或覆盖物，可以有效地减少土壤水分的蒸发，降低土壤温度的波动，改善土壤质地，提高土壤的保水保肥能力，为园林植物的生长提供良好的生长环境。

秋季是园林植物生长的转折季节，也是植物营养的积累期。因此，合理施肥是秋季园林养护的重要内容之一。在施肥时，可以选择富含有机质的肥料，如腐熟的堆肥、腐殖土等，以提高土壤的肥力和保水保肥能力，为园林植物的秋季生长提供充足的营养。

在秋季园林养护中，及时清除枯枝败叶也是必不可少的一环。随着季节的变换，园林植物逐渐进入休眠期，枯黄的叶片和枯萎的树枝会逐渐脱落，如果不及时清除，容易滋生病虫害，影响园林植物的健康生长。

秋季是气候干燥的季节，园林植物容易因为缺水而出现生长不良的情况。因此，适时的浇水也是秋季园林养护的重要内容之一。在浇水时，可以根据植物的生长需求和天气状况，科学合理地控制浇水频次和用水量，保持土壤湿润，确保植物生长所需的水分供应。

在秋季园林养护中，及时修剪也是至关重要的。秋季是园林植物生长的转折季节，通过适时的修剪可以促进植物的新梢生长，塑造植物的良好形态，增强植株的通风透光性，有助于植物健康生长。

（三）保持土壤温度稳定

在园林植物的秋季养护中，保持土壤温度稳定是至关重要的一环。稳定的土壤温度有助于促进植物的根系生长。秋季虽然气温逐渐降低，但土壤温度的变化相对缓慢，为植物根系提供了一个相对稳定的生长环境，有利于根系的扎根和吸收养分。

为了保持土壤温度稳定，覆盖保温层是一个有效的方法。通过在植物周围铺设保温材料，如秸秆、木屑等，可以有效减缓土壤温度的变化速度，保持其相对稳定。这对于一些对温度敏感的植物来说尤为重要，能够有效防止土壤温度的骤然下降对植物造成的伤害。

及时浇水也是保持土壤温度稳定的重要手段之一。适量的水分不仅有助于土壤保持一定的温度，还可以提供植物生长所需的养分。在秋季干燥的气候条件下，及时浇水能够有效避免土壤过度干燥，保持其温度的稳定性。

除了覆盖保温层和及时浇水外，选择合适的植物品种也是保持土壤温度稳定的重要考虑因素之一。一些耐寒性较强的植物品种能够在秋季的低温条件下保持较好的生长状态，有助于维持土壤温度的稳定性。因此，在进行园林植物的选择时，需要考虑到当地的气候条件和土壤特性，选择适合的品种进行种植。

定期松土也是保持土壤温度稳定的重要措施之一。通过松土，可以改善土壤的通气性和透水性，有助于保持土壤温度的稳定。松土还能够促进土壤中微生物的活动，提高土壤的肥力，为植物的生长提供良好的生长环境。

第四节 园林植物冬季养护

一、园林植物冬季养护的关键

（一）保护植物免受严寒

保护植物免受严寒是冬季园林植物养护的关键所在。冬季的低温天气对植物生长造成了严峻挑战，如果不采取有效的保护措施，很容易导致植物受冻受害，影响园林景观的美观和整体效果。

在冬季园林植物的养护中，覆盖保温是非常重要的一环。通过在植物周围铺设覆盖物或者搭建简易的遮挡结构，可以有效地减少植物受到冷空气侵袭的可能性，保持植物的温度稳定。特别是对于一些对寒冷敏感的植物来说，覆盖保温是至关重要的，可以有效地减少冬季因低温而引起的冻害。

冬季植物的水分管理也至关重要。冬季气温低，植物的水分蒸发较少，但土壤中的水分很容易受到冻结的影响，导致植物根系供水不足。因此，在冬季要注意适时浇水，保持土壤的湿润度，但同时也要避免过多的浇水导致植物根部积水而受害。

冬季园林植物养护的关键之一是保持植物的健康状态。在冬季来临之前，可以通过合理的修剪和整形，促进植物的生长和发育，增强其对寒冷的抵抗力。及时修剪枯枝败叶，调整植物的形态，有助于植物在冬季时更好地抵御寒冷，减少冻害的发生。

冬季还要做好园林植物的防风防雪工作。寒冷的冬季，强风和暴雪都可能对植物造成伤害，因此要采取相应的防护措施，如设置风帘、挡雪架等，有效地减轻风雪对植物的影响，保护植物免受损害。

(二) 预防冬季病虫害

预防冬季病虫害是园林植物冬季养护的重要内容之一。要保持园林环境的整洁和卫生，及时清除落叶和枯枝，避免病虫害的滋生和传播源。落叶和枯枝可能成为病菌和害虫的隐匿地和孳生源，因此要定期清理园林区域，减少病虫害的发生机会。

加强园林植物的健康管理也是预防冬季病虫害的关键之一。通过合理施肥、适时修剪等措施，提高植物的免疫力和抗病虫能力，减少病虫害的侵害。选择富含有机物质的肥料进行施用，可以改善土壤质地，增强植物的生长力和抵抗力，从而降低病虫害的发生率。

冬季是园林植物生长停滞、代谢减缓的季节，但仍需保持适量的浇水，以确保植物根系的健康。特别是在干燥的冬季气候中，要注意保持土壤的湿润，但要避免过度浇水，以免引发土壤积水和根部腐烂的问题，从而诱发病虫害的滋生和传播。

冬季是许多病虫害活动较为减少的季节，但仍需密切观察园林植物的生长情况，及时发现并处理可能出现的病虫害问题。定期检查植物叶片和枝干，注意观察植物的生长状态，一旦发现异常情况，应及时采取相应的防治措施，以防止病虫害对植物造成严重影响，保障园林植物的健康生长。

冬季还可以通过喷洒冬季防治病虫害的特定药剂或采取物理防治措施，如覆盖防护网、植物围栏等，有效阻断病虫害的传播途径，减少其侵害。选择适宜的药剂和方法进行防治，避免对环境和植物造成不良影响，提高园林植物的抗病虫能力，为其安全度过冬季提供保障。

二、园林植物冬季养护方法

(一) 使用冬季覆盖物保温

冬季是园林植物生长的冷静期，但也是它们最需要保护的时候。在冬季养护中，使用覆盖物进行保温是至关重要的一项措施。覆盖物可以有效地阻挡冷空气对土壤和植物的侵袭，减少土壤温度的波动，保持较稳定的温度环境，有助于园林植物安全度过寒冷的冬季。

园林植物在冬季容易受到低温冻害的影响，因此保持土壤的温度是冬季园林养护的重要任务之一。通过在土壤表面覆盖保温材料，如稻草、秸秆、木屑等，可以有效地减少土壤温度的下降，保护土壤中的根系和地下部分的植物免受严寒的侵害。

除了保温措施外，冬季园林养护还需要注意对植物的修剪。冬季是园林植物休眠的季节，适时的修剪可以促进植物的新梢生长，塑造植物的良好形态，增强植株的通风透光性，有助于植物健康生长，同时也可以及时清除枯枝败叶，防止病虫害的滋生。

冬季是气候干燥的季节，园林植物容易因为缺水而受损。因此，适时的补充水分也是冬季园林养护的重要内容之一。在冬季气温不太低的时候，可以适度地进行浇水，保持土壤湿润，确保植物生长所需的水分供应。

冬季是园林植物的休眠期，也是病虫害的低发期。但并不意味着可以放松对病虫害的防治。及时巡查园林植物的健康状况，发现问题及时处理，可以采取防治措施，如喷洒生物农药、设置黏虫板等，有效防止病虫害对植物的危害。

（二）适当的遮风措施

在园林植物的冬季养护中，适当的遮风措施是至关重要的一环。冬季的寒风会对植物造成极大的伤害，尤其是对于一些不耐寒的植物来说。因此，设置适当的遮风屏障可以有效减少寒风对植物的侵害，保护其不受严寒的侵袭。

一种常见的遮风措施是搭建遮风网或篱笆。这些遮风设施可以在植物周围形成一个相对封闭的空间，减少寒风的侵入。在选择遮风网或篱笆时，可以考虑其透气性和透光性，保证植物依然可以获得充足的阳光和空气，同时避免植物因缺氧而受损。

利用固定或移动的遮阳棚也是一种有效的遮风措施。遮阳棚不仅可以阻挡寒风的侵袭，还可以在白天提供额外的保暖效果，有助于保持植物的温度稳定。遮阳棚的设置也有利于避免植物过度曝晒，减少其受到阳光灼伤的可能性。

除了以上的固定设施外，移动式的遮风措施也是一种灵活的选择。例如，在冬季寒冷的夜晚，可以使用移动式的遮风帘或篷来保护植物免受寒风的侵害。这种方式不仅方便灵活，还可以根据天气变化随时进行调整，确保植物得到最佳的保护。

对于一些高大树木或独立生长的植物来说，及时修剪也是一种有效的遮风措施。通过修剪枝叶，可以减少植物受到风力的影响，降低其倒伏和折断的风险，从而保护植物不受到风的侵害。

（三）冬季可适量施用钾肥和有机肥

冬季是园林植物养护的重要时段，正确的施肥是保证植物健康成长的关键之一。在这个季节，钾肥和有机肥的适量使用尤为重要。钾肥对植物的抗寒性和抗病能力有着积极的影响。钾元素能够增强植物细胞壁的强度，提高植物组织的耐寒性，使植物在寒冷的冬季更加健壮。因此，适量施用钾肥可以有效提高植物对寒冷的适应能力，减少冻害的发生。

有机肥在冬季养护中也发挥着重要的作用。有机肥含有丰富的有机质和微生物，可以改善土壤结构，增加土壤的肥力和保水性。在冬季，适量施用有机肥可以为植物提供充足的营养，增强植物的抗病能力，促进植物的健康生长。有机肥还可以改善土壤的通气性和透水性，有助于植物根系的正常呼吸和吸收养分，提高植物的抗寒能力。

除了施肥外，保持土壤湿润也是冬季园林植物养护的重要环节。在冬季，虽然植物的生长速度减缓，但仍然需要足够的水分来维持正常的生理活动。因此，要定期检查土壤的湿度，保持土壤的适度湿润，但又不能过于潮湿，以免引发根部病害。可以通过覆盖物、灌溉等方式来保持土壤湿润，确保植物在冬季能够获得足够的水分供应。

及时清除枯叶落叶也是冬季园林植物养护的重要工作之一。枯叶落叶堆积在地面上容易成为病虫害的温床，影响植物的健康生长。因此，要定期清理园林地面上的枯叶落叶，保持环境清洁整洁，减少病虫害的滋生和传播，为植物提供良好的生长环境。

第十章　园林植物栽培养护的实践应用

第一节　园林植物栽培技术的实践应用

一、园林植物栽培技术的理论基础

(一) 光照需求及光合作用原理

园林植物栽培技术的理论基础之一是光照需求及光合作用原理。光是植物生长发育的重要能源，它直接影响着植物的生理过程和形态特征。园林植物的光照需求因植物种类、生长阶段和环境条件而异。一般来说，大多数园林植物对光照有一定的要求，过强或过弱的光照都会影响植物的正常生长。因此，在栽培园林植物时，要根据植物的光照需求选择合适的生长环境和栽培管理方法，以确保植物能够获得足够的光能进行光合作用。

光合作用是植物利用光能将二氧化碳和水转化为有机物质的过程，是植物生长发育的基础。光合作用发生在叶绿体中的叶绿体内膜上，通过叶绿体中的叶绿体色素吸收光能，驱动光合电子传递链和光合碳同化反应，最终产生葡萄糖等有机物质，并释放氧气。光合作用是园林植物生长的动力源泉，直接影响着植物的生长速度和生长质量。因此，在园林植物的栽培过程中，要注意提供充足的光照条件，以促进植物的光合作用，促进植物的健康生长。

光照需求及光合作用原理是园林植物栽培技术的重要理论基础之一。了解园林植物对光照的需求和光合作用的基本原理，有助于科学合理地选择栽培环境和管理方法，提高园林植物的生长质量和产量。深入研究光合作用机制，可以为园林植物的改良育种和栽培管理提供理论指导，推动园林植物栽培技术的不断进步和提高。因此，园林从业人员应该加强对光照需求及光合作用原理的学习和掌握，不断提升自身的技术水平，为园林植物的健康生长和园林景观的美化做出积极贡献。

(二) 温度对植物生长的影响及适宜范围

植物的生长受到温度的影响是栽培技术中的重要理论基础之一。温度直接影响着植物的生理代谢、营养吸收和生长发育，因此了解温度对植物生长的影响及其适宜范围对于园林植物的栽培至关重要。

在园林植物的栽培过程中，温度对植物的生长发育具有重要的调节作用。适宜的温度有利于植物充分利用光能进行光合作用，促进植物的营养吸收和生长发育，提高植物的抗逆性和抗病虫害能力,从而保证植物的健康生长。

温度对植物生长的影响具有一定的适宜范围。一般来说,温度过高或过低都会对植物的生长产生不利影响。过高的温度容易造成植物叶片蒸腾作用过大,导致水分蒸发过快,影响植物的水分平衡;而过低的温度则会影响植物的生理代谢活动,抑制植物的生长发育。

对于不同种类的园林植物,其适宜的生长温度范围也有所不同。一般来说,大部分园林植物的适宜生长温度范围在10摄氏度至30摄氏度之间。在这个范围内,园林植物的生长速度较快,生长势较好,生长形态也较为健康。

温度对植物的生长影响主要表现在以下几个方面,首先是温度对植物的光合作用的影响。光合作用是植物生长的重要生理过程,而温度是影响光合作用速率的重要因素之一。适宜的温度有利于光合作用的进行,促进植物的生长发育。

温度对植物的生理代谢和营养吸收也具有重要影响。温度影响着植物体内酶的活性、物质的运输速率以及根系的吸收能力,进而影响着植物对养分的吸收和利用,直接影响着植物的生长和发育。

温度还对植物的生长节律和开花结果产生影响。不同的园林植物对温度的需求不同,有些植物对温度的变化比较敏感,温度的波动会影响其开花结果,甚至影响其生长周期和生长形态。

二、园林植物栽培技术的实践应用

(一)依据生长环境条件进行植物选择

园林植物的栽培技术在实践中的应用离不开对生长环境条件的综合考量。了解并依据生长环境的特点进行植物选择至关重要。不同的园林场所具有不同的气候、土壤和光照条件,因此在选择植物品种时需要考虑到这些因素,以确保植物能够适应并生长良好。

针对不同生长环境条件,可以选择具有适应性强的植物品种进行栽培。一些耐寒、耐旱或耐阴的植物品种能够在较为苛刻的生长环境下生长,例如在气候寒冷或土壤贫瘠的条件下仍能保持较好的生长状态,因此在选择植物时可以优先考虑这些品种。

根据园林景观设计的需要,也可以选择具有良好观赏效果的植物品种进行栽培。一些花卉植物或具有独特叶形、色彩的植物能够为园林景观增添色彩和层次感,因此在栽培技术的实践中,也需要考虑到植物的观赏价值。

在栽培技术的实践应用中,合理的土壤改良和施肥措施也是至关重要的。不同的植物对土壤的要求不同,一些对土壤要求较高的植物需要进行土壤改良,以提高土壤的肥力和透气性。合理施肥也能够为植物提供充足的养分,促进其生长和发育。

科学的灌溉管理也是园林植物栽培技术的实践重点之一。根据植物的生长需求和生长环境的特点,采取适当的灌溉方式和频率,保证植物得到充足的水分供应,是保证植物健康生长的关键。还可以结合土壤湿度监测技术,精准控制灌溉量,避免因灌溉不当而导致的浪费和植物根部病害的发生。

（二）栽植与管理技术

1. 栽植前的准备工作与技巧

在进行园林植物栽培前，充分的准备工作和掌握一些技巧是至关重要的。栽植前需要对土壤进行充分的准备。通过松土、施肥、改良等措施，可以改善土壤的结构和肥力，为植物的生长提供良好的土壤环境。要根据植物的需求和生长特点选择合适的土壤类型和肥料种类，以确保植物能够顺利生长。

选择合适的栽植季节也是园林植物栽培的关键。一般来说，春季和秋季是栽植园林植物的最佳时机，这两个季节气温适宜，土壤湿度适中，有利于植物的生长和扎根。在栽植前要注意避开极端气候和极端天气，以免影响植物的成活率和生长状况。

在进行园林植物栽培时，选择合适的栽培方法和技巧也是至关重要的。例如，对于一些大型树木或灌木，可以采用掘坑、整地、围根等传统的栽植方法；而对于一些草本植物或者花卉，可以选择盆栽、扦插、分株等方法进行栽培。还可以结合施肥、浇水、遮荫等管理措施，促进植物的生长和发育。

园林植物栽培技术的实践应用需要注重植物的选材和配置。在选择植物品种时，要根据园林景观设计的需要和环境条件，选择具有适应性强、观赏效果好的品种。在配置植物时要考虑植物的生长习性、根系发育和空间需求，合理搭配植物，使其相互配合，形成美观的园林景观。

在园林植物栽培的实践中，还要注重栽植后的养护和管理。及时浇水、施肥、修剪、除草等措施是保证植物生长健康的关键。要定期检查植物的生长状况，及时发现并处理病虫害，防止其对植物的危害。

2. 生长期间的水、肥、光管理

园林植物的栽培技术在实践中需要综合考虑水、肥、光等多个方面的管理，以促进植物的健康生长和发育。水、肥、光管理是栽培园林植物的重要实践应用之一，合理的管理能够提高植物的抗逆性和生长质量。

在园林植物的生长过程中，水分管理是至关重要的一环。合理的浇水量和浇水频次可以确保植物根系吸收到充足的水分，保持植物的正常生长和代谢活动。在生长期间，需要根据不同植物的生长需求和气候条件，科学合理地控制浇水量和浇水频次，避免水分过多或过少造成植物生长的不良影响。

除了水分管理外，肥料管理也是园林植物栽培技术中的重要内容之一。合理施肥可以为植物提供充足的营养，促进植物的健康生长和发育。在生长期间，可以根据植物的生长情况和土壤的肥力状况，选择合适的有机或无机肥料进行施用，注意控制施肥量和施肥频次，避免过量施肥造成植物根系烧伤或土壤污染。

光照管理也是园林植物栽培技术中不可忽视的一环。光是植物进行光合作用的能量来源，对植物的生长发育具有重要影响。在生长期间，需要确保植物充分接受到充足的阳光照射，以促进光合作用的进行，增强植物的营养吸收和生长能力。对于生长在阴暗环境下的园林植物，可以采取适当的人工光照措施，如设置补光灯或调整植物的生长位置，以提高植物的光合效率。

第二节　现代园林植物栽培养护的发展趋势

一、现代园林植物栽培养护的技术更新

（一）传感技术在园林植物管理中的应用

传感技术在园林植物管理中的应用是现代园林植物栽培养护技术的一项重要技术更新。通过在园林植物周围布置温度、湿度、光照等传感器，可以实时监测环境参数的变化。这些传感器可以将采集到的数据传输至中央控制系统，帮助园林管理人员及时了解植物生长环境的变化情况。

传感技术的应用还能够实现园林植物的智能化管理。通过将传感器与智能控制系统相结合，可以实现对园林植物的远程监控和控制。园林管理人员可以通过手机或电脑等设备随时随地监测园区的环境参数，并根据需要进行调整，从而实现对植物的精准管理。

传感技术还可以帮助园林管理人员提高工作效率。传感器可以自动采集数据，并通过无线网络传输至中央控制系统，无需人工干预即可实现数据的实时监测和分析。这样一来，园林管理人员可以将更多的精力投入到植物的精细管理和景观设计上，提高工作效率和管理水平。

传感技术的应用还有助于提高园林植物的生长质量和景观效果。通过及时监测环境参数，园林管理人员可以根据植物的实际需求进行精准施肥、灌溉和修剪，为植物提供最适宜的生长环境。这不仅有助于促进植物的健康生长，还能够使园林景观更加优美和宜人。

传感技术还可以帮助园林管理人员及时发现并应对植物生长过程中的问题。传感器可以监测到植物叶片的水分含量、温度等参数，一旦发现异常情况，就可以及时报警提醒园林管理人员进行处理，避免植物受到严重损害。

（二）人工智能与大数据在栽培养护中的发展

人工智能与大数据技术在现代园林植物栽培养护中的发展带来了革命性的变革。人工智能技术可以通过对大量的数据进行分析和学习，为园林植物的栽培管理提供智能化的决策支持。例如，通过监测土壤湿度、光照强度、温度等数据，人工智能系统可以实时调整灌溉、施肥、遮荫等措施，根据植物的需求进行精准的养护管理，提高园林植物的生长效率和质量。

大数据技术的应用也为园林植物栽培养护带来了新的可能性。通过收集、整合和分析园林植物生长发育的相关数据，可以发现植物生长的规律和特点，为优化栽培管理提供科学依据。大数据技术还可以帮助园林从业者进行市场调研和需求预测，指导植物品种的选择和配置，提高园林景观的设计和规划水平。

人工智能与大数据在园林植物栽培养护中的发展也催生了一系列新技术和产品。例如，智能感知设备可以实时监测园林环境的各项指标，如温度、湿度、光照等，为园林植物的精准养护提供数据支持。智能灌溉系统可以根据植物的需水量和土壤湿度情况，自动调节灌溉设备，实现节水、节能的灌溉管理。基于大数据和人工智能的植物病虫害监测与

预警系统也可以帮助园林管理人员及时发现和处理植物病害，减少病虫害对园林植物的危害。

技术更新也带来了园林植物栽培养护效率和质量的提升。通过引入人工智能和大数据技术，园林植物的养护管理变得更加精准和高效，可以有效地减少人力资源的投入，降低管理成本，提高园林植物的成活率和生长质量。技术更新还为园林景观的设计和规划提供了更多的可能性，可以实现更加个性化、智能化的园林景观效果，满足人们对美好生活环境的需求。

二、可持续发展与环保理念在园林植物栽培养护中的应用

（一）无土栽培技术的应用与推广

无土栽培技术是一种新型的栽培方式，在园林植物栽培中具有广泛的应用前景和推广价值。无土栽培技术以其节水、节土、高效的特点，逐渐受到人们的关注和认可，在园林植物栽培养护中得到了广泛的应用和推广。

无土栽培技术的应用能够有效地节约用水资源。相比传统的土壤栽培方式，无土栽培技术可以通过水培、气培等方式，在没有土壤的情况下直接为植物提供养分和水分，避免了土壤中水分的大量流失，从而实现了用水资源的节约和合理利用。

无土栽培技术能够节约土地资源，减少土地的占用和破坏。在城市化进程加快的今天，土地资源变得越来越紧张，采用无土栽培技术可以有效地减少对土地资源的需求，节约土地资源，降低土地利用的成本和环境压力，实现了土地资源的可持续利用。

无土栽培技术还能够提高园林植物栽培的生产效率和品质。无土栽培技术可以通过灌溉、施肥等方式精准地控制植物生长环境，保证植物充分吸收养分和水分，促进植物的健康生长和发育，提高植物的生产效率和品质，满足人们对园林植物品质的需求。

可持续发展与环保理念在园林植物栽培养护中的应用也日益受到重视。通过采用可持续发展和环保理念，可以推动园林植物栽培养护工作朝着更加环保、可持续的方向发展。

采用生态种植、有机肥料、节水灌溉等可持续发展和环保技术，可以减少对土地、水资源的消耗和污染，降低园林植物栽培养护过程对环境的负面影响，保护生态环境，实现园林植物栽培养护工作的可持续发展。

园林管理者和从业者应该不断加强对无土栽培技术和可持续发展与环保理念的学习和应用，积极推广和普及这些技术和理念，促进园林植物栽培养护工作向着更加环保、可持续的方向发展，为建设美丽宜居的城市环境做出更大的贡献。

（二）生物多样性保护与植物栽培的关系研究

生物多样性保护与植物栽培之间存在密切的关系，这种关系在可持续发展和环保理念的指导下得到进一步强化和拓展。植物栽培作为生物多样性保护的一部分，通过选择本地优势植物、采取适宜的栽培技术，可以促进当地植物的繁衍与生长，保护和增强生态系统的稳定性。

在园林植物栽培养护中，可持续发展理念的应用日益凸显。一方面，通过采用生物多样性丰富的植物种类，可以建立更加健康、稳定的生态系统，促进生态平衡的维持。另一方面，合理利用可再生资源、减少化学药剂的使用、推广有机栽培等措施，有助于减少园林植物栽培对环境的负面影响，实现园林植物栽培的可持续发展。

生物多样性保护与植物栽培之间的研究也有助于促进环保理念在园林植物栽培养护中的应用。通过深入研究植物与生态系统之间的相互作用关系，可以更好地理解植物栽培对环境的影响，为制定环保措施提供科学依据。倡导绿色环保的植物栽培方式，如雨水收集、废弃物循环利用等，也成为园林植物栽培养护中的重要实践。

在可持续发展与环保理念的指导下，园林植物栽培养护的过程中越来越注重与生态系统的协调与共生。例如，采用生态景观设计理念，将植物栽培与自然生态相结合，打造具有生态功能和生物多样性的园林景观。这种方式不仅可以提升园林的观赏价值，还能够促进生态系统的恢复和保护。

推动生物多样性保护与植物栽培的研究和实践，也是为了更好地适应气候变化的挑战。通过选择具有适应性强的植物品种、采取灌溉和水资源管理等措施，可以帮助园林植物更好地应对极端气候和气候变化的影响，保护生态系统的健康与稳定。

（三）植物废弃物资源化利用的研究与实践

植物废弃物资源化利用的研究与实践是园林植物栽培养护中的重要课题。园林植物生长发育过程中产生的废弃物包括枝叶、树皮、落叶等，如果不加以处理，容易导致环境污染和资源浪费。因此，通过对植物废弃物进行资源化利用，可以实现园林植物栽培养护的可持续发展。

一种常见的植物废弃物资源化利用方式是进行堆肥处理。将植物废弃物进行堆肥处理，可以降解有机物质，产生有机肥料，为园林植物提供养分，同时减少废弃物对环境的影响。通过科学配比和管理，可以制备出高品质的有机肥料，为园林植物的生长提供良好的土壤环境。

另一种植物废弃物资源化利用的方式是进行生物质能源利用。将植物废弃物进行生物质能源化处理，可以产生生物质能源，如生物质燃料、生物质炭等，用于园林植物栽培过程中的供热、照明等需求。这种方式不仅可以有效利用植物废弃物资源，还可以减少对传统能源的依赖，降低园林植物栽培养护的能源消耗。

可持续发展与环保理念在园林植物栽培养护中的应用不仅体现在植物废弃物的资源化利用上，还体现在栽培管理过程中的各个环节。例如，在园林植物的选择和配置上，要优先选择适应当地气候和土壤条件、耐逆性强的品种，减少植物病虫害的发生，降低农药使用量，实现绿色栽培。在栽培技术上，要采用节水灌溉、有机肥施用、生物防治等环保技术，减少对环境的负面影响。

在园林植物的养护管理过程中，也要注重减少化学物质的使用，提倡生态养护理念。例如，可以采用天然有机肥料替代化学肥料，采用生物防治替代化学防治，促进园林植物健康生长的保护生态环境的平衡和稳定。

第三节　社会责任与可持续发展

一、园林植物栽培养护的社会责任

(一) 城市绿化与社会健康

城市绿化与社会健康密切相关，园林植物栽培养护承担着重要的社会责任。城市绿化不仅美化了城市环境，还对居民的身心健康产生着积极影响，因此园林植物的栽培养护工作应当充分认识到其所承担的社会责任，积极履行社会责任，为城市绿化和社会健康作出更大的贡献。

城市绿化对于社会健康有着重要的促进作用。园林植物的绿化美化了城市环境，增加了城市的景观价值，营造了宜居的城市生活氛围，有助于缓解城市居民的生活压力，提高居民的生活质量和幸福感。

园林植物的栽培养护工作是城市绿化的重要组成部分，承担着城市美化、环境改善、空气净化等重要任务。通过精心栽培养护园林植物，保持城市绿化植被的健康生长，不仅美化了城市环境，还提高了城市环境的整体质量，有利于改善居民的生活环境和生活质量。

园林植物的栽培养护工作还可以促进社会的参与和共享。通过开展城市绿化志愿活动、社区园艺活动等形式，吸引和动员更多的社会力量参与到园林植物的栽培养护工作中，增强了社会的凝聚力和向心力，形成了全社会共同关注和参与城市绿化的良好氛围。

园林植物的栽培养护工作也是对城市生态文明建设的重要支撑。城市绿化不仅美化了城市环境，还提升了城市的生态品质，促进了城市与自然的和谐共生。通过园林植物的栽培养护工作，可以打造更加宜居、宜业、宜游的城市环境，为城市生态文明建设提供了重要支撑和保障。

园林管理者和从业者应当进一步加强对城市绿化与社会健康关系的认识，深刻理解园林植物栽培养护的社会责任，积极开展园林植物的栽培养护工作，为城市绿化和社会健康作出更大的贡献，共同营造美丽宜居的城市环境。

1. 植物对城市环境的改善与健康影响

植物在城市环境中扮演着重要的角色，它们不仅能够改善城市的环境质量，还对人们的健康产生积极影响。植物通过吸收二氧化碳、释放氧气的作用，有助于净化空气、降低空气污染物含量，改善城市空气质量。特别是一些常见的城市绿化植物，如树木、草坪等，它们通过光合作用不仅能够吸收大量的二氧化碳，还能够吸收并降解空气中的有害气体，从而净化空气，为城市居民提供清新的空气环境。

植物还对城市热岛效应的缓解起到了积极的作用。城市中的大量建筑、道路等人造结构会吸收和储存大量热量，导致城市的气温较周边地区更高。而植物通过蒸腾作用释放水分，带走热量，形成自然的蒸发冷却效应，有助于降低城市的气温，减缓热岛效应的发生，为城市居民提供更加宜人的生活环境。

植物还对城市居民的心理健康产生积极影响。大量的研究表明，与自然环境接触可以缓解压力、焦虑等负面情绪，提升人们的情绪状态和生活质量。城市中的园林植物为人们提供了一个休闲、娱乐、放松的场所，让人们远离城市喧嚣，沉浸在自然的美好中，有助于缓解生活压力，促进身心健康。

园林植物栽培养护在社会责任层面也承担着重要的角色。园林植物的栽培和养护是城市绿化建设的重要组成部分，是城市生态建设的重要环节。通过合理选择植物品种、科学施肥、合理修剪等措施，可以保证植物的健康生长，提升城市绿化质量，营造宜人的城市环境。

园林植物栽培养护也承担着保护生物多样性、维护生态平衡的社会责任。合理选择本地优势植物、保护野生动植物栖息地、避免引入外来有害物种等举措，有助于保护城市生态系统的完整性和稳定性，维护城市的生态平衡。

园林植物栽培养护还可以为城市居民提供就业机会、提升生活质量，促进城市经济发展。从事园林植物栽培养护工作的从业人员，不仅可以通过劳动获得收入，还可以享受到与自然接触的乐趣，提升生活幸福感和满足感。

2. 园林绿化对社区居民生活质量的提升

园林绿化对社区居民生活质量的提升具有重要意义。园林绿化可以改善空气质量。植物通过光合作用释放氧气，吸收二氧化碳和有害气体，有效净化空气，降低空气中的污染物含量，为居民提供清新、健康的生活环境。这对于减少呼吸道疾病、提高居民的生活质量具有重要作用。

园林绿化可以调节气候和温度。树木、草坪等植被可以吸收阳光热量，降低气温，形成凉爽的微气候，为社区居民提供了舒适的休息和娱乐场所。在炎热的夏季，园林绿化可以有效减少城市热岛效应，改善城市环境，提高居民的生活舒适度。

园林绿化还可以促进社区居民的身心健康。大自然的景色和环境对人的心理健康有着积极的影响。在绿树成荫的园林环境中散步、锻炼，可以缓解居民的压力和疲劳，提高心理抗压能力，增强体质，促进身心健康的全面发展。

园林绿化还可以丰富社区居民的文化生活。通过在社区内建设公园、花园、广场等绿地设施，为居民提供了休闲娱乐的场所和丰富多彩的活动。居民可以在这些绿地中参加文化演出、体育锻炼、社交活动等，丰富自己的文化生活，增强社区凝聚力和向心力。

园林绿化对社区居民的生活质量提升还体现在美化环境、增加生活乐趣方面。优美的园林景观可以提升社区的整体形象和品位，为居民创造愉悦的生活氛围。绿树、花草的点缀使社区更加宜居、宜游，为居民增添了生活的乐趣和享受。

园林植物栽培养护所承担的社会责任也非常重要。要注重绿化工程的科学规划和设计，充分考虑社区居民的需求和环境特点，打造适合居民生活的绿化空间。要加强植物的管理和养护，保持园林绿化的整洁、美观，为居民提供良好的生活环境。要加强对植物的科普宣传和教育，引导居民积极参与园林绿化建设和养护管理，增强居民的环保意识和责任感。

（二）环境保护与生态平衡

环境保护与生态平衡是当今社会发展的重要课题，园林植物的栽培养护承担着重要的社会责任。园林植物的栽培养护工作直接影响着城市生态环境的质量和稳定性，因此应当充分认识到园林植物栽培养护的社会责任，积极履行环境保护与生态平衡的使命，为构建美丽、健康的生态环境贡献力量。

园林植物的栽培养护工作对环境保护具有重要意义。园林植物是城市绿化的重要组成部分，通过精心的栽培养护工作，可以增加城市的绿化覆盖率，改善城市的空气质量，减少空气污染物的排放，保护和改善城市生态环境，为环境保护提供了重要的支持和保障。

园林植物的栽培养护工作有助于维护生态平衡。园林植物在生态系统中发挥着重要的生态功能，可以调节空气湿度、净化空气、保护水源、防止水土流失等，维护了生态系统的稳定性和健康发展。通过精心栽培养护园林植物，可以促进生态平衡的形成和维护，保护生物多样性，维护生态系统的稳定性和健康发展。

园林植物的栽培养护工作还可以促进社会的可持续发展。园林植物的栽培养护不仅美化了城市环境，还提升了城市的生态品质，增强了城市的竞争力和可持续发展能力。通过园林植物的栽培养护工作，可以促进城市经济的发展，改善居民的生活环境，增加社会的福祉和幸福感，实现了经济、社会、环境的可持续协调发展。

园林管理者和从业者应当进一步加强对园林植物栽培养护的社会责任的认识，积极开展园林植物的栽培养护工作，注重生态环境的保护和改善，推动环境保护与生态平衡工作向更高水平迈进，为实现经济、社会和环境的协调发展作出更大的贡献。

1. 园林植物对生态系统的重要性

园林植物在生态系统中扮演着不可替代的重要角色，其对生态系统的贡献和影响至关重要。园林植物作为生态系统的一部分，通过吸收二氧化碳、释放氧气，参与了地球生态平衡的调节。这种光合作用的过程不仅有利于净化大气中的有害气体，还能够维持大气中的氧气含量，为人类和其他生物提供生存所需的氧气。

园林植物对于维持生态系统的稳定性和健康具有重要作用。它们通过根系固定土壤，防止土壤侵蚀，减缓水土流失，保护土壤质量。植物的根系还能够吸收并固定土壤中的养分和有害物质，净化土壤环境，维持土壤的肥力和健康。

园林植物还为生态系统提供了丰富的生物多样性，促进了生态系统的稳定和复杂性。不同种类的园林植物在生态系统中扮演着不同的角色，它们相互依存、相互作用，形成了复杂的生态网络。这种生物多样性不仅丰富了生态系统的结构和功能，还提高了生态系统的抗干扰能力和适应性。

除了在自然生态系统中的作用外，园林植物在城市环境中也承担着重要的生态功能。城市绿地中的园林植物能够改善城市的环境质量，净化空气、调节气候、保护水源、提供栖息地和食物源，维护城市生态系统的健康和稳定。城市园林植物还能够提升城市居民的生活质量，改善城市人居环境，促进城市的可持续发展。

园林植物栽培养护的社会责任体现在对生态系统的保护和维护上。园林植物的栽培养护需要遵循生态原则，选择适宜的植物品种，保护和利用地方特色植物资源，避免引入外来有害物种，保持生物多样性和生态系统的完整性。通过科学的施肥、灌溉、修剪等管理措施，保证园林植物的健康生长，最大限度地发挥其生态功能和社会效益。

园林植物栽培养护还需要关注生态系统与人类社会的互动关系。通过科学的园林规划和设计，结合社区需求和居民健康，打造具有生态、文化和社会功能的园林景观，为城市居民提供良好的生活环境和休闲空间。加强对园林植物栽培养护从业人员的培训和教育，提升其生态意识和责任意识，推动园林植物栽培养护工作的可持续发展。

2. 植物栽培养护对环境保护的影响

植物栽培养护对环境保护具有重要影响。园林植物的栽培养护可以改善生态环境。通过增加绿色植被覆盖面积，固定土壤，减少土壤侵蚀和水土流失，有助于改善土壤质量，保护水资源，维护生态平衡。这对于减缓土地沙化、水源污染等环境问题具有积极意义。

园林植物的栽培养护有利于生物多样性的保护。不同类型的园林植物在生长过程中提供了不同的生境，为各类生物提供了栖息地和食物来源。因此，通过合理的植物配置和管理，可以促进生物多样性的增加，维护生态系统的稳定和健康。

园林植物的栽培养护有助于改善空气质量。植物通过光合作用释放氧气，吸收二氧化碳和有害气体，净化空气，降低空气中的污染物含量，改善城市环境。这对于缓解城市空气污染、减少大气污染物的排放，保护人们的健康和生存环境至关重要。

园林植物的栽培养护还有利于保护水资源。合理配置植物种类和布局，可以减少土壤侵蚀和水土流失，减缓水体的富营养化和污染，保护河流、湖泊等水域生态系统的完整性和健康。通过植物的根系吸收和过滤，可以净化地下水，提高水资源的利用效率和保护水质。

园林植物的栽培养护也承担着社会责任。要注重环保意识的培养和宣传，引导公众重视环境保护，积极参与植物栽培养护活动，共同建设美丽家园。要加强对植物栽培养护技术的研究和创新，探索绿色、生态友好的栽培管理模式，为环境保护提供科学依据和技术支持。

园林植物的栽培养护也应注重节约资源和减少能源消耗。通过合理利用水资源、节约能源、减少化学物质的使用等措施，降低栽培养护活动对环境的负面影响，促进可持续发展和绿色生态建设。

二、园林植物栽培养护的可持续发展

（一）资源利用与能源节约

资源利用与能源节约是园林植物栽培养护中的重要议题，其可持续发展需要建立在对资源的有效利用和能源的节约利用之上。园林植物的栽培养护应当充分认识到资源利用与能源节约的重要性，积极采取措施，推动园林植物栽培养护工作向着可持续发展的方向发展。

园林植物的栽培养护工作应当注重资源的合理利用。在园林植物栽培过程中，应当合理利用土壤、水资源等自然资源，避免浪费和滥用，提高资源利用效率，实现资源的可持续利用。可以采用生态种植、有机肥料等方式，降低对土壤和水资源的消耗，促进资源的循环利用，实现园林植物栽培养护工作的可持续发展。

园林植物的栽培养护工作还应当注重能源的节约利用。在园林植物栽培过程中，需要消耗大量的能源，如电力、燃料等。因此，应当采取有效措施，降低能源的消耗，提高能源利用效率，实现能源的节约利用。可以采用节能设备、节能技术等方式，减少园林植物栽培养护过程中的能源消耗，为园林植物栽培养护工作的可持续发展做出贡献。

园林植物的栽培养护工作还应当注重循环利用和资源综合利用。在园林植物栽培过程中产生的废弃物和副产品可以进行有效的循环利用，如废弃植物材料可以进行堆肥处理，生产有机肥料，用于园林植物的施肥；剪枝剩余可以进行加工利用，生产木材制品等，实现资源的综合利用，提高资源的利用效率，推动园林植物栽培养护工作的可持续发展。

园林管理者和从业者应当进一步加强对资源利用与能源节约的认识，采取积极有效的措施，推动园林植物栽培养护工作向着资源利用和能源节约的方向发展，为实现园林植物栽培养护工作的可持续发展做出更大的努力和贡献。

1. 植物栽培养护中的资源回收与再利用

植物栽培养护中的资源回收与再利用是实现园林植物栽培养护可持续发展的重要策略之一。园林植物养护过程中产生的有机废弃物，如落叶、剪枝、草坪修剪等，可以通过堆肥、腐熟等处理方式，转化为有机肥料，用于植物的施肥和土壤改良，实现有机废弃物的资源化利用。

资源回收与再利用还可以延伸至水资源的管理。园林植物的灌溉过程中产生的废水，经过处理后可以用于再次灌溉植物或其他用途，减少了对淡水资源的需求。采用雨水收集系统，将雨水储存起来供园林植物灌溉使用，进一步降低了对自然水资源的依赖，促进了水资源的可持续利用。

在园林植物栽培养护中，废弃材料的回收再利用也是一项重要举措。例如，剪枝修剪过程中产生的木材废料可以进行加工处理，再利用于木质制品的生产，如木质板材、木片地板等，实现了木材资源的循环利用，减少了对森林资源的砍伐压力。

除了有机废弃物和水资源外，园林植物栽培养护中还涉及到能源的使用。通过采用节能环保的园林设施和工具，如太阳能灯具、节能灌溉系统等，可以降低能源消耗，减少碳排放，实现园林植物栽培养护过程的可持续发展。

资源回收与再利用的实施还需要依托政府、企业和社会组织等多方合作。政府可以制定相关政策和法规，鼓励和支持园林植物栽培养护单位开展资源回收再利用工作，为其提供政策扶持和技术指导。企业和社会组织可以积极参与资源回收再利用项目，共同推动园林植物栽培养护的可持续发展。

公众的参与和支持也是资源回收与再利用工作的关键。通过宣传教育和意识提升活动，引导市民养成良好的资源利用习惯，提高废弃物分类回收的参与率和质量，为园林植物栽培养护的可持续发展营造良好的社会氛围。

2. 可再生能源在园林植物栽培养护中的应用

可再生能源在园林植物栽培养护中的应用，是实现园林绿化可持续发展的重要举措。随着社会对环境保护和可持续发展的日益关注，利用可再生能源来支持园林植物栽培养护已成为一种趋势。太阳能、风能等可再生能源的应用，不仅能够降低园林植物栽培养护的能耗，还能减少对传统能源的依赖，从而推动园林绿化事业朝着更加可持续的方向发展。

在园林植物栽培养护中，利用太阳能光伏发电系统供电是一种常见的做法。通过在园区内建设太阳能光伏电池板，将太阳能转化为电能，为园林植物灌溉、照明等提供清洁能源。这种方式不仅可以减少对化石能源的使用，还能降低园林管理成本，促进园林绿化事业的可持续发展。

利用风能来驱动园林植物栽培养护设备也是一种创新的做法。通过设置风能发电装置，将自然风力转化为电能，为园林植物养护设备供电。相比传统的电网供电方式，利用风能供电不受地域限制，且能够充分利用自然资源，降低能源成本，实现园林植物栽培养护的可持续发展。

生物质能源也是园林植物栽培养护中的重要可再生能源之一。将废弃的植物秸秆、树叶等生物质资源进行处理，转化为生物质能源，用于园林植物的肥料制备、土壤改良等环节。这种方式不仅可以减少废弃物的排放，还能够提高园林植物的生长质量，实现园林植物栽培养护的可持续发展。

（二）社会经济效益与生态价值

园林植物栽培养护的可持续发展既涉及到社会经济效益，也包含着生态价值，两者相辅相成，共同构建着园林植物的可持续发展体系。

园林植物栽培养护对社会经济效益的贡献不可小觑。园林绿化提升了城市的景观品质，增强了城市的吸引力和竞争力，促进了旅游业和服务业的发展，为城市经济注入了新的活力。园林植物的栽培养护活动也创造了大量的就业机会，为城市居民提供了稳定的就业和收入来源，促进了社会的稳定与和谐。

园林植物栽培养护的可持续发展也体现了其生态价值。园林绿化可以提升城市生态环境质量，改善空气质量，减少噪音污染，增加生态空间，促进城市生态系统的健康发展。园林植物还能够吸收二氧化碳，减少温室气体的排放，缓解气候变化带来的影响，为人类的可持续发展提供了重要的支持。

园林植物栽培养护的可持续发展还体现在资源利用的合理性上。通过科学合理地利用土地、水资源，合理配置植物种类和布局，优化植物栽培养护管理模式，最大限度地提高资源利用效率，减少资源浪费，实现了资源的可持续利用。

园林植物的栽培养护还能够促进生物多样性的保护。通过合理配置植物种类和布局，创造出多样性的生态环境，为各类生物提供了丰富的栖息地和食物来源，促进了生物多样性的增加，维护了生态系统的稳定和健康。

1. 园林植物栽培养护对经济的贡献与影响

园林植物栽培养护对经济的贡献与影响不可小觑，其可持续发展也是经济可持续发展的重要组成部分。园林植物栽培养护不仅为城市环境提供了美化与净化，还直接间接地促进了经济的发展与增长。

园林植物栽培养护为城市创造了就业机会，为社会经济发展增添了动力。园林植物的栽培养护工作需要大量的人力投入，包括园林设计师、园艺工人、养护人员等，他们的工作为城市提供了美丽的景观，同时也为城市提供了丰富的就业机会，促进了就业率的提高和经济的发展。

园林植物的栽培养护活动为相关产业的发展提供了支撑。园林植物栽培养护活动的开展，需要大量的植物材料、园艺设备、园林建材等，促进了相关产业的发展与壮大，推动了园林植物产业的蓬勃发展，形成了一个庞大的产业链，为经济的增长提供了坚实的支持。

园林植物的栽培养护活动直接促进了相关产业的消费。园林植物栽培养护活动的开展，需要大量的投入，包括植物种苗、园艺用品、园林设施等，这些投入为相关产业提供了销售市场，带动了相关产品的消费，促进了相关产业的增长，为经济的繁荣做出了贡献。

园林植物的栽培养护活动直接带动了旅游业的发展。园林植物是城市的重要景观资源，吸引了大量游客前来参观游览，带动了旅游业的发展。园林植物的栽培养护活动也为城市的文化建设提供了重要支持，丰富了城市的文化内涵，提升了城市的知名度和影响力。

园林植物的栽培养护活动间接促进了城市房地产业的发展。优美的园林环境不仅提升了城市的居住舒适度和生活品质，还增加了房地产的升值潜力，吸引了更多的人们前来购房置业，推动了城市房地产业的繁荣和发展。

2. 生态景观设计对城市发展的可持续性影响

生态景观设计在城市发展中扮演着至关重要的角色，其对城市可持续性的影响不可忽视。生态景观设计强调人与自然的和谐共生，通过模仿自然生态系统的结构和功能，创造具有生态功能的城市景观。这种设计理念不仅能够改善城市环境质量，提升人们的生活品质，还能够促进城市的生态平衡和稳定发展。

生态景观设计能够有效改善城市的生态环境。通过引入各类植物、水体、地形等自然元素，打造具有生态功能的城市绿地和公共空间，有助于提升城市的生态容量，净化空气、保持水质、调节气候等生态服务功能。这不仅有利于改善城市居民的生活环境，还有助于保护和增强城市的生态系统健康。

生态景观设计能够提高城市的韧性和适应性。通过合理规划和布局，打造多样化的生态景观，如湿地公园、森林步道、雨水花园等，能够提高城市的抗灾能力，减少自然灾害对城市的影响。生态景观设计还能够增加城市绿地覆盖率，改善城市热岛效应，提升城市的气候适宜性，为城市居民提供更加宜居的生活环境。

生态景观设计对于促进城市社会经济可持续发展也具有积极意义。通过营造具有生态吸引力的景观，吸引游客、商家和投资者，促进城市旅游业和商业发展。生态景观设计还能够提升城市形象和品位，增强城市的软实力和竞争力，为城市的经济繁荣和可持续发展注入新的动力。

园林植物栽培养护的可持续发展是实现生态景观设计理念的重要保障。园林植物的选择和配置应当符合生态景观设计的理念，优先选择本地优势植物，注重植物的生态功能和生态适应性，实现植物与自然环境的有机结合。

园林植物栽培养护还应当注重生态景观的生命周期管理。在植物栽培养护的过程中，应当注重植物的健康生长和生态功能发挥，避免过度施肥、过度修剪等不良管理行为，保持生态景观的稳定性和持续性。

园林植物栽培养护还应当注重生态景观的可持续维护。通过科学的管理技术和方法，延长植物的使用寿命，减少资源浪费，实现植物资源的合理利用和再生利用，为生态景观的可持续发展提供有力支撑。

参考文献

[1] 王杨，申家朋，刘秀青，等. 基于应用型人才培养的园林植物栽培与养护课程教学改革[J]. 安徽农学通报，2024，30（05）：111-115.

[2] 仰小东，赵淑颖，梁海英. 基于OBE理念的园林植物栽培与养护课程改革及评价机制研究[J]. 安徽农学通报，2023，29（16）：164-167.

[3] 许兵，刘建海，李亚绒，等.《园林植物栽培与养护》实践教学与劳动教育的融合研究——以咸阳职业技术学院园林技术专业为例[J]. 陕西教育（高教），2023，（08）：83-85.

[4] 王亚英，尹卫东. 高职《园林植物栽培与养护》课程项目化教学模式实践研究[J]. 林业科技情报，2023，55（03）：233-235.

[5] 于玲，陶熙文. 园林植物栽培养护技术[J]. 现代农业科技，2023，（14）：155-158.

[6] 李丽恒，杨善云，陈翠玉，等. 基于职业能力导向的《园林植物栽培与养护》教学改革研究[J]. 园艺与种苗，2023，43（07）：65-67.

[7] 戴曲顺，黄淑燕，黄云玲，等. 基于"职教云"的园林植物栽培与养护课程混合式教学效果评价研究[J]. 创新创业理论研究与实践，2023，6（13）：156-160.

[8] 李强，何淼，孙颖. "互联网+"背景下SPOC翻转课堂的设计与应用——以"园林植物栽培养护学"课程为例[J]. 黑龙江教育（理论与实践），2023，（04）：67-69.

[9] 李雅优. 园林绿化中花卉栽培技术与养护管理措施[J]. 种子科技，2023，41（05）：85-87.

[10] 李晶，高莹，王军利，等. "园林植物栽培与养护管理"课程思政教学创新探索[J]. 现代园艺，2023，46（05）：201-202+97.

[11] 刘丹，宋晓梅，刘敏，等. 高职院校劳动教育融入专业教学的实践探索——以园林植物栽培与养护课程为例[J]. 安徽农学通报，2023，29（03）：180-183.

[12] 杨小平. 园林植物的栽培与养护技术及发展前景分析[J]. 智慧农业导刊，2022，2（14）：55-57.

[13] 张亚菲，许玉龙，赵金鹏. 园林植物栽培与养护课程线上线下混合式教学模式研究[J]. 智慧农业导刊，2022，2（12）：120-122.

[14] 范伟伟，王青兰. 园林植物栽培与养护课程植物应用能力培养的教学实践探索[J]. 杨凌职业技术学院学报，2022，21（02）：66-69.

[15] 李剑芳. 园林植物栽培与养护技术要点分析[J]. 广东蚕业，2022，56（06）：23-25.

[16] 吴春生，胡煜昕，欧阳菊根，等. 园林专业课"理实一体化"思考——以"园林植物栽培与养护"为例[J]. 现代园艺，2022，45（11）：180-182.

[17] 吴明远，王丽丽. 探讨花卉在园林绿化中的栽培与养护[J]. 新农业，2022，（10）：22-23.

[18] 庞锦轩. 银杏的栽培与养护技术 [J]. 农家参谋, 2022, (09): 144-146.
[19] 喻顺之. 园林植物栽培技术研究 [J]. 种子科技, 2022, 40 (09): 55-57.
[20] 胡煜昕, 欧阳菊根, 余本锋, 等. 园林专业课"课程思政"的探索与实践——以《园林植物栽培与养护》为例 [J]. 现代园艺, 2022, 45 (05): 169-171.